教科書ガイド

中学数学 3年

日本文教出版 版　完全準拠

JN093972

編集発行

日本教育研究センター

この本の使い方

この本のねらい

このガイドは，日本文教出版発行の「中学数学」教科書の内容にぴったりと合わせて編集しています。教科書を徹底して理解するために，教科書に出ている問題を１題１題わかりやすく解説しています。そのため，

(1) 数学の予習・復習（日常の学習）が効果的にできる。

(2) 数学の基礎学力がつき，重要なことがらがよく理解できる。

ように考えてつくられています。

ガイドを活用して楽しく学習し，学力アップをめざしましょう。

この本の展開

教科書の展開に合わせ，『基本事項ノート』➡『問題解説』の順にくり返しています。

『基本事項ノート』 学習する内容の基本事項とその例や注意事項などを簡潔にまとめて解説しています。また，大切なことや，覚えていないとつまずきの原因となることもまとめています。

『問題解説』 学習のまとめやテストの前にも活用してください。

教科書の問題を 考え方 → ▶解答 の順に，くわしく解説しています。

❗注 では，▶解答 の中で，まちがいやすい点について説明しています。

効果的な使い方

次の手順で，教科書の問題をマスターしてください。

(1) 教科書の問題を解くとき，最初はガイドをみないで，まず，自分の力で解いてみましょう。そして，ガイドの ▶解答 と自分の解答と合わせてみましょう。自分の解答がまちがっていたら，自分の解き方のどこが，なぜまちがっていたのかを考えるようにしましょう。

(2) 問題解決の糸口がつかめないときは，考え方 をみて解き方のヒントを知り，あらためて自分の力で解いてみましょう。それでもできないときは，▶解答 をみて，そのままかきうつすのではなく，その解き方を自分で理解することがたいせつです。理解さえすれば，その次は，かならず自分の力で解けるようになります。

目次

次の章を学ぶ前に

1　□にあてはまる記号や文字，式をかき入れ，その続きの計算をしましょう。

▶解答

(1)　$(3a+2b)+(4a-4b)$

$=3a+2b\boxed{+}4a\boxed{-}4b$

$=3a+4a+2b-4b$

$=(3+4)a+(2-4)b$

$=\mathbf{7a-2b}$

(2)　$(a+5b)-(6a-b)$

$=a+5b\boxed{-}6a\boxed{+}b$

$=a-6a+5b+b$

$=(1-6)a+(5+1)b$

$=\mathbf{-5a+6b}$

(3)　$4(3a+5b)$

$=4\times\boxed{\mathbf{3a}}+4\times\boxed{\mathbf{5b}}$

$=\mathbf{12a+20b}$

(4)　$2a\times5b$

$=2\times a\times5\times b$

$=2\times5\times\boxed{\mathbf{a}}\times b$

$=\mathbf{10ab}$

(5)　$6ab\div\frac{2}{3}b$

$=6ab\div\frac{2b}{3}$

$=6ab\times\boxed{\mathbf{\frac{3}{2b}}}$

$=\frac{6ab\times3}{2b}$

$=\mathbf{9a}$

1章 式の展開と因数分解

この章について

この章では，多項式の乗法，除法を学習し，さらにこれをもとに因数分解を学びます。
特に乗法公式は利用度が高く，様々な場面で出てきますので，十分計算練習をしておく必要があります。
因数分解という言葉を聞いただけで，難しく思うかもしれませんが，多項式の乗法・除法をきちんと学習しておけば大丈夫です。

1節 式の展開

1 単項式と多項式の乗法，除法

基本事項ノート

➔分配法則

単項式（たんこうしき）と多項式の乗法は，分配法則を使って計算する。

$a(b+c)=ab+ac$　　$(a+b)c=ac+bc$

例　(1)　$2a(3b+5)$
$=2a\times3b+2a\times5$
$=6ab+10a$

(2)　$(2x-y)\times(-3x)$
$=2x\times(-3x)-y\times(-3x)$
$=-6x^2+3xy$

注　かっこをはずすとき，符号（ふごう）に注意する。
多項式を単項式でわる計算は，除法を乗法になおして計算する。

例　(1)　$(9a^2+12a)\div3a$
$=(9a^2+12a)\times\dfrac{1}{3a}$
$=\dfrac{9a^2}{3a}+\dfrac{12a}{3a}$
$=3a+4$

(2)　$(2x^2+6xy)\div\dfrac{2}{3}x$
$=(2x^2+6xy)\times\dfrac{3}{2x}$
$=\dfrac{2x^2\times3}{2x}+\dfrac{6xy\times3}{2x}$
$=3x+9y$

問1　次の計算をしなさい。

(1)　$3x(5y+3)$　　(2)　$2x(3x-4y)$
(3)　$(2x+7y)\times(-4x)$　　(4)　$(6x-2y)\times(-3y)$
(5)　$\dfrac{1}{2}a(8a+2b)$　　(6)　$3a(-2a+5b+6c)$

考え方　単項式と多項式の乗法は，分配法則が基本である。

▶解答

(1) $3x(5y+3)$
$=3x\times5y+3x\times3$
$=\mathbf{15xy+9x}$

(2) $2x(3x-4y)$
$=2x\times3x-2x\times4y$
$=\mathbf{6x^2-8xy}$

(3) $(2x+7y)\times(-4x)$
$=2x\times(-4x)+7y\times(-4x)$
$=\mathbf{-8x^2-28xy}$

(4) $(6x-2y)\times(-3y)$
$=6x\times(-3y)-2y\times(-3y)$
$=\mathbf{-18xy+6y^2}$

(5) $\frac{1}{2}a(8a+2b)$
$=\frac{1}{2}a\times8a+\frac{1}{2}a\times2b$
$=\mathbf{4a^2+ab}$

(6) $3a(-2a+5b+6c)$
$=3a\times(-2a)+3a\times5b+3a\times6c$
$=\mathbf{-6a^2+15ab+18ac}$

問2 次の計算をしなさい。

(1) $(8a^2+6a)\div2a$　(2) $(18y^2-12y)\div6y$
(3) $(15ax-6ay)\div3a$　(4) $(-10x^2+5x)\div(-5x)$
(5) $(8x^3+4x^2-16x)\div4x$　(6) $(b^2-2ab+b)\div b$

考え方　除法を乗法になおして計算する。(1)の $\div2a$ は，$\times\frac{1}{2a}$ と同じである。

▶解答

(1) $(8a^2+6a)\div2a$
$=(8a^2+6a)\times\frac{1}{2a}$
$=\frac{8a^2}{2a}+\frac{6a}{2a}$
$=\mathbf{4a+3}$

(2) $(18y^2-12y)\div6y$
$=(18y^2-12y)\times\frac{1}{6y}$
$=\frac{18y^2}{6y}-\frac{12y}{6y}$
$=\mathbf{3y-2}$

(3) $(15ax-6ay)\div3a$
$=(15ax-6ay)\times\frac{1}{3a}$
$=\frac{15ax}{3a}-\frac{6ay}{3a}$
$=\mathbf{5x-2y}$

(4) $(-10x^2+5x)\div(-5x)$
$=(-10x^2+5x)\times\left(-\frac{1}{5x}\right)$
$=\frac{10x^2}{5x}-\frac{5x}{5x}$
$=\mathbf{2x-1}$

(5) $(8x^3+4x^2-16x)\div4x$
$=(8x^3+4x^2-16x)\times\frac{1}{4x}$
$=\frac{8x^3}{4x}+\frac{4x^2}{4x}-\frac{16x}{4x}$
$=\mathbf{2x^2+x-4}$

(6) $(b^2-2ab+b)\div b$
$=(b^2-2ab+b)\times\frac{1}{b}$
$=\frac{b^2}{b}-\frac{2ab}{b}+\frac{b}{b}$
$=\mathbf{b-2a+1}$

問3 次の計算をしなさい。

(1) $(6x^2+x)\div\frac{1}{2}x$　(2) $(3a^2-6ab)\div\frac{3}{4}a$

考え方　(2)は $\frac{3}{4}a=\frac{3a}{4}$ だから，$\div\frac{3}{4}a$ は，$\times\frac{4}{3a}$ と同じである。

▶解答　(1)　$(6x^2+x)\div\frac{1}{2}x$

$=(6x^2+x)\times\frac{2}{x}$

$=\frac{6x^2\times2}{x}+\frac{x\times2}{x}$

$=\mathbf{12x+2}$

(2)　$(3a^2-6ab)\div\frac{3}{4}a$

$=(3a^2-6ab)\times\frac{4}{3a}$

$=\frac{3a^2\times4}{3a}-\frac{6ab\times4}{3a}$

$=\mathbf{4a-8b}$

補充問題1　次の計算をしなさい。（教科書P.234）

(1)　$(7x-5y)\times2y$　　(2)　$-4x(3x-y+2)$

(3)　$(4x^2+8xy)\div(-4x)$　　(4)　$(6a^2-9a)\div\frac{3}{2}a$

▶解答　(1)　$(7x-5y)\times2y$

$=7x\times2y-5y\times2y$

$=\mathbf{14xy-10y^2}$

(2)　$-4x(3x-y+2)$

$=-4x\times3x-4x\times(-y)-4x\times2$

$=\mathbf{-12x^2+4xy-8x}$

(3)　$(4x^2+8xy)\div(-4x)$

$=(4x^2+8xy)\times\left(-\frac{1}{4x}\right)$

$=-\frac{4x^2}{4x}-\frac{8xy}{4x}$

$=\mathbf{-x-2y}$

(4)　$(6a^2-9a)\div\frac{3}{2}a$

$=(6a^2-9a)\times\frac{2}{3a}$

$=\frac{6a^2\times2}{3a}-\frac{9a\times2}{3a}$

$=\mathbf{4a-6}$

2　式の展開

基本事項ノート

➔展開

単項式と多項式，または多項式と多項式の積の形でかかれた式を，単項式の和の形にかき表すことを，もとの式を展開（てんかい）するという。

$(a+b)(c+d)=ac+ad+bc+bd$

積の形 ──展開──→ 和の形

注　$(a+b)\times(c+d)$を$(a+b)(c+d)$とかく。

➔展開のしくみ

$(a+b)(c+d)$の展開は，次のように計算できる。

$$(a+b)(c+d)=\overset{①}{ac}+\overset{②}{ad}+\overset{③}{bc}+\overset{④}{bd}$$

例　$(2x+3)(x-1)=2x^2-2x+3x-3$

$=2x^2+x-3$

注　展開した式に同類項があるときは，同類項をまとめるのを忘れないようにする。

Q 縦，横の長さがそれぞれ$a+b$，$c+d$の長方形があります。この長方形の面積を，いろいろな式で表しましょう。

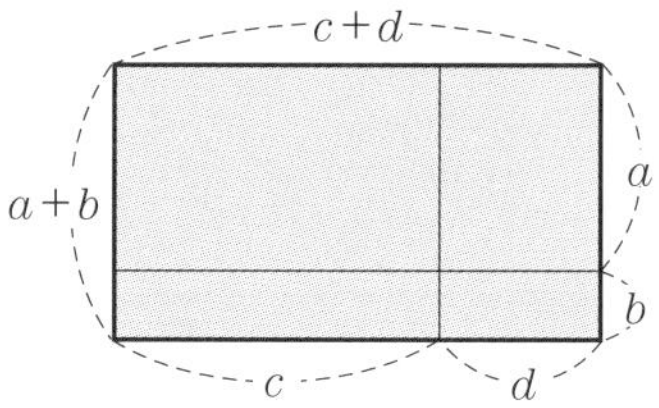

▶解答　積の形…$\boldsymbol{(a+b)(c+d)}$
和の形…$\boldsymbol{ac+ad+bc+bd}$など

問1 $(a+b)(c+d)$を，$a+b$をMとして展開しなさい。

考え方　$M(c+d)$の展開である。

▶解答　$(a+b)(c+d)=M(c+d)=Mc+Md=(a+b)c+(a+b)d=\boldsymbol{ac+bc+ad+bd}$

問2 次の式を展開しなさい。

(1)　$(x+4)(y+3)$　　(2)　$(x-2)(y+8)$

(3)　$(a+5)(b-2)$　　(4)　$(x-a)(y-b)$

▶解答

(1)　$(x+4)(y+3)$
$=\boldsymbol{xy+3x+4y+12}$

(2)　$(x-2)(y+8)$
$=\boldsymbol{xy+8x-2y-16}$

(3)　$(a+5)(b-2)$
$=\boldsymbol{ab-2a+5b-10}$

(4)　$(x-a)(y-b)$
$=\boldsymbol{xy-bx-ay+ab}$

チャレンジ (1)　$(1+x)(2+y)$　　(2)　$(2a-b)(3c+d)$

▶解答

(1)　$(1+x)(2+y)$
$=\boldsymbol{2+y+2x+xy}$

(2)　$(2a-b)(3c+d)$
$=\boldsymbol{6ac+2ad-3bc-bd}$

問3 次の式を展開しなさい。

(1)　$(x+3)(x+4)$　　(2)　$(a-9)(a+2)$

(3)　$(-y+6)(y-5)$　　(4)　$(5b+1)(5b-3)$

(5)　$(1+x)(3+4x)$　　(6)　$(-3-4b)(1+2b)$

(7)　$(2x-y)(x+3y)$　　(8)　$(3a-2b)(a-b)$

▶解答

(1)　$(x+3)(x+4)$
$=x^2+4x+3x+12$
$=\boldsymbol{x^2+7x+12}$

(2)　$(a-9)(a+2)$
$=a^2+2a-9a-18$
$=\boldsymbol{a^2-7a-18}$

(3)　$(-y+6)(y-5)$
$=-y^2+5y+6y-30$
$=\boldsymbol{-y^2+11y-30}$

(4)　$(5b+1)(5b-3)$
$=25b^2-15b+5b-3$
$=\boldsymbol{25b^2-10b-3}$

(5)　$(1+x)(3+4x)$
$=3+4x+3x+4x^2$
$=\boldsymbol{4x^2+7x+3}$

(6)　$(-3-4b)(1+2b)$
$=-3-6b-4b-8b^2$
$=\boldsymbol{-8b^2-10b-3}$

(7) $(2x-y)(x+3y)$
$=2x^2+6xy-xy-3y^2$
$\boldsymbol{=2x^2+5xy-3y^2}$

(8) $(3a-2b)(a-b)$
$=3a^2-3ab-2ab+2b^2$
$\boldsymbol{=3a^2-5ab+2b^2}$

！注 同類項をまとめるのを忘れない。

問4 次の式を展開しなさい。

(1) $(x+2)(x+y-3)$

(2) $(a+b+1)(a-5)$

▶解答 (1) $(x+2)(x+y-3)$
$=x(x+y-3)+2(x+y-3)$
$=x^2+xy-3x+2x+2y-6$
$\boldsymbol{=x^2+xy-x+2y-6}$

(2) $(a+b+1)(a-5)$
$=(a+b+1)a+(a+b+1)\times(-5)$
$=a^2+ab+a-5a-5b-5$
$\boldsymbol{=a^2+ab-4a-5b-5}$

補充問題2 次の計算をしなさい。（教科書P.234）

(1) $(x+5)(y+6)$

(2) $(-x+2)(x+4)$

(3) $(2y-5)(-y+3)$

(4) $(-2-2a)(4+3a)$

(5) $(x+2y)(3x+4y)$

(6) $(-5a+b)(-a-2b)$

(7) $(x+1)(x+y+4)$

(8) $(a+b+2)(a-3)$

▶解答 (1) $(x+5)(y+6)$
$\boldsymbol{=xy+6x+5y+30}$

(2) $(-x+2)(x+4)$
$=-x^2-4x+2x+8$
$\boldsymbol{=-x^2-2x+8}$

(3) $(2y-5)(-y+3)$
$=-2y^2+6y+5y-15$
$\boldsymbol{=-2y^2+11y-15}$

(4) $(-2-2a)(4+3a)$
$=-8-6a-8a-6a^2$
$\boldsymbol{=-6a^2-14a-8}$

(5) $(x+2y)(3x+4y)$
$=3x^2+4xy+6xy+8y^2$
$\boldsymbol{=3x^2+10xy+8y^2}$

(6) $(-5a+b)(-a-2b)$
$=5a^2+10ab-ab-2b^2$
$\boldsymbol{=5a^2+9ab-2b^2}$

(7) $(x+1)(x+y+4)$
$=x(x+y+4)+(x+y+4)$
$=x^2+xy+4x+x+y+4$
$\boldsymbol{=x^2+xy+5x+y+4}$

(8) $(a+b+2)(a-3)$
$=(a+b+2)a+(a+b+2)\times(-3)$
$=a^2+ab+2a-3a-3b-6$
$\boldsymbol{=a^2+ab-a-3b-6}$

3 $(x+a)(x+b)$ の展開

基本事項ノート

→$(x+a)(x+b)$ の展開

公式1 $(x+a)(x+b)=x^2+(a+b)x+ab$

$(x+\boxed{a})(x+\boxed{b})=x^2+(\boxed{a+b})x+\boxed{ab}$

たす・かける

一般に，$(x+a)(x+b)$ の展開は，右のようになる。

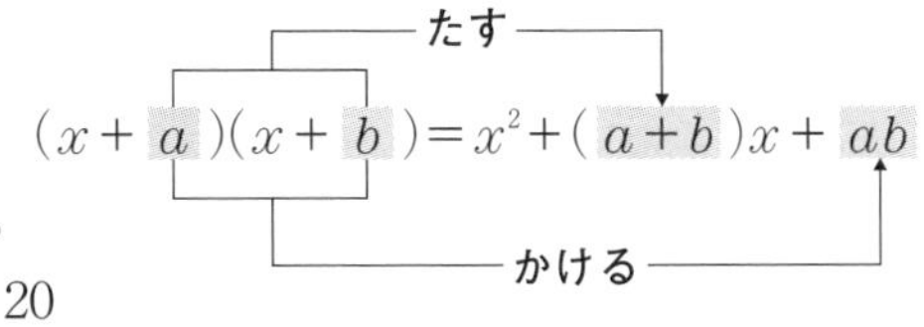

例 $(x+4)(x+5)=x^2+(4+5)x+4\times5=x^2+9x+20$

Q 1辺の長さがxの正方形の縦を2，横を4だけ長くしてできる長方形の面積を，いろいろな式で表しましょう。

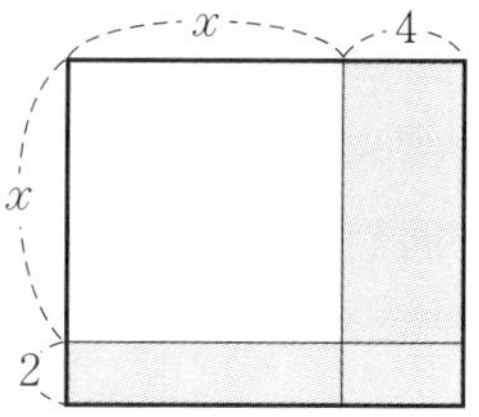

▶解答 積の形…$\boldsymbol{(x+2)(x+4)}$
和の形…$\boldsymbol{x^2+4x+2x+8}$または$\boldsymbol{x^2+6x+8}$など

問1 次の式を展開しなさい。

(1)　$(x+2)(x+7)$　　(2)　$(a+6)(a+3)$
(3)　$(y+1)(y+6)$　　(4)　$(x+5)(x+3)$

考え方 公式［1］　$(x+a)(x+b)=x^2+(a+b)x+ab$

▶解答
(1)　$(x+2)(x+7)=\boldsymbol{x^2+9x+14}$　　(2)　$(a+6)(a+3)=\boldsymbol{a^2+9a+18}$
(3)　$(y+1)(y+6)=\boldsymbol{y^2+7y+6}$　　(4)　$(x+5)(x+3)=\boldsymbol{x^2+8x+15}$

問2 公式［1］を使って$(x+3)(x-5)$を展開すると，どうなるでしょうか。次の図を使って考えましょう。

$$(x+3)(x-5)=(x+3)\{x+(-5)\}=x^2+(\square)x+(\square)$$

考え方 公式［1］　$(x+a)(x+b)=x^2+(a+b)x+ab$にあてはめる。
$a=3$，$b=-5$と考えると，$a+b=3+(-5)=-2$　$ab=3\times(-5)=-15$となる。

▶解答 （左から順に）　**−2，−15**

問3 次の式を展開しなさい。

(1)　$(x+4)(x-2)$　　(2)　$(a+2)(a-5)$
(3)　$(y-6)(y+4)$　　(4)　$(x-2)(x+9)$
(5)　$(a-1)(a-5)$　　(6)　$(y-7)(y-3)$

▶解答

(1)　$(x+4)(x-2)$
$=(x+4)\{x+(-2)\}$
$=x^2+\{4+(-2)\}x+4\times(-2)$
$=\boldsymbol{x^2+2x-8}$

(2)　$(a+2)(a-5)$
$=(a+2)\{a+(-5)\}$
$=a^2+\{2+(-5)\}a+2\times(-5)$
$=\boldsymbol{a^2-3a-10}$

(3)　$(y-6)(y+4)$
$=\{y+(-6)\}(y+4)$
$=y^2+\{(-6)+4\}y+(-6)\times4$
$=\boldsymbol{y^2-2y-24}$

(4)　$(x-2)(x+9)$
$=\{x+(-2)\}(x+9)$
$=x^2+\{(-2)+9\}x+(-2)\times9$
$=\boldsymbol{x^2+7x-18}$

(5)　$(a-1)(a-5)$
$=\{a+(-1)\}\{a+(-5)\}$
$=a^2+\{(-1)+(-5)\}a+(-1)\times(-5)$
$=\boldsymbol{a^2-6a+5}$

(6)　$(y-7)(y-3)$
$=\{y+(-7)\}\{y+(-3)\}$
$=y^2+\{(-7)+(-3)\}y+(-7)\times(-3)$
$=\boldsymbol{y^2-10y+21}$

問4　次の式を展開しなさい。

(1)　$(x+9)(x+1)$　　(2)　$(a+5)(a-8)$

(3)　$(x-2)(x+3)$　　(4)　$(y-1)(y-8)$

(5)　$\left(x+\dfrac{1}{3}\right)\left(x+\dfrac{2}{3}\right)$　　(6)　$\left(y-\dfrac{3}{4}\right)\left(y+\dfrac{1}{4}\right)$

(7)　$(1+x)(2+x)$　　(8)　$(-6+x)(x+7)$

考え方　(7), (8)では，加法の交換法則(こうかんほうそく)$a+b=b+a$により，公式にあうように文字の項と数の項を入れかえる。

▶解答

(1)　$(x+9)(x+1)$
$=x^2+(9+1)x+9\times1$
$=\boldsymbol{x^2+10x+9}$

(2)　$(a+5)(a-8)$
$=(a+5)\{a+(-8)\}$
$=a^2+\{5+(-8)\}a+5\times(-8)$
$=\boldsymbol{a^2-3a-40}$

(3)　$(x-2)(x+3)$
$=\{x+(-2)\}(x+3)$
$=x^2+\{(-2)+3\}x+(-2)\times3$
$=\boldsymbol{x^2+x-6}$

(4)　$(y-1)(y-8)$
$=\{y+(-1)\}\{y+(-8)\}$
$=y^2+\{(-1)+(-8)\}y+(-1)\times(-8)$
$=\boldsymbol{y^2-9y+8}$

(5)　$\left(x+\dfrac{1}{3}\right)\left(x+\dfrac{2}{3}\right)$
$=x^2+\left(\dfrac{1}{3}+\dfrac{2}{3}\right)x+\dfrac{1}{3}\times\dfrac{2}{3}$
$=\boldsymbol{x^2+x+\dfrac{2}{9}}$

(6)　$\left(y-\dfrac{3}{4}\right)\left(y+\dfrac{1}{4}\right)$
$=y^2+\left(-\dfrac{3}{4}+\dfrac{1}{4}\right)y+\left(-\dfrac{3}{4}\right)\times\dfrac{1}{4}$
$=\boldsymbol{y^2-\dfrac{1}{2}y-\dfrac{3}{16}}$

(7)　$(1+x)(2+x)$
$=(x+1)(x+2)$
$=x^2+(1+2)x+1\times2$
$=\boldsymbol{x^2+3x+2}$

(8)　$(-6+x)(x+7)$
$=(x-6)(x+7)$
$=x^2+(-6+7)x+(-6)\times7$
$=\boldsymbol{x^2+x-42}$

補充問題3　次の計算をしなさい。(教科書P.234)

(1)　$(x+3)(x+2)$　　(2)　$(a+6)(a-5)$

(3)　$(y-4)(y+1)$　　(4)　$(x-8)(x-2)$

▶解答

(1)　$(x+3)(x+2)$
$=x^2+(3+2)x+3\times2$
$=\boldsymbol{x^2+5x+6}$

(2)　$(a+6)(a-5)$
$=a^2+\{6+(-5)\}a+6\times(-5)$
$=\boldsymbol{a^2+a-30}$

(3)　$(y-4)(y+1)$
$=y^2+\{(-4)+1\}y+(-4)\times1$
$=\boldsymbol{y^2-3y-4}$

(4)　$(x-8)(x-2)$
$=x^2+\{(-8)+(-2)\}x+(-8)\times(-2)$
$=\boldsymbol{x^2-10x+16}$

4　$(x+a)^2$，$(x-a)^2$ の展開

基本事項ノート

➔和の平方，差の平方の展開

公式2　和の平方の展開 $(x+a)^2=x^2+2ax+a^2$

公式3　差の平方の展開 $(x-a)^2=x^2-2ax+a^2$

例　(1)　$(x+5)^2=x^2+2\times5\times x+5^2$
$=x^2+10x+25$

(2)　$(x-3)^2=x^2-2\times3\times x+3^2$
$=x^2-6x+9$

Q　1辺の長さがxの正方形の縦と横をそれぞれ3ずつ長くしてできる正方形の面積を，いろいろな式で表しましょう。

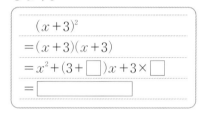

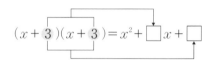

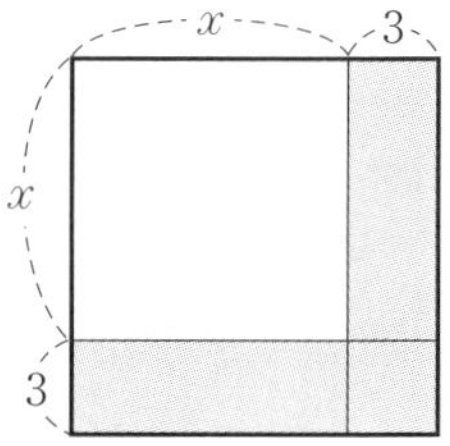

考え方　1辺の長さが$(x+3)$の正方形の面積を，積の形，和の形で表す。

▶解答　積の形…$\boldsymbol{(x+3)^2}$，和の形…$\boldsymbol{x^2+6x+9}$など

問1　公式1を使って$(x+3)^2$を展開すると，どうなるでしょうか。右の図を使って考えましょう。

$(x+3)^2$
$=(x+3)(x+3)$
$=x^2+(3+\square)x+3\times\square$
$=\square$

$(x+3)(x+3)=x^2+\square x+\square$

考え方　$(x+a)^2=(x+a)(x+a)$は公式1の特別な場合と考える。

$(x+a)^2=(x+a)(x+a)$
$=x^2+(a+a)x+a\times a$
$=x^2+2ax+a^2$ ←和の平方の展開を公式として利用する。

▶解答　枠内（わく）(順に) **3，3，$\boldsymbol{x^2+6x+9}$**　　右の式(順に) **6，9**

問2　次の式を展開しなさい。

(1)　$(x+1)^2$　　(2)　$(y+2)^2$　　(3)　$(a+6)^2$

(4)　$(x+10)^2$　　(5)　$\left(x+\dfrac{1}{2}\right)^2$　　(6)　$(8+x)^2$

考え方　公式2(和の平方)のしくみは，次のようになっている。

$(x+a)^2=x^2+2ax+a^2$
（aを**2倍する**→$2a$，aを**2乗する**→a^2）

途中（とちゅう）の計算は暗算でして，すぐ結果の式がかけるようにする。

▶解答
(1) $(x+1)^2$
$=\boldsymbol{x^2+2x+1}$

(2) $(y+2)^2$
$=\boldsymbol{y^2+4y+4}$

(3) $(a+6)^2$
$=\boldsymbol{a^2+12a+36}$

(4) $(x+10)^2$
$=\boldsymbol{x^2+20x+100}$

(5) $\left(x+\dfrac{1}{2}\right)^2$
$=\boldsymbol{x^2+x+\dfrac{1}{4}}$

(6) $(8+x)^2$
$=64+16x+x^2$
$=\boldsymbol{x^2+16x+64}$

問3　公式[2]を使って$(x-4)^2$を展開すると，どうなるでしょうか。

$(x-4)^2$
$=\{x+(-4)\}^2$
$=x^2+2\times(\square)\times x+(\square)^2$
$=\square$

考え方　公式[3]（差の平方）　$(x-a)^2=\{x+(-a)\}^2=x^2+2\times(-a)\times x+(-a)^2=x^2-2ax+a^2$

▶解答　（順に）$\boldsymbol{-4}$，$\boldsymbol{-4}$，$\boldsymbol{x^2-8x+16}$

チャレンジ　$\left(x-\dfrac{2}{3}\right)^2$

▶解答　$\left(x-\dfrac{2}{3}\right)^2=\boldsymbol{x^2-\dfrac{4}{3}x+\dfrac{4}{9}}$

問4　次の式を展開しなさい。
(1) $(x-2)^2$　(2) $(y-1)^2$
(3) $(a-12)^2$　(4) $\left(x-\dfrac{1}{2}\right)^2$

▶解答
(1) $(x-2)^2$
$=\boldsymbol{x^2-4x+4}$

(2) $(y-1)^2$
$=\boldsymbol{y^2-2y+1}$

(3) $(a-12)^2$
$=\boldsymbol{a^2-24a+144}$

(4) $\left(x-\dfrac{1}{2}\right)^2$
$=\boldsymbol{x^2-x+\dfrac{1}{4}}$

補充問題4　次の計算をしなさい。（教科書P.234）
(1) $(x+4)^2$　(2) $(9+x)^2$
(3) $(a-7)^2$　(4) $(y-10)^2$

▶解答
(1) $(x+4)^2$
$=\boldsymbol{x^2+8x+16}$

(2) $(9+x)^2$
$=81+18x+x^2$
$=\boldsymbol{x^2+18x+81}$

(3) $(a-7)^2$
$=\boldsymbol{a^2-14a+49}$

(4) $(y-10)^2$
$=\boldsymbol{y^2-20y+100}$

5　$(x+a)(x-a)$ の展開

基本事項ノート

➔和と差の積の展開

公式 4　$(x+a)(x-a)=x^2-a^2$

例　$(x+6)(x-6)=x^2-6^2$
$=x^2-36$

➔乗法公式

公式 1 ～ 4 を乗法公式という。

Q　1辺の長さがxの正方形で，一方の辺を2だけ長くし，他方の辺を2だけ短くした長方形をつくります。この長方形の面積を，式で表しましょう。

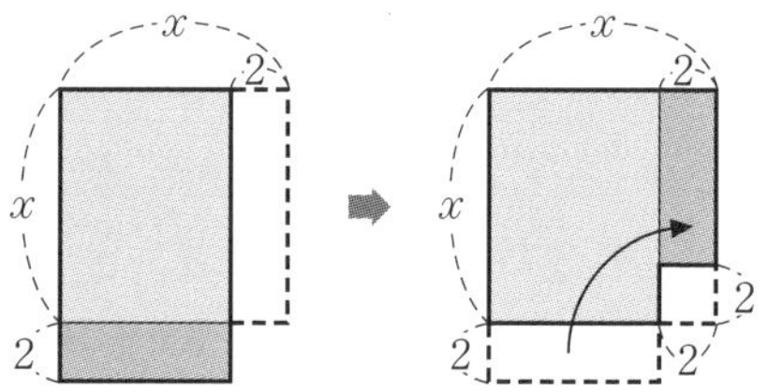

考え方　辺の長さが$(x+2)$，$(x-2)$の長方形の面積を考える。

▶解答　$\boldsymbol{(x+2)(x-2)}$ または，$\boldsymbol{x^2-4}$ など

問1　公式 1 を使って，$(x+a)\{x+(-a)\}$ を展開しなさい。

考え方　公式 1　$(x+a)(x+b)=x^2+(a+b)x+ab$ の，b に $(-a)$ をあてはめる。

▶解答　$(x+a)\{x+(-a)\}=x^2+\{a+(-a)\}x+a\times(-a)=\boldsymbol{x^2-a^2}$

問2　次の式を展開しなさい。

(1)　$(x+4)(x-4)$　　(2)　$(a-6)(a+6)$

(3)　$(5+y)(5-y)$　　(4)　$(7-x)(7+x)$

(5)　$\left(x+\dfrac{1}{2}\right)\left(x-\dfrac{1}{2}\right)$　　(6)　$\left(\dfrac{1}{3}-x\right)\left(\dfrac{1}{3}+x\right)$

考え方　公式 4　$(x+a)(x-a)=x^2-a^2$

(2)，(4)，(6)は乗法の交換法則 $a\times b=b\times a$ により，$(a+6)(a-6)$，$(7+x)(7-x)$，$\left(\dfrac{1}{3}+x\right)\left(\dfrac{1}{3}-x\right)$ としてもよい。

▶解答

(1)　$(x+4)(x-4)$
$=x^2-4^2$
$=\boldsymbol{x^2-16}$

(2)　$(a-6)(a+6)$
$=(a+6)(a-6)$
$=a^2-6^2$
$=\boldsymbol{a^2-36}$

(3)　$(5+y)(5-y)$
$=5^2-y^2$
$=\boldsymbol{25-y^2}$

(4)　$(7-x)(7+x)$
$=(7+x)(7-x)$
$=7^2-x^2$
$=\boldsymbol{49-x^2}$

(5)　$\left(x+\dfrac{1}{2}\right)\left(x-\dfrac{1}{2}\right)$

$=x^2-\left(\dfrac{1}{2}\right)^2$

$=\boldsymbol{x^2-\dfrac{1}{4}}$

(6)　$\left(\dfrac{1}{3}-x\right)\left(\dfrac{1}{3}+x\right)$

$=\left(\dfrac{1}{3}+x\right)\left(\dfrac{1}{3}-x\right)$

$=\left(\dfrac{1}{3}\right)^2-x^2$

$=\boldsymbol{\dfrac{1}{9}-x^2}$

チャレンジ　$\left(\dfrac{1}{4}+x\right)\left(x-\dfrac{1}{4}\right)$

▶解答　$\left(\dfrac{1}{4}+x\right)\left(x-\dfrac{1}{4}\right)=\left(x+\dfrac{1}{4}\right)\left(x-\dfrac{1}{4}\right)$

$=x^2-\left(\dfrac{1}{4}\right)^2$

$=\boldsymbol{x^2-\dfrac{1}{16}}$

補充問題5　次の計算をしなさい。（教科書P.234）

(1)　$(x+1)(x-1)$　　(2)　$(x+10)(x-10)$

(3)　$(a-2)(a+2)$　　(4)　$(9-y)(9+y)$

▶解答

(1)　$(x+1)(x-1)$

$=x^2-1^2$

$=\boldsymbol{x^2-1}$

(2)　$(x+10)(x-10)$

$=x^2-10^2$

$=\boldsymbol{x^2-100}$

(3)　$(a-2)(a+2)$

$=a^2-2^2$

$=\boldsymbol{a^2-4}$

(4)　$(9-y)(9+y)$

$=(9+y)(9-y)$

$=9^2-y^2$

$=\boldsymbol{81-y^2}$

6　乗法公式の活用

基本事項ノート

➔乗法公式

1　$(x+a)(x+b)=x^2+(a+b)x+ab$

2　$(x+a)^2=x^2+2ax+a^2$

3　$(x-a)^2=x^2-2ax+a^2$

4　$(x+a)(x-a)=x^2-a^2$

➔乗法公式を使った数の計算

例　(1)　$102\times98=(100+2)\times(100-2)$

$=100^2-2^2$

$=10000-4$

$=9996$

(2)　$29^2=(30-1)^2$

$=30^2-2\times1\times30+1^2$

$=900-60+1$

$=841$

注　(1)は和と差の積（公式4）の活用，(2)は差の平方（公式3）の活用である。

➔乗法公式を活用した式の展開

例　(1)　$(x+4y)(x+3y)$
$=x^2+(4y+3y)x+4y\times 3y$
$=x^2+7xy+12y^2$

(2)　$(3x-2y)^2$
$=(3x)^2-2\times 2y\times 3x+(2y)^2$
$=9x^2-12xy+4y^2$

(3)　$(3a+b)(3a-b)$
$=(3a)^2-b^2$
$=9a^2-b^2$

注　(1)は公式1において，$a=4y$，$b=3y$として展開している。
(2)は公式3において，$x=3x$，$a=2y$として展開している。
(3)は公式4において，$x=3a$，$a=b$として展開している。
いずれも，頭の中でおきかえができるようにする。

➔乗法公式を活用した式の計算

まず，各積を乗法公式などを活用して展開してから，同類項をまとめる。

例　$(2x+3)(x-3)-(x+2)(x-2)$
$=(2x^2-6x+3x-9)-(x^2-4)$
$=2x^2-6x+3x-9-x^2+4$
$=x^2-3x-5$

注　かっこをはずすとき，符号に注意する。

➔項が3つある多項式どうしの乗法

$a+5=M$とすると，次のように乗法公式を使って展開できる。

例　$(a+b+5)(a-b+5)$
（加法の交換法則を使って項を入れかえる。）
$=(a+5+b)(a+5-b)$
（$a+5$をMとする。）
$=(M+b)(M-b)$
（公式を使って展開する。）
$=M^2-b^2$
（Mを$a+5$にもどす。）
$=(a+5)^2-b^2$
（公式を使って展開する。）
$=a^2+10a+25-b^2$

問1　乗法公式を使って，次の計算をしなさい。
(1)　71×69　　(2)　497×503
(3)　61^2　　(4)　99^2

▶解答
(1)　$71\times 69=(70+1)\times(70-1)$
$=70^2-1^2$
$=\mathbf{4899}$

(2)　$497\times 503=(500-3)\times(500+3)$
$=500^2-3^2$
$=\mathbf{249991}$

(3)　$61^2=(60+1)^2$
$=60^2+2\times 1\times 60+1^2$
$=\mathbf{3721}$

(4)　$99^2=(100-1)^2$
$=100^2-2\times 1\times 100+1^2$
$=\mathbf{9801}$

問2　縦が205cm，横が195cmの長方形の面積を求めなさい。

▶解答　$205\times195=(200+5)\times(200-5)$
$=200^2-5^2$
$=39975$

答　**39975cm²**

補充問題6　乗法公式を使って，次の計算をしなさい。

(1)　34×26　　(2)　23^2

▶解答
(1)　34×26
$=(30+4)\times(30-4)$
$=30^2-4^2$
$=900-16$
$=\mathbf{884}$

(2)　23^2
$=(20+3)^2$
$=20^2+2\times3\times20+3^2$
$=400+120+9$
$=\mathbf{529}$

問3　次の式を展開しなさい。

(1)　$(2a+5)(2a-3)$　　(2)　$(4x+1)^2$

(3)　$(5a-2)^2$　　(4)　$(6a+1)(6a-1)$

(5)　$(4a-3b)^2$　　(6)　$(2x+y)(2x-y)$

考え方　(1)は公式1において，$x=2a$として展開する。
(2)は公式2において，$x=4x$として展開する。
(3)は公式3において，$x=5a$として展開する。
(4)は公式4において，$x=6a$として展開する。

▶解答
(1)　$(2a+5)(2a-3)$
$=(2a)^2+(5-3)\times2a+5\times(-3)$
$=\mathbf{4a^2+4a-15}$

(2)　$(4x+1)^2$
$=(4x)^2+2\times1\times4x+1^2$
$=\mathbf{16x^2+8x+1}$

(3)　$(5a-2)^2$
$=(5a)^2-2\times2\times5a+2^2$
$=\mathbf{25a^2-20a+4}$

(4)　$(6a+1)(6a-1)$
$=(6a)^2-1^2$
$=\mathbf{36a^2-1}$

(5)　$(4a-3b)^2$
$=(4a)^2-2\times3b\times4a+(3b)^2$
$=\mathbf{16a^2-24ab+9b^2}$

(6)　$(2x+y)(2x-y)$
$=(2x)^2-y^2$
$=\mathbf{4x^2-y^2}$

チャレンジ1　(1)　$(1+8a)(1-8a)$　　(2)　$\left(2x-\frac{1}{4}\right)^2$

▶解答
(1)　$(1+8a)(1-8a)$
$=1^2-(8a)^2$
$=\mathbf{1-64a^2}$

(2)　$\left(2x-\frac{1}{4}\right)^2$
$=(2x)^2-2\times\frac{1}{4}\times2x+\left(\frac{1}{4}\right)^2$
$=\mathbf{4x^2-x+\frac{1}{16}}$

問4　次の計算をしなさい。

(1)　$(x+2)^2+(x+4)(x-4)$

(2)　$(x+6)(x-1)-(x-3)^2$

(3)　$(x+2)(x-3)+(x+6)(x-6)$

(4)　$(2a+3)(a-4)-(a+1)(a+2)$

◀気をつけよう▶
かっこをはずすとき，符号に注意し，同類項をまとめるのを忘れない。

▶解答

(1)　$(x+2)^2+(x+4)(x-4)$
$=x^2+4x+4+x^2-16$
$=\mathbf{2x^2+4x-12}$

(2)　$(x+6)(x-1)-(x-3)^2$
$=x^2+5x-6-(x^2-6x+9)$
$=x^2+5x-6-x^2+6x-9$
$=\mathbf{11x-15}$

(3)　$(x+2)(x-3)+(x+6)(x-6)$
$=x^2-x-6+x^2-36$
$=\mathbf{2x^2-x-42}$

(4)　$(2a+3)(a-4)-(a+1)(a+2)$
$=2a^2-8a+3a-12-(a^2+3a+2)$
$=2a^2-5a-12-a^2-3a-2$
$=\mathbf{a^2-8a-14}$

チャレンジ2　$(3x-1)^2-(x+1)^2$

▶解答

$(3x-1)^2-(x+1)^2$
$=\{(3x)^2-2\times1\times3x+1^2\}-(x^2+2x+1)$
$=9x^2-6x+1-x^2-2x-1$
$=\mathbf{8x^2-8x}$

問5　これまで学んできたことを活用して，
$(a+b+3)(a+b+2)$
のように項(こう)が3つある多項式どうしの乗法の展開のしかたを考えましょう。

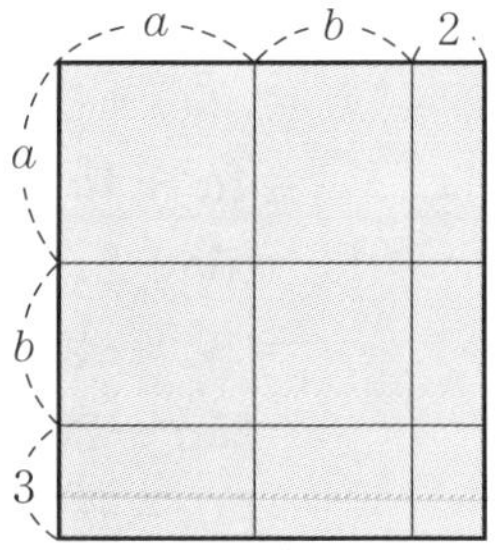

▶解答　(例)　**・9個の正方形や長方形の面積の和と考える。**
・縦が$a+b+3$で横がそれぞれa，b，2である3つの長方形の面積の和と考える。
・1辺の長さが$a+b$の正方形と，縦が$a+b$で横が2の長方形，縦が3で横が$a+b$の長方形，縦が3で横が2の長方形の面積の和と考える。　など

例4　(上から)　$\mathbf{M^2-b^2}$，$\mathbf{a^2+6a+9-b^2}$

問6　次の式を展開しなさい。

(1)　$(a+b+2)(a+b-5)$　　(2)　$(x+y-3)^2$

(3)　$(x-y-1)(x+y-1)$

考え方　(3)は加法の交換法則を使って項を入れかえて整理してからMにおきかえる。

▶解答 (1) $(a+b+2)(a+b-5)$

$=(M+2)(M-5)$

$=M^2-3M-10$

$=(a+b)^2-3(a+b)-10$

$\boldsymbol{=a^2+2ab+b^2-3a-3b-10}$

(2) $(x+y-3)^2$

$=(M-3)^2$

$=M^2-6M+9$

$=(x+y)^2-6(x+y)+9$

$\boldsymbol{=x^2+2xy+y^2-6x-6y+9}$

(3) $(x-y-1)(x+y-1)$

$=(x-1-y)(x-1+y)$

$=(M-y)(M+y)$

$=M^2-y^2$

$=(x-1)^2-y^2$

$\boldsymbol{=x^2-2x+1-y^2}$

！注　かっこをはずすとき，符号に注意する。

チャレンジ3　$(a+b-4)(a-b+4)$

▶解答 $(a+b-4)(a-b+4)$

$=(a+b-4)\{a-(b-4)\}$

$=(a+M)(a-M)$

$=a^2-M^2$

$=a^2-(b-4)^2$

$=a^2-(b^2-8b+16)$

$\boldsymbol{=a^2-b^2+8b-16}$

補充問題7　次の計算をしなさい。（教科書P.234）

(1) $(3x+4)(3x-8)$　(2) $(2x+4)^2$

(3) $(3x-2y)^2$　(4) $(7a-2b)(7a+2b)$

(5) $(a+1)(a-5)-(a+6)(a-6)$　(6) $(x+2y)^2+(x-y)^2$

(7) $(a-b+5)^2$　(8) $(x-2y+3)(x-2y-2)$

▶解答 (1) $(3x+4)(3x-8)$

$=(3x)^2+(4-8)\times 3x+4\times(-8)$

$\boldsymbol{=9x^2-12x-32}$

(2) $(2x+4)^2$

$=(2x)^2+2\times 4\times 2x+4^2$

$\boldsymbol{=4x^2+16x+16}$

(3) $(3x-2y)^2$

$=(3x)^2-2\times 2y\times 3x+(2y)^2$

$\boldsymbol{=9x^2-12xy+4y^2}$

(4) $(7a-2b)(7a+2b)$

$=(7a)^2-(2b)^2$

$\boldsymbol{=49a^2-4b^2}$

(5) $(a+1)(a-5)-(a+6)(a-6)$

$=a^2-4a-5-a^2+36$

$\boldsymbol{=-4a+31}$

(6) $(x+2y)^2+(x-y)^2$

$=x^2+4xy+4y^2+x^2-2xy+y^2$

$\boldsymbol{=2x^2+2xy+5y^2}$

(7) $(a-b+5)^2$

$=(M+5)^2$

$=M^2+10M+25$

$=(a-b)^2+10(a-b)+25$

$\boldsymbol{=a^2-2ab+b^2+10a-10b+25}$

(8) $(x-2y+3)(x-2y-2)$

$=(M+3)(M-2)$

$=M^2+M-6$

$=(x-2y)^2+(x-2y)-6$

$\boldsymbol{=x^2-4xy+4y^2+x-2y-6}$

基本の問題

1 次の計算をしなさい。

(1) $3a(2b+4)$　(2) $(5x-6y)\times(-2x)$

(3) $(36x^2+12x)\div 4x$　(4) $(3x^2+6xy)\div\dfrac{3}{5}x$

▶解答

(1) $3a(2b+4)$
$=3a\times 2b+3a\times 4$
$=\mathbf{6ab+12a}$

(2) $(5x-6y)\times(-2x)$
$=5x\times(-2x)-6y\times(-2x)$
$=\mathbf{-10x^2+12xy}$

(3) $(36x^2+12x)\div 4x$
$=\dfrac{36x^2}{4x}+\dfrac{12x}{4x}$
$=\mathbf{9x+3}$

(4) $(3x^2+6xy)\div\dfrac{3}{5}x$
$=(3x^2+6xy)\times\dfrac{5}{3x}$
$=\dfrac{3x^2\times 5}{3x}+\dfrac{6xy\times 5}{3x}$
$=\mathbf{5x+10y}$

2 次の式を展開しなさい。

(1) $(2x+1)(x-4)$　(2) $(x+3)(x+y+2)$

(3) $(x+4)(x+8)$　(4) $(x-3)(x-6)$

(5) $(y-8)^2$　(6) $(a+20)(a-20)$

▶解答

(1) $(2x+1)(x-4)$
$=2x^2-8x+x-4$
$=\mathbf{2x^2-7x-4}$

(2) $(x+3)(x+y+2)$
$=x(x+y+2)+3(x+y+2)$
$=x^2+xy+2x+3x+3y+6$
$=\mathbf{x^2+xy+5x+3y+6}$

(3) $(x+4)(x+8)$
$=x^2+(4+8)x+4\times 8$
$=\mathbf{x^2+12x+32}$

(4) $(x-3)(x-6)$
$=x^2+\{(-3)+(-6)\}x+(-3)\times(-6)$
$=\mathbf{x^2-9x+18}$

(5) $(y-8)^2$
$=\mathbf{y^2-16y+64}$

(6) $(a+20)(a-20)$
$=a^2-20^2$
$=\mathbf{a^2-400}$

3 くふうして，次の計算をしなさい。どのようにくふうしたかわかるように，途中(とちゅう)の計算もかきなさい。

(1) 77×83　(2) 39^2

▶解答

(1) $77\times 83=(80-3)\times(80+3)$
$=80^2-3^2$
$=6391$

(2) 39^2
$=(40-1)^2$
$=40^2-2\times 1\times 40+1^2$
$=\mathbf{1521}$

4　次の式を展開しなさい。

(1)　$(2x+3)(2x-2)$　　(2)　$(3x+2)^2$

(3)　$(x-4y)^2$　　(4)　$(x+3y)(x-3y)$

▶解答

(1)　$(2x+3)(2x-2)$

$=(2x)^2+(3-2)\times 2x+3\times(-2)$

$=\boldsymbol{4x^2+2x-6}$

(2)　$(3x+2)^2$

$=(3x)^2+2\times 2\times 3x+2^2$

$=\boldsymbol{9x^2+12x+4}$

(3)　$(x-4y)^2$

$=x^2-2\times 4y\times x+(4y)^2$

$=\boldsymbol{x^2-8xy+16y^2}$

(4)　$(x+3y)(x-3y)$

$=x^2-(3y)^2$

$=\boldsymbol{x^2-9y^2}$

5　$(x-1)^2-(x+6)(x+1)$ を計算しなさい。

▶解答

$(x-1)^2-(x+6)(x+1)$

$=x^2-2x+1-(x^2+7x+6)$

$=x^2-2x+1-x^2-7x-6$

$=\boldsymbol{-9x-5}$

◀気をつけよう▶

かっこをはずすとき，符号に注意し，同類項をまとめるのを忘れない。

6　$(a+b+2)(a+b+4)$ を展開しなさい。

▶解答

$(a+b+2)(a+b+4)$

$=(M+2)(M+4)$

$=M^2+6M+8$

$=(a+b)^2+6(a+b)+8$

$=\boldsymbol{a^2+2ab+b^2+6a+6b+8}$

まちがえやすい問題

右の答案は，$(3x^2+6xy)\div\dfrac{3}{5}x$ を計算したものですが，まちがっています。

まちがっているところを見つけなさい。

また，正しい計算をしなさい。

✕まちがいの例

$(3x^2+6xy)\div\dfrac{3}{5}x$

$=(3x^2+6xy)\times\dfrac{5}{3}x$

$=\dfrac{3x^2\times 5x}{3}+\dfrac{6xy\times 5x}{3}$

$=5x^3+10x^2y$

▶解答

（まちがっているところ）

わる式は$\dfrac{3}{5}x$で，その逆数$\dfrac{5}{3x}$をかけるべきなのに，$\dfrac{5}{3}x$をかけている。

（正しい計算）

$\boldsymbol{(3x^2+6xy)\div\dfrac{3}{5}x}$

$\boldsymbol{=(3x^2+6xy)\div\dfrac{3x}{5}}$

$\boldsymbol{=(3x^2+6xy)\times\dfrac{5}{3x}}$

$\boldsymbol{=\dfrac{3x^2\times 5}{3x}+\dfrac{6xy\times 5}{3x}}$

$\boldsymbol{=5x+10y}$

2節 因数分解

1 因数分解

基本事項ノート

➔因数

1つの多項式がいくつかの単項式や多項式の積の形に表せるとき，そのそれぞれの式を，もとの多項式の因数(いんすう)という。

例　$x^2+5x+6=(x+2)(x+3)$ だから，$x+2$，$x+3$ は，x^2+5x+6 の因数である。

➔因数分解

1つの多項式をいくつかの因数の積の形に表すことを，もとの多項式を因数分解するという。

例　x^2+5x+6 を因数分解すると，$x^2+5x+6=(x+2)(x+3)$

注　これ以上因数分解できない形まで行う。
因数の順序は重要でない。

$$x^2+5x+6 \underset{\text{展開}}{\overset{\text{因数分解}}{\rightleftarrows}} (x+2)(x+3)$$

➔共通な因数をくくり出す

多項式の各項に共通な因数がある場合，分配法則を使って，共通な因数をかっこの外にくくり出すことができる。

$ma+mb=m(a+b)$

$ma+mb$ で，m は ma と mb に共通な因数である。

例　(1)　x^2+6xy
$=x\times x+6\times x\times y$
$=x(x+6y)$

(2)　$-x^2+5xy$
$=-x\times x-5\times(-x)\times y$
$=-x(x-5y)$

Q　巻末に，次の図のような正方形や長方形の紙があります。

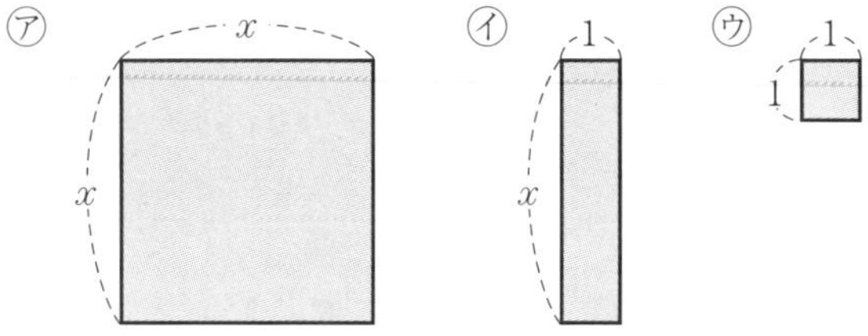

次の(1)～(3)に示す枚数の紙をすき間なく並べて，それぞれ1つの長方形または正方形をつくってみましょう。
また，つくった長方形や正方形の面積を式に表してみましょう。

(1)　㋐を1枚，㋑を3枚
(2)　㋐を1枚，㋑を5枚，㋒を6枚
(3)　㋐を1枚，㋑を4枚，㋒を4枚

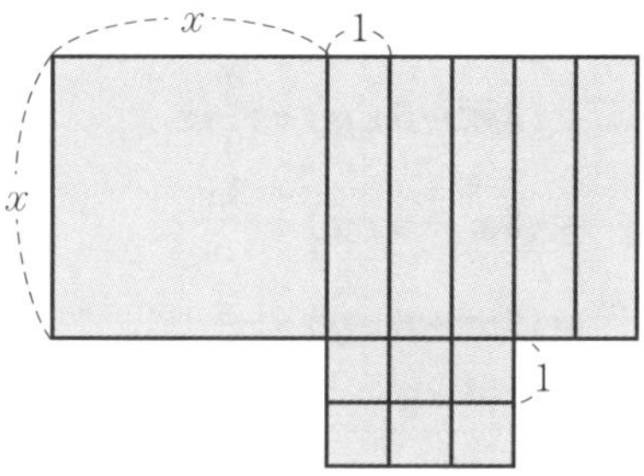

▶解答

(1)

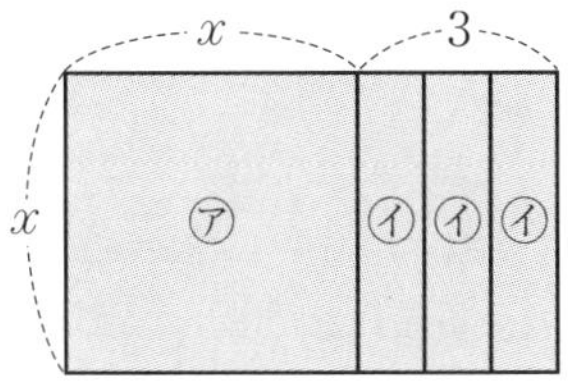

$x(x+3)$

(2)

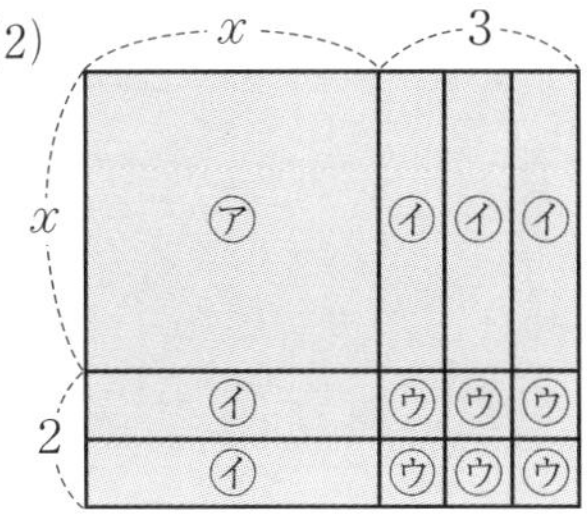

$(x+2)(x+3)$

(3)

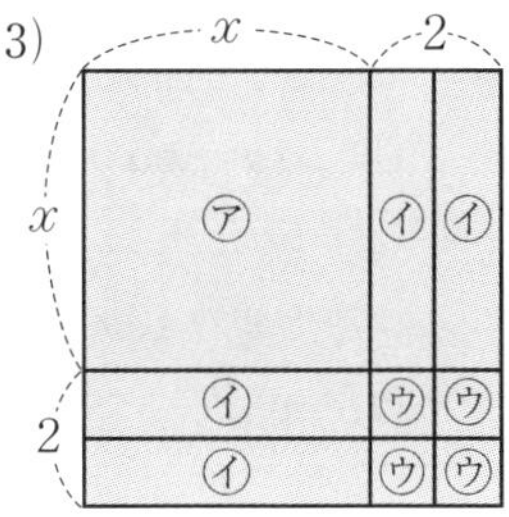

$(x+2)^2$

それぞれの例から，㋒の枚数は㋑の縦の枚数と横の枚数の積になっていることがわかる。

問1　前ページの **Q** の(2)の紙を使って，右の図のような長方形をつくりました。
この長方形の面積は，どんな式で表すことができますか。

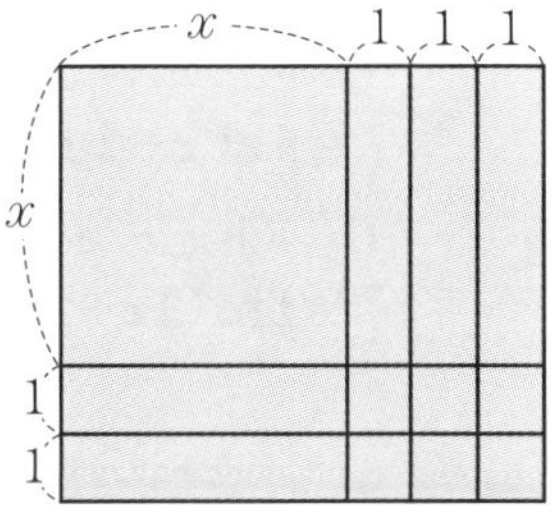

▶解答　**㋐が1枚，㋑が5枚，㋒が6枚だから x^2+5x+6**
縦が $x+2$，横が $x+3$ だから　$(x+2)(x+3)$

問2　次の㋐，㋑のうち，左辺を因数分解しているのはどちらですか。
㋐　$x^2-2x=x(x-2)$　　㋑　$x^2-2x=x(x+2)-4x$

考え方　因数分解とは，因数の積の形に表すことである。

▶解答　**㋐**

問3　次の式を因数分解しなさい。

(1)　$xy+2xz$　　(2)　$8ab-b^2$
(3)　$a-4ay$　　(4)　$3ax+5bx-4cx$

▶解答

(1)　$xy+2xz=\boldsymbol{x(y+2z)}$　　(2)　$8ab-b^2=\boldsymbol{b(8a-b)}$
(3)　$a-4ay=\boldsymbol{a(1-4y)}$　　(4)　$3ax+5bx-4cx=\boldsymbol{x(3a+5b-4c)}$

❗注　展開して，もとの式になるかの検算を忘れないようにする。

問4　次の式を因数分解しなさい。

(1)　$3x^2+9x$　　(2)　$4x^2-4xy$
(3)　$42ab-6b^2$　　(4)　$21a^2+12ab-3a$

▶解答

(1)　$3x^2+9x=\boldsymbol{3x(x+3)}$　　(2)　$4x^2-4xy=\boldsymbol{4x(x-y)}$
(3)　$42ab-6b^2=\boldsymbol{6b(7a-b)}$　　(4)　$21a^2+12ab-3a=\boldsymbol{3a(7a+4b-1)}$

チャレンジ　(1)　$6a^2b-3ab$　　(2)　$2ab^2-4ab-10b$

▶解答

(1)　$6a^2b-3ab=\boldsymbol{3ab(2a-1)}$　　(2)　$2ab^2-4ab-10b=\boldsymbol{2b(ab-2a-5)}$

❗注　共通な因数は残らずかっこの外にくくり出すようにする。

補充問題8　次の式を因数分解しなさい。（教科書P.235）

(1)　$ax+6ay$　　(2)　b^2-7bc

(3)　$5ax-2xy$　　(4)　$3ab+6ac+a$

(5)　$5x^2-10xy$　　(6)　$12a^2+18ax+3a$

(7)　$42ax+28ay$　　(8)　$4b^2+6ab-10b$

▶解答

(1)　$ax+6ay$
$=\boldsymbol{a(x+6y)}$

(2)　b^2-7bc
$=\boldsymbol{b(b-7c)}$

(3)　$5ax-2xy$
$=\boldsymbol{x(5a-2y)}$

(4)　$3ab+6ac+a$
$=\boldsymbol{a(3b+6c+1)}$

(5)　$5x^2-10xy$
$=\boldsymbol{5x(x-2y)}$

(6)　$12a^2+18ax+3a$
$=\boldsymbol{3a(4a+6x+1)}$

(7)　$42ax+28ay$
$=\boldsymbol{14a(3x+2y)}$

(8)　$4b^2+6ab-10b$
$=\boldsymbol{2b(2b+3a-5)}$

2　乗法公式をもとにする因数分解

基本事項ノート

➔ x^2+px+q の因数分解

乗法公式 1　$(x+a)(x+b)=x^2+(a+b)x+ab$ をもとにして因数分解することができる。

公式 1′　$x^2+(a+b)x+ab=(x+a)(x+b)$

例　(1)　x^2+5x+6 の因数分解

「積が6，和が5」になる2数を見つける。

$x^2+5x+6=(x+2)(x+3)$

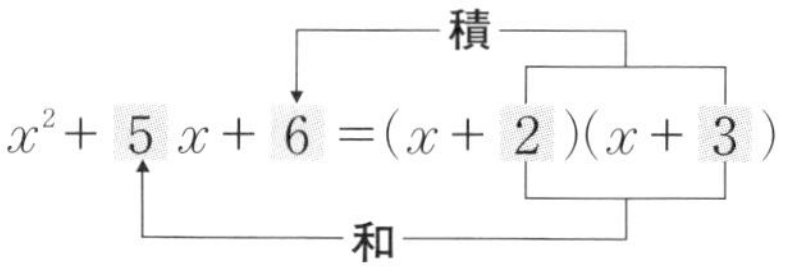

(2)　x^2-6x+8 の因数分解

「積が8，和が -6」になる2数を見つける。

$x^2-6x+8=(x-2)(x-4)$

➔ $x^2+2ax+a^2$ の因数分解

次の公式で，平方の形に因数分解することができる。

公式 2′　$x^2+2ax+a^2=(x+a)^2$

公式 3′　$x^2-2ax+a^2=(x-a)^2$

例　$x^2-10x+25$ の因数分解

x の係数 -10 の半分は，-5

その -5 の2乗が定数項25に等しいから

$x^2-10x+25=(x-5)^2$

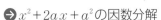

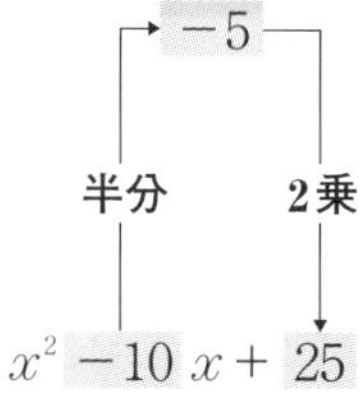

➔ x^2-a^2 の因数分解

平方の差になっている多項式は，和と差の積に因数分解できる。

公式 4′　$x^2-a^2=(x+a)(x-a)$

例　$x^2-36=x^2-6^2$

$=(x+6)(x-6)$

注　展開して，もとの式になるかの検算を忘れないようにする。

問1　次の式を因数分解しなさい。

(1)　x^2+8x+7　　(2)　y^2+6y+8

(3)　$a^2+10a+21$　　(4)　$x^2+8x+12$

考え方　(1)「積が7，和が8」になる2数を見つける。

(2)「積が8，和が6」になる2数を見つける。

(3)「積が21，和が10」になる2数を見つける。

(4)「積が12，和が8」になる2数を見つける。

▶解答　(1)

積が7		和が8
1	7	○
−1	−7	×

$x^2+8x+7=\boldsymbol{(x+1)(x+7)}$

(2)

積が8		和が6
1	8	×
2	4	○
−1	−8	×
−2	−4	×

$y^2+6y+8=\boldsymbol{(y+2)(y+4)}$

(3)

積が21		和が10
1	21	×
3	7	○
−1	−21	×
−3	−7	×

$a^2+10a+21=\boldsymbol{(a+3)(a+7)}$

(4)

積が12		和が8
1	12	×
2	6	○
3	4	×
−1	−12	×
−2	−6	×
−3	−4	×

$x^2+8x+12=\boldsymbol{(x+2)(x+6)}$

チャレンジ1　$a^2+13a+30$

▶解答

積が30		和が13
1	30	×
2	15	×
3	10	○
5	6	×

積が30		和が13
−1	−30	×
−2	−15	×
−3	−10	×
−5	−6	×

$a^2+13a+30=\boldsymbol{(a+3)(a+10)}$

問2　次の式を因数分解しなさい。

(1)　x^2-4x+3　　(2)　$y^2-7y+12$

(3)　$x^2-10x+16$　　(4)　$a^2-8a+12$

考え方　(1)「積が3，和が−4」になる2数を見つける。

(2)「積が12，和が−7」になる2数を見つける。

(3)「積が16，和が−10」になる2数を見つける。

(4)「積が12，和が−8」になる2数を見つける。

▶解答　(1)　$x^2-4x+3=\boldsymbol{(x-1)(x-3)}$　　(2)　$y^2-7y+12=\boldsymbol{(y-3)(y-4)}$

(3)　$x^2-10x+16=\boldsymbol{(x-2)(x-8)}$　　(4)　$a^2-8a+12=\boldsymbol{(a-2)(a-6)}$

チャレンジ2　$a^2-24a+44$

▶解答　$a^2-24a+44=\boldsymbol{(a-2)(a-22)}$

問3　右の表を使って，$x^2-2x-15$を因数分解しなさい。

考え方　「積が-15，和が-2」になる2数を見つける。

▶解答

積が-15		和が-2
1	-15	×
-1	15	×
3	-5	○
-3	5	×

$x^2-2x-15=\boldsymbol{(x+3)(x-5)}$

問4　次の式を因数分解しなさい。

(1)　x^2+6x-7　　(2)　$x^2-3x-10$

(3)　$y^2+2y-35$　　(4)　$a^2-7a-30$

考え方　(1)　「積が-7，和が6」になる2数を見つける。

(2)　「積が-10，和が-3」になる2数を見つける。

(3)　「積が-35，和が2」になる2数を見つける。

(4)　「積が-30，和が-7」になる2数を見つける。

▶解答　(1)　$x^2+6x-7=\boldsymbol{(x-1)(x+7)}$　　(2)　$x^2-3x-10=\boldsymbol{(x+2)(x-5)}$

(3)　$y^2+2y-35=\boldsymbol{(y-5)(y+7)}$　　(4)　$a^2-7a-30=\boldsymbol{(a+3)(a-10)}$

チャレンジ3　$a^2-99a-100$

▶解答　$a^2-99a-100=\boldsymbol{(a+1)(a-100)}$

問5　次の式を因数分解しなさい。

(1)　$x^2+7x+10$　　(2)　$x^2-8x+15$

(3)　$x^2-3x-18$　　(4)　$x^2-12x+32$

(5)　$y^2+11y+30$　　(6)　$a^2+6a-27$

▶解答　(1)　$x^2+7x+10$

$=x^2+(2+5)x+2\times5$

$=\boldsymbol{(x+2)(x+5)}$

(2)　$x^2-8x+15$

$=x^2+\{(-3)+(-5)\}x+(-3)\times(-5)$

$=\boldsymbol{(x-3)(x-5)}$

(3)　$x^2-3x-18$

$=x^2+\{3+(-6)\}x+3\times(-6)$

$=\boldsymbol{(x+3)(x-6)}$

(4)　$x^2-12x+32$

$=x^2+\{(-4)+(-8)\}x+(-4)\times(-8)$

$=\boldsymbol{(x-4)(x-8)}$

(5)　$y^2+11y+30$

$=y^2+(5+6)x+5\times6$

$=\boldsymbol{(y+5)(y+6)}$

(6)　$a^2+6a-27$

$=a^2+\{9+(-3)\}a+9\times(-3)$

$=\boldsymbol{(a+9)(a-3)}$

問6 次の式を，公式 $\boxed{1}'$ を使って因数分解しましょう。
これらの式には，どんな特徴がありますか。

(1) x^2+2x+1　　　　(2) $x^2-10x+25$

▶**解答**　(1) x^2+2x+1　　　　　　　　　(2) $x^2-10x+25$

$\qquad = (x+1)(x+1)$　　　　　　　　$= (x-5)(x-5)$

$\qquad - (\boldsymbol{x+1})^2$　　　　　　　　　　　$- (\boldsymbol{x-5})^2$

（特徴）・**因数分解すると，どちらも多項式の2乗の形になる。**

　　　　・**もとの式の定数項は，$\boldsymbol{x}$ の係数の半分の2乗である。**　　　　など

問7 次の式を因数分解しなさい。

(1) x^2+6x+9　　　　(2) $a^2+10a+25$

(3) x^2-4x+4　　　　(4) $a^2-8a+16$

考え方 和の平方，差の平方への因数分解の公式 $\boxed{2}'$，$\boxed{3}'$ を使う。

$$x^2 + \overset{\text{半分}}{2a}\,x + \underset{\text{2乗}}{a^2} = (x + a)^2 \qquad x^2 - \overset{\text{半分}}{2a}\,x + \underset{\text{2乗}}{a^2} = (x - a)^2$$

▶**解答**　(1) $x^2+6x+9 = (\boldsymbol{x+3})^2$　　　　(2) $a^2+10a+25 = (\boldsymbol{a+5})^2$

$\qquad$(3) $x^2-4x+4 = (\boldsymbol{x-2})^2$　　　　(4) $a^2-8a+16 = (\boldsymbol{a-4})^2$

問8 次の式を因数分解しなさい。

(1) x^2-4　　　　(2) y^2-49　　　　(3) $25-a^2$

考え方 平方の差の式は，和と差の積に因数分解できる。公式 $\boxed{4}'$ を使う。

▶**解答**　(1) $x^2-4 = (\boldsymbol{x+2})(\boldsymbol{x-2})$　　　　(2) $y^2-49 = (\boldsymbol{y+7})(\boldsymbol{y-7})$

$\qquad$(3) $25-a^2 = (\boldsymbol{5+a})(\boldsymbol{5-a})$

チャレンジ4 x^2-900

▶**解答**　$x^2-900 = (\boldsymbol{x+30})(\boldsymbol{x-30})$

問9 次の式を因数分解するとき，どの公式を使えばよいですか。

x の係数や定数項に着目して考えましょう。

また，実際に因数分解しましょう。

(1) $x^2-12x+36$　　　　(2) $x^2+11x+18$

(3) x^2-1　　　　　　　(4) $x^2+18x+81$

(5) x^2-x-6　　　　　　(6) $x^2-17x+16$

▶解答

(1)　**公式3′**

$x^2-12x+36=\boldsymbol{(x-6)^2}$

（解説）

xの係数-12の半分は-6，
その-6の2乗が定数項36に
等しいから，
公式3′が使える

(2)　**公式1′**

$x^2+11x+18=\boldsymbol{(x+2)(x+9)}$

（解説）

公式2′～4′が使える式ではないので，
公式1′が使えるかどうかを考える。
「積が18，和が11」になる2数は，
2と9だから，公式1′が使える。

(3)　**公式4′**

$x^2-1=\boldsymbol{(x+1)(x-1)}$

（解説）

$1=1^2$で，x^2-a^2の形の式だから，
公式4′が使える。

(4)　**公式2′**

$x^2+18x+81=\boldsymbol{(x+9)^2}$

（解説）

xの係数18の半分は9，
その9の2乗が定数項81に等しいから，
公式2′が使える。

(5)　**公式1′**

$x^2-x-6=\boldsymbol{(x+2)(x-3)}$

（解説）

公式2′～4′が使える式ではないので，
公式1′が使えるかどうかを考える。
「積が-6，和が-1」になる2数は，
2と-3だから，公式1′が使える。

(6)　**公式1′**

$x^2-17x+16=\boldsymbol{(x-1)(x-16)}$

（解説）

公式2′～4′が使える式ではないので，
公式1′が使えるかどうかを考える。
「積が16，和が-17」になる2数は，
-1と-16だから，公式1′が使える。

補充問題9　次の式を因数分解しなさい。（教科書P.235）

(1)　$x^2+10x+24$　　(2)　a^2+7a+6

(3)　$x^2+8x+15$　　(4)　$x^2-10x+9$

(5)　$y^2-15y+56$　　(6)　$a^2-9a+14$

(7)　$y^2+2y-48$　　(8)　a^2-a-20

(9)　$x^2-7x-60$　　(10)　$x^2+5x-36$

(11)　$y^2+12y+36$　　(12)　m^2-6m+9

(13)　x^2-2x+1　　(14)　a^2-36

(15)　x^2-9　　(16)　y^2-64

▶解答

(1)　$x^2+10x+24$

$=x^2+(4+6)x+4\times6$

$=\boldsymbol{(x+4)(x+6)}$

(2)　a^2+7a+6

$=a^2+(1+6)a+1\times6$

$=\boldsymbol{(a+1)(a+6)}$

(3)　$x^2+8x+15$

$=x^2+(3+5)x+3\times5$

$=\boldsymbol{(x+3)(x+5)}$

(4)　$x^2-10x+9$

$=x^2+\{(-1)+(-9)\}x+(-1)\times(-9)$

$=\boldsymbol{(x-1)(x-9)}$

(5)　$y^2-15y+56$

$=y^2+\{(-7)+(-8)\}y+(-7)\times(-8)$

$=\boldsymbol{(y-7)(y-8)}$

(6)　$a^2-9a+14$

$=a^2+\{(-2)+(-7)\}a+(-2)\times(-7)$

$=\boldsymbol{(a-2)(a-7)}$

(7)　$y^2+2y-48$
$=y^2+(8-6)y+8\times(-6)$
$=\boldsymbol{(y+8)(y-6)}$

(8)　a^2-a-20
$=a^2+(4-5)a+4\times(-5)$
$=\boldsymbol{(a+4)(a-5)}$

(9)　$x^2-7x-60$
$=x^2+(5-12)x+5\times(-12)$
$=\boldsymbol{(x+5)(x-12)}$

(10)　$x^2+5x-36$
$=x^2+(9-4)x+9\times(-4)$
$=\boldsymbol{(x+9)(x-4)}$

(11)　$y^2+12y+36=\boldsymbol{(y+6)^2}$

(12)　$m^2-6m+9=\boldsymbol{(m-3)^2}$

(13)　$x^2-2x+1=\boldsymbol{(x-1)^2}$

(14)　$a^2-36=\boldsymbol{(a+6)(a-6)}$

(15)　$x^2-9=\boldsymbol{(x+3)(x-3)}$

(16)　$y^2-64=\boldsymbol{(y+8)(y-8)}$

3　いろいろな因数分解

基本事項ノート

➔公式を活用した因数分解

例　(1)　$x^2-6xy+9y^2$
$=x^2-6xy+(3y)^2$
$=x^2-2\times3y\times x+(3y)^2$
$=(x-3y)^2$

(2)　$4x^2+12x+9$
$=(2x)^2+12x+3^2$
$=(2x)^2+2\times3\times2x+3^2$
$=(2x+3)^2$

(3)　$81a^2-16b^2$
$=(9a)^2-(4b)^2$
$=(9a+4b)(9a-4b)$

注　(1)は公式③′において，$a=3y$として因数分解している。
(2)は公式②′において，$x=2x$として因数分解している。
(3)は公式④′において，$x=9a$，$a=4b$として因数分解している。

➔共通な因数をくくり出してから公式を使う因数分解

まず，共通な因数をくくり出し，かっこの中の式を因数分解する。

例　$5x^2-10x-15$
$=5(x^2-2x-3)$
$=5(x+1)(x-3)$

➔多項式を１つの文字とみて公式を使う因数分解

$x+2=M$とすると，次のように公式を使って因数分解できる。

例　$(x+2)^2+5(x+2)+6$
　　$x+2$をMとする。
$=M^2+5M+6$
　　公式を使って因数分解する。
$=(M+2)(M+3)$
　　Mを$x+2$にもどす。
$=(x+2+2)(x+2+3)$
　　かっこの中の同類項をまとめる。
$=(x+4)(x+5)$

注　かっこの中の同類項をまとめるのを忘れないようにする。

➔１つの文字に着目して行う因数分解

xをふくむ項とふくまない項に整理し，共通な因数でくくり出す。

例　$xy+x+y+1=(xy+x)+(y+1)$　共通な因数xをくくり出す。
$=x(y+1)+(y+1)$
$=x\times(y+1)+1\times(y+1)$　共通な因数$y+1$をくくり出す。
$=(x+1)(y+1)$

注　$y+1$をくくり出すとき，$y+1=M$としてもよいが省略している。
yをふくむ項とふくまない項に分けて因数分解することもできる。
$xy+x+y+1=(xy+y)+(x+1)$
$=y(x+1)+(x+1)$
$=y\times(x+1)+1\times(x+1)$
$=(x+1)(y+1)$

問1　次の式を因数分解しなさい。
(1)　$4a^2+4a+1$　(2)　$9x^2-30x+25$
(3)　$16x^2-1$　(4)　a^2-81b^2
(5)　$x^2+8xy+16y^2$　(6)　$x^2+xy-12y^2$

考え方　(1)は公式[2]′において，$x=2a$として因数分解している。
(2)は公式[3]′において，$x=3x$として因数分解している。
(3)は公式[4]′において，$x=4x$として因数分解している。
(4)は公式[4]′において，$x=a$，$a=9b$として因数分解している。
(5)は公式[2]′において，$a=4y$として因数分解している。
(6)は公式[1]′において，$a=4y$，$b=-3y$($a=-3y$，$b=4y$)として因数分解している。

▶解答
(1)　$4a^2+4a+1$
$=(2a)^2+2\times1\times2a+1^2$
$=\mathbf{(2a+1)^2}$
(2)　$9x^2-30x+25$
$=(3x)^2-2\times5\times3x+5^2$
$=\mathbf{(3x-5)^2}$
(3)　$16x^2-1$
$=(4x)^2-1^2$
$=\mathbf{(4x+1)(4x-1)}$
(4)　a^2-81b^2
$=a^2-(9b)^2$
$=\mathbf{(a+9b)(a-9b)}$
(5)　$x^2+8xy+16y^2$
$=x^2+8xy+(4y)^2$
$=x^2+2\times4y\times x+(4y)^2$
$=\mathbf{(x+4y)^2}$
(6)　$x^2+xy-12y^2$
$=x^2+\{4y+(-3y)\}x+4y\times(-3y)$
$=\mathbf{(x+4y)(x-3y)}$

チャレンジ1　(1)　$4x^2+20xy+25y^2$　(2)　$49a^2-14ab+b^2$

▶解答
(1)　$4x^2+20xy+25y^2$
$=(2x)^2+2\times5y\times2x+(5y)^2$
$=\mathbf{(2x+5y)^2}$
(2)　$49a^2-14ab+b^2$
$=(7a)^2-2\times b\times7a+b^2$
$=\mathbf{(7a-b)^2}$

例2　答　$\mathbf{(x+3)(x-1)}$

問2　次の式を因数分解しなさい。

(1)　$2x^2-10x+12$　　(2)　$2x^2+8x+8$

(3)　$3x^2-27$　　(4)　$5x^2-100x+500$

考え方　まず共通な因数でくくり出す。かっこの中の式では，(1)は公式1′，(2)は公式2′，(3)は公式4′，(4)は3′を活用する。

▶解答

(1)　$2x^2-10x+12$
$=2(x^2-5x+6)$
$=\mathbf{2(x-2)(x-3)}$

(2)　$2x^2+8x+8$
$=2(x^2+4x+4)$
$=\mathbf{2(x+2)^2}$

(3)　$3x^2-27$
$=3(x^2-9)$
$=\mathbf{3(x+3)(x-3)}$

(4)　$5x^2-100x+500$
$=5(x^2-20x+100)$
$=\mathbf{5(x-10)^2}$

チャレンジ2　$ax^2-2ax-3a$

▶解答

$ax^2-2ax-3a$
$=a(x^2-2x-3)$
$=\mathbf{a(x+1)(x-3)}$

問3　次の式を因数分解しなさい。

(1)　$(a+1)x+(a+1)y$　　(2)　$(x+5)^2-8(x+5)+16$

(3)　$(x+y)^2-9$　　(4)　$(a-3)^2-3(a-3)-10$

考え方

(1)　$a+1=M$とする。　　(2)　$x+5=M$とする。

(3)　$x+y=M$とする。　　(4)　$a-3=M$とする。

▶解答

(1)　$(a+1)x+(a+1)y$
$=Mx+My$
$=M(x+y)$
$=\mathbf{(a+1)(x+y)}$

(2)　$(x+5)^2-8(x+5)+16$
$=M^2-8M+16$
$=(M-4)^2$
$=(x+5-4)^2$
$=\mathbf{(x+1)^2}$

(3)　$(x+y)^2-9$
$=M^2-9$
$=(M+3)(M-3)$
$=\mathbf{(x+y+3)(x+y-3)}$

(4)　$(a-3)^2-3(a-3)-10$
$=M^2-3M-10$
$=(M+2)(M-5)$
$=(a-3+2)(a-3-5)$
$=\mathbf{(a-1)(a-8)}$

注　かっこの中の同類項をまとめるのを忘れないようにする。

問4　次の式を因数分解しなさい。

(1)　$xy-3x+y-3$　　(2)　$ab-2a-b+2$

考え方

(1)　xをふくむ項とふくまない項に分ける。

(2)　aをふくむ項とふくまない項に分ける。

▶解答

(1) $xy-3x+y-3$
$=x(y-3)+(y-3)$
$=xM+M$
$=(x+1)M$
$=\boldsymbol{(x+1)(y-3)}$

(2) $ab-2a-b+2$
$=a(b-2)-(b-2)$
$=aM-M$
$=(a-1)M$
$=\boldsymbol{(a-1)(b-2)}$

注　Mへのおきかえは省略してもよい。
(1)はyをふくむ項とふくまない項に分けて因数分解することもできる。
(2)はbをふくむ項とふくまない項に分けて因数分解することもできる。

(1) $xy-3x+y-3$
$=xy+y-3x-3$
$=y(x+1)-3(x+1)$
$=(x+1)(y-3)$

(2) $ab-2a-b+2$
$=ab-b-2a+2$
$=b(a-1)-2(a-1)$
$=(a-1)(b-2)$

補充問題10　次の式を因数分解しなさい。（教科書P.235）

(1) $16x^2-24x+9$　　(2) $a^2+2ab+b^2$
(3) $x^2-9xy+20y^2$　　(4) $49x^2-36y^2$
(5) $3x^2-24x+48$　　(6) $4x^2+12x-16$
(7) $(a+7b)^2-10(a+7b)+25$　　(8) $(x-1)^2-6(x-1)-27$
(9) $ab+5a+3b+15$　　(10) $xy+5y-x-5$

考え方
(7) $a+7b=M$とする。　(8) $x-1=M$とする。
(9) aをふくむ項とふくまない項に分ける。
(10) yをふくむ項とふくまない項に分ける。

▶解答

(1) $16x^2-24x+9$
$=(4x)^2-2\times3\times4x+3^2$
$=\boldsymbol{(4x-3)^2}$

(2) $a^2+2ab+b^2$
$=a^2+2\times b\times a+b^2$
$=\boldsymbol{(a+b)^2}$

(3) $x^2-9xy+20y^2$
$=x^2+\{(-4y)+(-5y)\}x+(-4y)\times(-5y)$
$=\boldsymbol{(x-4y)(x-5y)}$

(4) $49x^2-36y^2$
$=(7x)^2-(6y)^2$
$=\boldsymbol{(7x+6y)(7x-6y)}$

(5) $3x^2-24x+48$
$=3(x^2-8x+16)$
$=\boldsymbol{3(x-4)^2}$

(6) $4x^2+12x-16$
$=4(x^2+3x-4)$
$=\boldsymbol{4(x+4)(x-1)}$

(7) $(a+7b)^2-10(a+7b)+25$
$=M^2-10M+25$
$=(M-5)^2$
$=\boldsymbol{(a+7b-5)^2}$

(8) $(x-1)^2-6(x-1)-27$
$=M^2-6M-27$
$=(M-9)(M+3)$
$=(x-1-9)(x-1+3)$
$=\boldsymbol{(x-10)(x+2)}$

(9) $ab+5a+3b+15$
$=a(b+5)+3(b+5)$
$=\boldsymbol{(a+3)(b+5)}$

(10) $xy+5y-x-5$
$=y(x+5)-(x+5)$
$=\boldsymbol{(x+5)(y-1)}$

注　(8)はかっこの中の同類項をまとめるのを忘れないようにする。
(9)はbをふくむ項とふくまない項に分けて因数分解することもできる。
(10)はxをふくむ項とふくまない項に分けて因数分解することもできる。

(9)　$ab+5a+3b+15$
$=ab+3b+5a+15$
$=b(a+3)+5(a+3)$
$=(a+3)(b+5)$

(10)　$xy+5y-x-5$
$=xy-x+5y-5$
$=x(y-1)+5(y-1)$
$=(x+5)(y-1)$

問5　公式④′を使って，次の計算をしなさい。
(1)　27^2-23^2　　(2)　101^2-100^2

▶解答　(1)　$27^2-23^2=(27+23)\times(27-23)$
$=50\times4$
$=\mathbf{200}$

(2)　$101^2-100^2=(101+100)\times(101-100)$
$=201\times1$
$=\mathbf{201}$

チャレンジ3　$1.5^2-0.5^2$

▶解答　$1.5^2-0.5^2=(1.5+0.5)(1.5-0.5)$
$=2\times1$
$=\mathbf{2}$

基本の問題

1　次の□にあてはまる式をかき入れて，因数分解の公式を完成させなさい。
$x^2+(a+b)x+ab=$□
$x^2+2ax+a^2=$□
$x^2-2ax+a^2=$□
$x^2-a^2=$□

▶解答　（上から順に）$\boldsymbol{(x+a)(x+b)}$，$\boldsymbol{(x+a)^2}$，$\boldsymbol{(x-a)^2}$，$\boldsymbol{(x+a)(x-a)}$

2　次の式を因数分解しなさい。
(1)　$3ab-a^2$　　(2)　$2xy^2-8y$
(3)　$x^2+9x+14$　　(4)　$y^2-7y+10$
(5)　a^2-5a-6　　(6)　x^2+4x+4
(7)　$a^2-16a+64$　　(8)　y^2-100

▶解答 (1) $3ab-a^2=\boldsymbol{a(3b-a)}$

(2) $2xy^2-8y=\boldsymbol{2y(xy-4)}$

(3) $x^2+9x+14=\boldsymbol{(x+2)(x+7)}$

(4) $y^2-7y+10=\boldsymbol{(y-2)(y-5)}$

(5) $a^2-5a-6=\boldsymbol{(a+1)(a-6)}$

(6) $x^2+4x+4=\boldsymbol{(x+2)^2}$

(7) $a^2-16a+64=\boldsymbol{(a-8)^2}$

(8) $y^2-100=\boldsymbol{(y+10)(y-10)}$

3 次の式を因数分解しなさい。

(1) $9x^2+6x+1$

(2) $4x^2-9$

(3) $4x^2-4x+1$

(4) $9a^2-49b^2$

(5) $2x^2+18x+36$

(6) $5y^2-20$

▶解答 (1) $9x^2+6x+1=(3x)^2+2\times1\times3x+1^2$
$=\boldsymbol{(3x+1)^2}$

(2) $4x^2-9=(2x)^2-3^2$
$=\boldsymbol{(2x+3)(2x-3)}$

(3) $4x^2-4x+1=(2x)^2-2\times1\times2x+1^2$
$=\boldsymbol{(2x-1)^2}$

(4) $9a^2-49b^2=(3a)^2-(7b)^2$
$=\boldsymbol{(3a+7b)(3a-7b)}$

(5) $2x^2+18x+36=2(x^2+9x+18)$
$=\boldsymbol{2(x+3)(x+6)}$

(6) $5y^2-20=5(y^2-4)$
$=\boldsymbol{5(y+2)(y-2)}$

4 $(x+1)^2+3(x+1)+2$ を因数分解しなさい。

▶解答 $(x+1)^2+3(x+1)+2=M^2+3M+2$
$=(M+1)(M+2)$
$=(x+1+1)(x+1+2)$
$=\boldsymbol{(x+2)(x+3)}$

◀気をつけよう▶
かっこの中の同類項をまとめるのを忘れない。

5 くふうして，次の計算をしなさい。どのようにくふうしたかわかるように，途中の計算もかきなさい。

(1) 38^2-37^2

(2) 54^2-44^2

▶解答 (1) $\boldsymbol{38^2-37^2=(38+37)\times(38-37)}$
$\boldsymbol{=75\times1}$
$\boldsymbol{=75}$

(2) $\boldsymbol{54^2-44^2=(54+44)\times(54-44)}$
$\boldsymbol{=98\times10}$
$\boldsymbol{=980}$

6 a，b を自然数とするとき，$x^2+\square x+24$ を $(x+a)(x+b)$ の形に因数分解できるように，□に自然数を入れます。□にあてはまる自然数をすべて答えなさい。

考え方 公式1′を使った因数分解である。
□には，積が24である2数の和がはいる。この□が自然数になるのは，1と24，2と12，3と8，4と6である。

▶解答 **25，14，11，10**

3節 文字式の活用

1 数の性質を見いだし証明しよう

基本事項ノート

➔文字を使った証明

具体的な場合から性質を予想し，目的に合うように式の展開や因数分解を活用して式を変形し，数の性質がいつも成り立つことを証明する。

Q 連続する2つの偶数(ぐうすう)の積に1をたすと，どんな数になるでしょうか。

▶解答　(略)

1 **Q**について，いくつかの場合を調べていつも成り立つ性質を予想し，予想した性質を「〜は，……になる。」という形で表しましょう。
また，予想したことがいつも成り立つことを証明するための方針を立てましょう。

2	×	4	+1=	□
4	×	6	+1=	□
6	×	8	+1=	□
□	×	□	+1=	□
□	×	□	+1=	□

考え方　$2\times4+1=9$，$4\times6+1=25$
いずれも$9=3^2$，$25=5^2$となっていることから予想する。

▶解答　(略)

2 次の陸(りく)さんのノートには，陸さんが予想した性質と，その性質がいつも成り立つことの証明がかかれています。
□をうめて，証明を完成しましょう。

[陸さんのノート]

(予想した性質)
連続する2つの偶数の積に1をたした数は，
ある整数を2乗した数になる。
(証明)
nを整数とすると，連続する2つの偶数は$2n$，
$2n+$□と表される。
$2n(2n+$□$)+1=$□
$=($□$)^2$
□は整数だから，連続する2つの偶数の積に1をたした数は，ある整数を2乗した数になる。

▶解答　（順に）**2，2，$4n^2+4n+1$，$2n+1$，$2n+1$**

❸ 予想した性質や，その性質が成り立つことの証明について，彩（あや）さんと陸さんが話し合っています。
彩さん　私が予想した性質は，「連続する2つの偶数の積に1をたした数は，ある奇数（きすう）を2乗した数になる」だよ。
陸さん　ぼくが予想した性質の「ある整数」を「ある奇数」に変えると，彩さんが予想した性質と同じになるね。
(1)　彩さんが予想した性質は，いつも成り立つといえますか。
　　陸さんの証明をふり返って考えましょう。
(2)　彩さんが予想した性質の「ある奇数」は，もとの2つの偶数と，どんな関係がありますか。

▶解答　(1)　**❷の証明より　$2n(2n+2)+1=(2n+1)^2$**
$2n+1$は奇数だから，彩さんが予想した性質は，いつも成り立つといえる。
(2)　**もとの連続する2つの偶数の間にある奇数である。**

❹ 文字を使うことには，どんなよさがありましたか。
また，次に何を調べたいですか。

▶解答　（例）・**文字を使うことによって，数の性質について，いくつかの場合を調べなくても，予想した性質がいつも成り立つことを証明することができる。**
・**連続する2つの整数の間に成り立つ性質について調べたい。**　など

❺ Ⓠの「偶数」を「奇数」に変えて新しい問題をつくり，いつも成り立つ数の性質を予想しましょう。
また，その性質がいつも成り立つことを証明しましょう。

考え方　$1\times3+1=4$，$3\times5+1=16$
いずれも$4=2^2$，$16=4^2$となっているからことから同じように予想する。

$1\times3+1=$□
$3\times5+1=$□
$5\times7+1=$□

▶解答　（新しい問題）
連続する2つの奇数の積に1をたすと，どんな数になるでしょうか。
（上の問題で予想した性質）
$1\times3+1=4=2^2$，$3\times5+1=16=4^2$，$5\times7+1=36=6^2$，…
以上より，連続する2つの奇数の積に1をたした数は，その2つの奇数の間にある偶数を2乗した数になる。
（証明）
nを整数とすると，連続する2つの奇数は$2n-1$，$2n+1$と表される。
　$(2n-1)(2n+1)+1=4n^2-1+1=4n^2=(2n)^2$
nは整数だから，連続する2つの奇数の積に1をたした数は，その2つの奇数の間にある偶数を2乗した数になる。

6　これまでの学習をふり返ると，連続する3つの整数についてある性質が成り立つことがわかります。
次の□にあてはまることばを考えましょう。

連続する3つの整数のうち，最も小さい数と最も大きい数の積に1をたすと，□になる。

▶解答　**真ん中の数を2乗した数**

2　図形の性質の証明

基本事項ノート

➔文字を使った証明
具体的な場合から性質を予想し，目的に合うように乗法公式を活用して式を変形し，図形の性質を証明する。

問1　右の図のように，1辺がxの正方形の池の周囲に，幅aの道があります。この道の真ん中を通る線の長さをℓとするとき，この道の面積Sは，次の式で表されることを証明しなさい。

$S=a\ell$

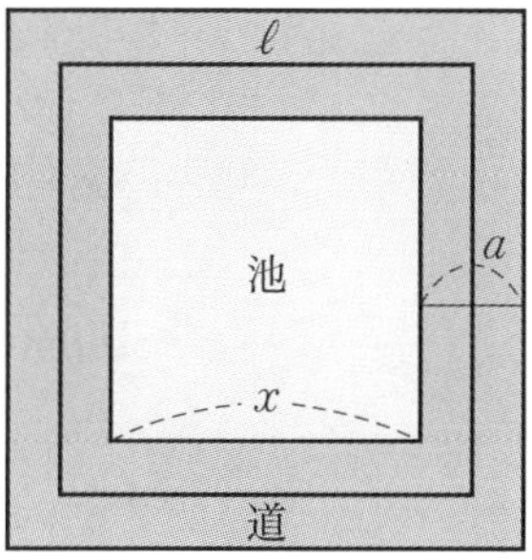

考え方　道の面積は，大きい正方形の面積から小さい正方形の面積をひけば求められる。

▶解答　**道の面積Sは，次のような計算で求められる。**

$$S=(x+2a)^2-x^2$$
$$=(x^2+4ax+4a^2)-x^2$$
$$=4ax+4a^2 \cdots\cdots ①$$

また，道の真ん中を通る正方形の周の長さℓは，
1辺が$x+a$の正方形の周の長さだから

$$\ell=(x+a)\times 4$$
$$=4x+4a$$

よって$a\ell=a(4x+4a)$
$$=4ax+4a^2 \cdots\cdots ②$$

①，②より　$S=a\ell$

1章の問題

1　次の式を展開しなさい。

(1)　$5x(6x-1)$　　(2)　$(a+1)(b-5)$
(3)　$(x+3)(2x-1)$　　(4)　$(x+4)(x+y-1)$
(5)　$(x+2)(x+6)$　　(6)　$(a+7)^2$
(7)　$(y-5)^2$　　(8)　$(a-8)(a+8)$
(9)　$(7a+1)(7a-1)$　　(10)　$(x-9y)^2$

▶解答

(1)　$5x(6x-1)$
$=\mathbf{30x^2-5x}$

(2)　$(a+1)(b-5)$
$=\mathbf{ab-5a+b-5}$

(3)　$(x+3)(2x-1)$
$=2x^2-x+6x-3$
$=\mathbf{2x^2+5x-3}$

(4)　$(x+4)(x+y-1)$
$=x(x+y-1)+4(x+y-1)$
$=x^2+xy-x+4x+4y-4$
$=\mathbf{x^2+xy+3x+4y-4}$

(5)　$(x+2)(x+6)$
$=x^2+(2+6)x+2\times 6$
$=\mathbf{x^2+8x+12}$

(6)　$(a+7)^2$
$=\mathbf{a^2+14a+49}$

(7)　$(y-5)^2$
$=\mathbf{y^2-10y+25}$

(8)　$(a-8)(a+8)$
$=a^2-8^2$
$=\mathbf{a^2-64}$

(9)　$(7a+1)(7a-1)$
$=(7a)^2-1^2$
$=\mathbf{49a^2-1}$

(10)　$(x-9y)^2$
$=x^2-2\times 9y\times x+(9y)^2$
$=\mathbf{x^2-18xy+81y^2}$

2　次の式を因数分解しなさい。

(1)　$3x^2+9xy$　　(2)　$3x^2y-2xy^2+xy$
(3)　x^2+5x+4　　(4)　$x^2-11x+24$
(5)　$x^2-3x-28$　　(6)　$x^2+16x+64$
(7)　$a^2-14a+49$　　(8)　y^2-16

▶解答

(1)　$3x^2+9xy$
$=\mathbf{3x(x+3y)}$

(2)　$3x^2y-2xy^2+xy$
$=\mathbf{xy(3x-2y+1)}$

(3)　x^2+5x+4
$=x^2+(1+4)x+1\times 4$
$=\mathbf{(x+1)(x+4)}$

(4)　$x^2-11x+24$
$=x^2+\{(-3)+(-8)\}x+(-3)\times(-8)$
$=\mathbf{(x-3)(x-8)}$

(5)　$x^2-3x-28$
$=x^2+(4-7)x+4\times(-7)$
$=\mathbf{(x+4)(x-7)}$

(6)　$x^2+16x+64$
$=x^2+2\times 8\times x+8^2$
$=\mathbf{(x+8)^2}$

(7)　$a^2-14a+49$
$=a^2-2\times7\times a+7^2$
$=\boldsymbol{(a-7)^2}$

(8)　y^2-16
$=y^2-4^2$
$=\boldsymbol{(y+4)(y-4)}$

3　くふうして，次の計算をしなさい。どのようにくふうしたかわかるように，途中の計算もかきなさい。

(1)　95×105　(2)　41^2　(3)　65^2-35^2

▶解答

(1)　95×105
$=(100-5)\times(100+5)$
$=100^2-5^2$
$=\mathbf{9975}$

(2)　41^2
$=(40+1)^2$
$=40^2+2\times1\times40+1^2$
$=\mathbf{1681}$

(3)　65^2-35^2
$=(65+35)\times(65-35)$
$=100\times30$
$=\mathbf{3000}$

4　右の図は，1辺が8.5cmの正方形から，1辺が3.5cmの正方形を切り取ったものです。色のついた部分の面積を求めなさい。

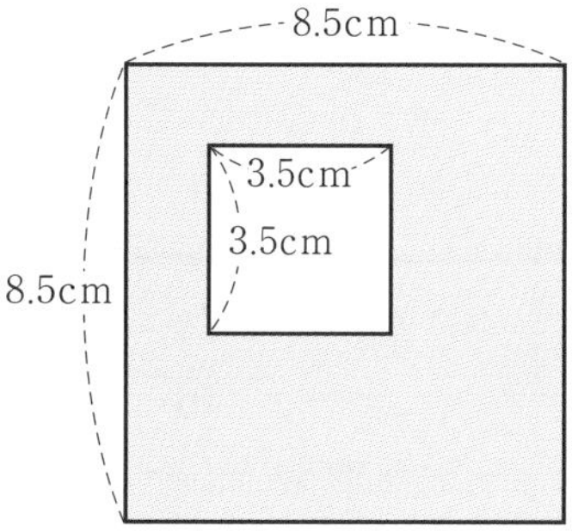

考え方　大きい正方形の面積から小さい正方形の面積をひくと，色のついた部分の面積が求まる。

▶解答

$8.5^2-3.5^2=(8.5+3.5)\times(8.5-3.5)$
$=12\times5$
$=60$

答　**60cm²**

5　連続する2つの整数の2乗の差は，その2数の和に等しくなります。このことを証明しなさい。

$3^2-2^2=2+3$
$5^2-4^2=4+5$

▶解答

(証明)

連続する2つの整数のうち，小さい方の整数をnとすると，大きい方の整数は$n+1$と表される。

2乗の差は$(n+1)^2-n^2=(n^2+2n+1)-n^2$
$=\boldsymbol{2n+1}$

2数の和は　$(n+1)+n=2n+1$

したがって，連続する2つの整数の2乗の差は，その2数の和に等しくなる。

とりくんでみよう

1 次の計算をしなさい。

(1) $(2a+3)(2a+1)$　　(2) $\left(x-\dfrac{1}{2}\right)^2$

(3) $-5(x+2)^2$　　(4) $(2a+3b)(2a-3b)$

(5) $(x-4)^2-(x-3)(x+5)$　　(6) $(a-b+3)(a+b-3)$

▶解答

(1) $(2a+3)(2a+1)$
$=(2a)^2+(3+1)\times 2a+3\times 1$
$=\mathbf{4a^2+8a+3}$

(2) $\left(x-\dfrac{1}{2}\right)^2$
$=x^2-2\times\dfrac{1}{2}\times x+\left(\dfrac{1}{2}\right)^2$
$=\mathbf{x^2-x+\dfrac{1}{4}}$

(3) $-5(x+2)^2$
$=-5(x^2+2\times 2\times x+2^2)$
$=-5(x^2+4x+4)$
$=\mathbf{-5x^2-20x-20}$

(4) $(2a+3b)(2a-3b)$
$=(2a)^2-(3b)^2$
$=\mathbf{4a^2-9b^2}$

(5) $(x-4)^2-(x-3)(x+5)$
$=x^2-8x+16-(x^2+2x-15)$
$=x^2-8x+16-x^2-2x+15$
$=\mathbf{-10x+31}$

(6) $(a-b+3)(a+b-3)$
$=\{a-(b-3)\}\{a+(b-3)\}$
$=(a-M)(a+M)$
$=a^2-M^2$
$=a^2-(b-3)^2$
$=a^2-(b^2-6b+9)$
$=\mathbf{a^2-b^2+6b-9}$

2 次の式を因数分解しなさい。

(1) $9a^2-25$　　(2) $2x^2-22x-24$

(3) $81x^2+18xy+y^2$　　(4) $49a^2-16b^2$

(5) $(a-2)^2-9(a-2)-10$　　(6) $ab-2a-3b+6$

▶解答

(1) $9a^2-25$
$=(3a)^2-5^2$
$=\mathbf{(3a+5)(3a-5)}$

(2) $2x^2-22x-24$
$=2(x^2-11x-12)$
$=\mathbf{2(x+1)(x-12)}$

(3) $81x^2+18xy+y^2$
$=(9x)^2+2\times 9y\times x+y^2$
$=\mathbf{(9x+y)^2}$

(4) $49a^2-16b^2$
$=(7a)^2-(4b)^2$
$=\mathbf{(7a+4b)(7a-4b)}$

(5) $(a-2)^2-9(a-2)-10$
$=M^2-9M-10$
$=(M+1)(M-10)$
$=(a-2+1)(a-2-10)$
$=\mathbf{(a-1)(a-12)}$

(6) $ab-2a-3b+6$
$=a(b-2)-3(b-2)$
$=aM-3M$
$=(a-3)M$
$=\mathbf{(a-3)(b-2)}$

③　カレンダーで，4つの数を右のように囲みます。
このとき，左上と右下の数の積と，右上と左下の数の積を比べるとどうなるか調べなさい。
また，調べたことがいつも成り立つことを証明しなさい。

日	月	火	水	木	金	土
				1	2	3
4	5	6	7	8	9	10
11	12	13	14	15	16	17
18	19	20	21	22	23	24
25	26	27	28	29	30	31

考え方　2×10と3×9，5×13と6×12をそれぞれ求め，共通することがらを見つける。
気づきにくいときは，ほかの4つの数についても調べる。
左上の数をxとすると，右上の数はxの次の日になる。また，
左下はxの1週間後，右下はxの8日後の日になる。

x	

▶解答　**右上と左下の数の積から左上と右下の数の積をひくと7になる。**
（証明）
左上の数をxとすると，
右上と左下の数の積は　$(x+1)(x+7)$　…①
左上と右下の数の積は　$x(x+8)$　…②
①から②をひくと7になる。
したがって，右上と左下の数の積から左上と右下の数の積をひくと7になる。

x	$x+1$
$x+7$	$x+8$

④　1辺の長さがxmの正方形の花だんがあります。
この花だんを，縦を5mのばし，横を5m短くした長方形にします。$x>5$であるとき，もとの花だんと新しい花だんの面積の大小関係について正しく説明しているものを，次の㋐～㋓の中から1つ選び，それが正しいことの理由を説明しなさい。
㋐　もとの正方形の花だんの面積と新しい長方形の花だんの面積は等しい。
㋑　もとの正方形の花だんの面積の方が大きい。
㋒　新しい長方形の花だんの面積の方が大きい。
㋓　問題の条件だけでは判断できない。

考え方　新しい花だんの縦は$(x+5)$m，横は$(x-5)$mと表される。

▶解答　㋑
（理由）**もとの花だんの面積から新しい花だんの面積をひくと**
$$x^2-(x+5)(x-5)$$
$$=x^2-(x^2-25)$$
$$=25$$
したがって，（xの値に関係なく，）もとの正方形の花だんの面積の方が（25m²）大きい。

次の章を学ぶ前に

1　次の計算をしましょう。

(1)　3^2　　(2)　4^2　　(3)　$\left(\frac{1}{2}\right)^2$

▶解答　(1)　**9**　　(2)　**16**　　(3)　$\mathbf{\frac{1}{4}}$

2　次の各組の数の大小を，不等号を使って表しましょう。

(1)　2^2，5　　(2)　6^2，35

(3)　$\frac{1}{10}$，$\left(\frac{1}{10}\right)^2$　　(4)　$\frac{3}{2}$，$\left(\frac{3}{2}\right)^2$

▶解答　(1)　$2^2<5$　　(2)　$6^2>35$

(3)　$\frac{1}{10}>\left(\frac{1}{10}\right)^2$　　(4)　$\frac{3}{2}<\left(\frac{3}{2}\right)^2$

3　次の計算をしましょう。

(1)　$3a+2a$　　(2)　$3x-4y+2x+5y$

▶解答　(1)　$\boldsymbol{5a}$　　(2)　$\boldsymbol{5x+y}$

4　次の数を素因数分解しましょう。

(1)　24　　(2)　63　　(3)　128

▶解答

(1)
```
2 ) 24
2 ) 12
2 )  6
     3
```
$\mathbf{2^3\times3}$

(2)
```
3 ) 63
3 ) 21
     7
```
$\mathbf{3^2\times7}$

(3)
```
2 ) 128
2 )  64
2 )  32
2 )  16
2 )   8
2 )   4
      2
```
$\mathbf{2^7}$

2章 平方根

この章について

この章では，2乗するとaになる数，つまりaの平方根について学習します。小学校から，整数，小数，分数，そして負の数と広がってきた数の世界が，また一段と広がります。
今まであつかいにくかった平面図形や立体図形の計算にも応用できます。
この章で平方根の加減乗除について，しっかりと学習しておきましょう。

1節 平方根

1　2乗するとaになる正の数

基本事項ノート

➔根号
記号$\sqrt{\ }$を根号(こんごう)といい，$\sqrt{2}$を「ルート2」と読む。

➔近似値
真の値に近い，およその値を近似値(きんじち)という。

問1 電卓(でんたく)を使って，$1.41<x<1.42$であることを確かめなさい。

▶解答 $\mathbf{1.41^2=1.9881,\ 1.42^2=2.0164}$
であるから　$\mathbf{1.41^2<2<1.42^2}$
ゆえに　$\mathbf{1.41<x<1.42}$

問2 電卓の$\sqrt{\ }$キーを使って$\sqrt{3}$の近似値を求め，その値を，小数第3位を四捨五入した近似値で表しなさい。

▶解答 $1.7320508\cdots\fallingdotseq$ **1.73**

問3 右の図の色がついた四角形は，1めもりが1cmの方眼を使ってかいた正方形です。
この色がついた四角形について，次の問いに答えなさい。
(1) 面積を求めなさい。
(2) 1辺の長さを，根号を使って表しなさい。
(3) 1辺の長さを，小数第3位を四捨五入した近似値で表しなさい。

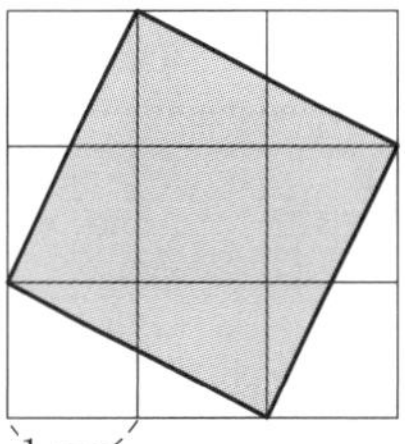

▶解答
(1) **5cm²**
(2) $\mathbf{\sqrt{5}}$ **cm**
(3) $2.236067\cdots\fallingdotseq2.24$　　答　**2.24cm**

2　2乗するとaになる数

基本事項ノート

平方根

2乗する(平方する)とaになる数をaの平方根(へいほうこん)という。
すなわち，$x^2=a$にあてはまるxの値(あたい)が，aの平方根である。

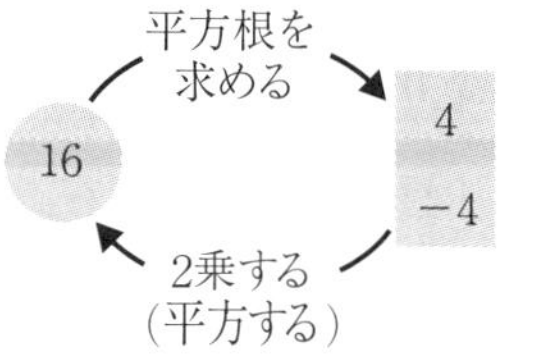

例　16の平方根は，4と−4である。
正の数aの平方根は2つあり，絶対値が等しく，符号(ふごう)は異なる。

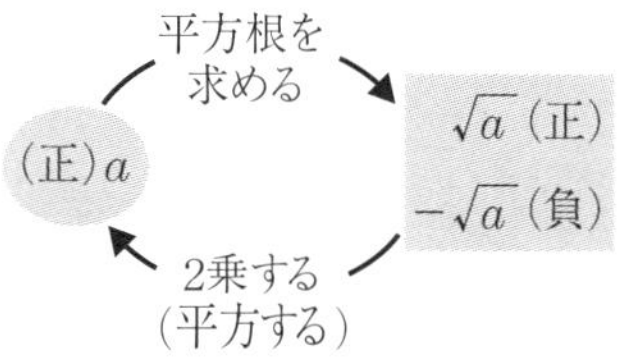

0の平方根は0だけである。

注　正の数も負の数も2乗すれば必ず正の数になるから，負の数には，その平方根はない。

Q　2乗すると9になる数を求めましょう。

▶解答　**3と−3**

問1　次の数の平方根を求めなさい。
(1)　36　(2)　49　(3)　1　(4)　0.16　(5)　$\frac{1}{9}$　(6)　0

考え方　2乗するとaになる数を，aの平方根という。aの平方根は正と負の値の2つある。ただし，0の平方根は0だけである。

▶解答
(1)　**6と−6**　(2)　**7と−7**　(3)　**1と−1**
(4)　**0.4と−0.4**　(5)　$\frac{1}{3}$**と**$-\frac{1}{3}$　(6)　**0**

問2　次の数を根号を使って表しなさい。
(1)　10の平方根　(2)　6の平方根の負の方

考え方　正の数aの平方根は2つあり，正の方を$\sqrt{a}$，負の方を$-\sqrt{a}$，まとめて$\pm\sqrt{a}$と表す。

▶解答　(1)　$\pm\sqrt{10}$　(2)　$-\sqrt{6}$

問3　次の数を求めなさい。
(1)　$(\sqrt{6})^2$　(2)　$(-\sqrt{13})^2$　(3)　$(\sqrt{0.5})^2$

考え方
(1)　$\sqrt{6}$…2乗すると6となる数の正の方
(2)　$-\sqrt{13}$…2乗すると13となる数の負の方
負の数も2乗すれば正の数になる。
(3)　$\sqrt{0.5}$…2乗すると0.5となる数の正の方

▶解答　(1)　**6**　(2)　**13**　(3)　**0.5**

問4　次の数を根号を使わないで表しなさい。

(1) $\sqrt{81}$　(2) $\sqrt{(-7)^2}$　(3) $\sqrt{144}$　(4) $-\sqrt{36}$　(5) $\sqrt{\dfrac{9}{16}}$

▶解答
(1) $\sqrt{81}=\sqrt{9^2}=\mathbf{9}$
(2) $\sqrt{(-7)^2}=\sqrt{49}=\sqrt{7^2}=\mathbf{7}$
(3) $\sqrt{144}=\sqrt{12^2}=\mathbf{12}$
(4) $-\sqrt{36}=-\sqrt{6^2}=\mathbf{-6}$
(5) $\sqrt{\dfrac{9}{16}}=\sqrt{\left(\dfrac{3}{4}\right)^2}=\mathbf{\dfrac{3}{4}}$

◀気をつけよう▶
$\sqrt{(-7)^2}=-7$ではない。

3 平方根の大小

基本事項ノート

➔平方根の大小

2つの正の数a, bについて　$a<b$　ならば　$\sqrt{a}<\sqrt{b}$

例　$3<6$　だから　$\sqrt{3}<\sqrt{6}$

例　$\sqrt{13}$と4の大小
2つの数を2乗すると，$(\sqrt{13})^2=13$, $4^2=16$
$13<16$だから　$\sqrt{13}<\sqrt{16}$　すなわち　$\sqrt{13}<4$である。

Q　$\sqrt{2}$と$\sqrt{5}$では，どちらが大きいですか。
正方形の面積と1辺の長さの関係をもとに考えましょう。

▶解答　$\sqrt{5}$

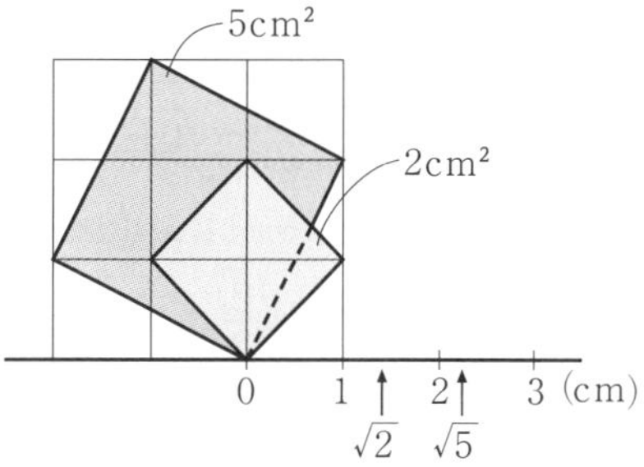

問1　次の各組の数の大小を，不等号を使って表しなさい。

(1) $\sqrt{13}$, $\sqrt{11}$　(2) $\sqrt{24}$, 5
(3) $-\sqrt{8}$, $-\sqrt{10}$　(4) $\sqrt{0.1}$, 0.1

考え方　2つの正の数a, bについて　$a<b$　ならば　$\sqrt{a}<\sqrt{b}$

▶解答
(1) $13>11$　だから　$\mathbf{\sqrt{13}>\sqrt{11}}$
(2) 2つの数を2乗すると，$(\sqrt{24})^2=24$, $5^2=25$
$24<25$　だから　$\sqrt{24}<\sqrt{25}$　すなわち$\mathbf{\sqrt{24}<5}$
(3) $8<10$だから　$\mathbf{-\sqrt{8}>-\sqrt{10}}$
(4) 2つの数を2乗すると，$(\sqrt{0.1})^2=0.1$, $0.1^2=0.01$
$0.1>0.01$　だから　$\sqrt{0.1}>\sqrt{0.01}$　すなわち$\mathbf{\sqrt{0.1}>0.1}$

◀気をつけよう▶
負の数では絶対値が大きいほど数が小さい。

チャレンジ　(1) $\dfrac{7}{2}$, $\sqrt{10}$　(2) $-\sqrt{16.2}$, -4

▶解答　(1)　$\left(\frac{7}{2}\right)^2=\frac{49}{4}>10$ だから　$\boldsymbol{\frac{7}{2}>\sqrt{10}}$

(2)　$4^2=16$　　$16.2>16$ だから　$\sqrt{16.2}>\sqrt{16}$
すなわち $\sqrt{16.2}>4$　したがって　$\boldsymbol{-\sqrt{16.2}<-4}$

問2　次の数のうち，3と4の間にあるものをすべて選びなさい。
$\sqrt{8}$　　$\sqrt{10}$　　$\sqrt{13}$　　$\sqrt{18}$

考え方　3^2，4^2，$(\sqrt{a})^2$ の大小を調べる。

▶解答　$3^2=9$，$4^2=16$ である。
また，$(\sqrt{8})^2=8$，$(\sqrt{10})^2=10$，$(\sqrt{13})^2=13$，$(\sqrt{18})^2=18$ である。
このことから，$8<9<10<13<16<18$ だから
$\sqrt{8}<3<\sqrt{10}<\sqrt{13}<4<\sqrt{18}$
したがって3と4の間にある数は $\boldsymbol{\sqrt{10}}$，$\boldsymbol{\sqrt{13}}$ である。

参考　自然数 m，n と正の数 a について，$m^2<a<n^2$　ならば　$m<\sqrt{a}<n$

問3　下の数直線上の点A，B，C，Dは，次の数のどれかを表しています。それぞれの点は，どの数を表していますか。

$\sqrt{17}$　　$-\sqrt{11}$　　$-\sqrt{0.5}$　　$\sqrt{\frac{2}{3}}$

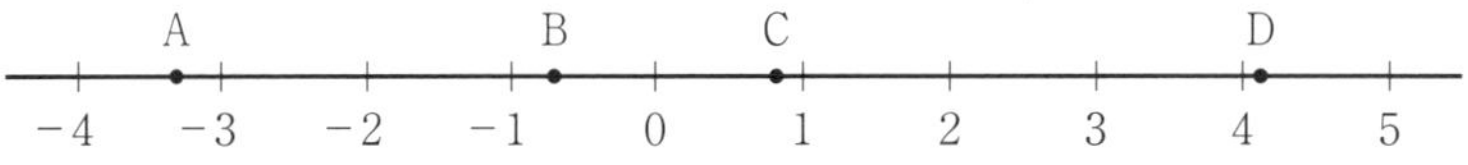

考え方　まず，$-\sqrt{11}$ と $-\sqrt{0.5}$ は負の数だからA，Bのいずれかである。
$11>0.5$ だから $\sqrt{11}>\sqrt{0.5}$，したがって $-\sqrt{11}<-\sqrt{0.5}$
次に，$\sqrt{17}$ と $\sqrt{\frac{2}{3}}$ はC，Dのいずれかである。
$17>\frac{2}{3}$ だから $\sqrt{17}>\sqrt{\frac{2}{3}}$

▶解答　点A…$\boldsymbol{-\sqrt{11}}$，点B…$\boldsymbol{-\sqrt{0.5}}$，点C…$\boldsymbol{\sqrt{\frac{2}{3}}}$，点D…$\boldsymbol{\sqrt{17}}$

4　有理数と無理数

基本事項ノート

➔有理数と無理数

a を整数，b を0でない整数とするとき，$\frac{a}{b}$ のように分数の形に表すことができる数を有理数（ゆうりすう）という。有理数でない数を無理数（むりすう）という。

例　2は $\frac{2}{1}$，0.5は $\frac{1}{2}$ と表すことができるから，有理数である。

例　$-\sqrt{2}$，$-\sqrt{3}$，$\frac{\sqrt{2}}{3}$，$\sqrt{3}+1$，円周率 π は無理数である。

Q　3と0.5を，それぞれ分数の形で表しましょう。

▶解答　$3=\mathbf{\frac{3}{1}}$，$0.5=\mathbf{\frac{1}{2}}$

問1　次の数を，有理数と無理数に分けなさい。

0.2　　$-\frac{1}{8}$　　$\sqrt{6}$　　$\sqrt{49}$　　$-\sqrt{5}$　　$\sqrt{\frac{4}{9}}$　　0

考え方　分数の形で表すことができる数を有理数という。

$0.2=\frac{2}{10}$，$\sqrt{49}=7=\frac{7}{1}$，$\sqrt{\frac{4}{9}}=\sqrt{\left(\frac{2}{3}\right)^2}=\frac{2}{3}$

▶解答　有理数…$\mathbf{0.2,\ -\frac{1}{8},\ \sqrt{49},\ \sqrt{\frac{4}{9}},\ 0}$　　無理数…$\mathbf{-\sqrt{5},\ \sqrt{6}}$

問2　次の分数を小数で表して，下の(1)，(2)の問いに答えましょう。

㋐　$\frac{2}{5}$，$\frac{13}{4}$，$\frac{1}{8}$　　　㋑　$\frac{4}{3}$，$\frac{3}{11}$，$\frac{1}{7}$

(1)　㋐の仲間と㋑の仲間には，どのようなちがいがありますか。

(2)　㋑の仲間には，小数点以下の数字の並び方について，どのような特徴（とくちょう）がありますか。

▶解答　㋐，㋑の分数を小数で表すと，

㋐　$\frac{2}{5}=\mathbf{0.4}$，$\frac{13}{4}=\mathbf{3.25}$，$\frac{1}{8}=\mathbf{0.125}$

㋑　$\frac{4}{3}=\mathbf{1.333\cdots}$，$\frac{3}{11}=\mathbf{0.2727\cdots}$，$\frac{1}{7}=\mathbf{0.142857142857\cdots}$

(1)　(例)　**㋐の仲間は，小数で表したとき，小数第何位かで終わる。**

　　　　㋑の仲間は，小数で表したとき，小数点以下がどこまでも限りなく続く。

(2)　**いくつかの数字を決まった順にくり返す。**

基本の問題

1　次の文と図の□にあてはまる数をかき入れなさい。

(1)　64の平方根は，8と□の2つである。
　　64の平方根の正の方は8，負の方は□である。

(2)　6の平方根は，□と□の2つである。
　　6の平方根の正の方は□，負の方は□である。

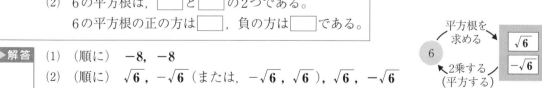

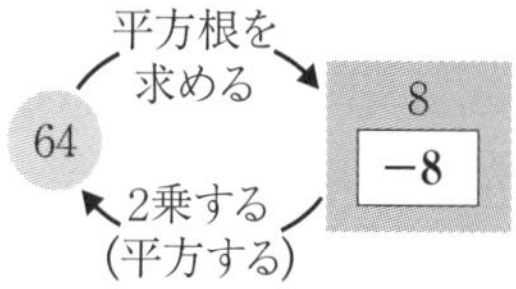

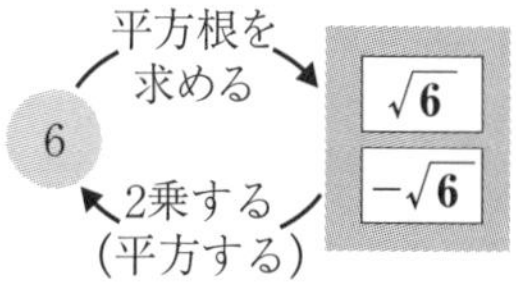

▶解答　(1)　(順に)　$\mathbf{-8,\ -8}$

(2)　(順に)　$\mathbf{\sqrt{6},\ -\sqrt{6}}$（または，$\mathbf{-\sqrt{6},\ \sqrt{6}}$），$\mathbf{\sqrt{6},\ -\sqrt{6}}$

2　次の数を求めなさい。

(1)　$(\sqrt{14})^2$　　　　(2)　$(-\sqrt{15})^2$

▶解答　(1)　$(\sqrt{14})^2=\mathbf{14}$　　(2)　$(-\sqrt{15})^2=\mathbf{15}$

3　次の数を根号を使わないで表しなさい。

(1)　$\sqrt{4}$　　(2)　$\sqrt{(-3)^2}$　　(3)　$\sqrt{256}$　　(4)　$\sqrt{\dfrac{25}{9}}$

▶解答
(1)　$\sqrt{4}=\sqrt{2^2}=\mathbf{2}$
(2)　$\sqrt{(-3)^2}=\sqrt{9}=\mathbf{3}$
(3)　$\sqrt{256}=\sqrt{16^2}=\mathbf{16}$
(4)　$\sqrt{\dfrac{25}{9}}=\sqrt{\left(\dfrac{5}{3}\right)^2}=\mathbf{\dfrac{5}{3}}$

◀気をつけよう▶
$\sqrt{(-3)^2}=-3$ではない。

4　次の各組の数の大小を，不等号を使って表しなさい。

(1)　$-\sqrt{2}$，0　　(2)　$\sqrt{5}$，$\sqrt{10}$
(3)　3，$\sqrt{11}$　　(4)　5，$\sqrt{21}$

▶解答
(1)　$\mathbf{-\sqrt{2}<0}$
(2)　$5<10$　だから　$\mathbf{\sqrt{5}<\sqrt{10}}$
(3)　$3^2=9$，$(\sqrt{11})^2=11$　$9<11$　だから　$\sqrt{9}<\sqrt{11}$　すなわち$\mathbf{3<\sqrt{11}}$
(4)　$5^2=25$，$(\sqrt{21})^2=21$　$25>21$　だから　$\sqrt{25}>\sqrt{21}$　すなわち$\mathbf{5>\sqrt{21}}$

5　$5<\sqrt{x}<6$にあてはまる整数xはいくつありますか。

考え方　正の数a，b，cについて$a<b<c$ならば，$a^2<b^2<c^2$

▶解答
$5<\sqrt{x}<6$　だから　$25<x<36$
したがって，求める整数xの個数は，$35-26+1=$**10(個)**である。

6　次の数の中から，下の(1)～(4)にあてはまるものをすべて選びなさい。

3　　-2.5　　2.6　　$\sqrt{7}$　　$-\sqrt{13}$　　0　　$-\sqrt{16}$

(1)　正の数　　(2)　整数　　(3)　有理数　　(4)　無理数

考え方　$-2.5=-\dfrac{5}{2}$，$2.6=\dfrac{13}{5}$，$-\sqrt{16}=-4$

▶解答
(1)　**3，2.6，$\sqrt{7}$**　　(2)　**3，0，$-\sqrt{16}$**
(3)　**3，-2.5，2.6，0，$-\sqrt{16}$**　　(4)　**$\sqrt{7}$，$-\sqrt{13}$**

2節　根号をふくむ式の計算

1　根号のついた数の性質

基本事項ノート

➔根号のついた数の積と商

a，bが正の数のとき，次のことが成り立つ。

$\sqrt{a}\times\sqrt{b}=\sqrt{a\times b}=\sqrt{ab}$　　$\dfrac{\sqrt{a}}{\sqrt{b}}=\sqrt{\dfrac{a}{b}}$

例　$\sqrt{5}\times\sqrt{2}=\sqrt{5\times2}=\sqrt{10}$　　$\sqrt{10}\div\sqrt{2}=\dfrac{\sqrt{10}}{\sqrt{2}}=\sqrt{\dfrac{10}{2}}=\sqrt{5}$

例　$2\sqrt{5}=\sqrt{4}\times\sqrt{5}=\sqrt{20}$　　$\dfrac{\sqrt{18}}{3}=\dfrac{\sqrt{18}}{\sqrt{9}}=\sqrt{2}$

注　$2\times\sqrt{5}$，$\sqrt{5}\times2$は，ふつう$2\sqrt{5}$とかき，「2ルート5」と読む。

➔$a\sqrt{b}$の形への変形

a，bが正の数のとき　$\sqrt{a^2\times b}=a\sqrt{b}$

例　$\sqrt{12}=\sqrt{4\times3}=\sqrt{2^2\times3}=\sqrt{2^2}\times\sqrt{3}=2\sqrt{3}$　　$\sqrt{0.07}=\sqrt{\dfrac{7}{100}}=\dfrac{\sqrt{7}}{\sqrt{10^2}}=\dfrac{\sqrt{7}}{10}$

Q　$\sqrt{4}\times\sqrt{9}$と$\sqrt{4\times9}$，$\sqrt{4}\times\sqrt{25}$と$\sqrt{4\times25}$はそれぞれ等しいといえますか。
これらのことから，$\sqrt{2}$と$\sqrt{3}$の積について，どんなことがいえるか予想しましょう。

考え方　$a>0$のとき，$\sqrt{a^2}=a$

▶解答　$\sqrt{4}=\sqrt{2^2}=\mathbf{2}$，$\sqrt{9}=\sqrt{3^2}=\mathbf{3}$，$\sqrt{4\times9}=\sqrt{36}=\sqrt{6^2}=\mathbf{6}$
また，$\sqrt{4}\times\sqrt{9}=2\times3=6$
したがって，$\sqrt{4}\times\sqrt{9}$と$\sqrt{4\times9}$の値は**等しいといえる。**
同様に，$\sqrt{25}=\sqrt{5^2}=5$，$\sqrt{4\times25}=\sqrt{100}=\sqrt{10^2}=10$
また，$\sqrt{4}\times\sqrt{25}=2\times5=10$
したがって，$\sqrt{4}\times\sqrt{25}$と$\sqrt{4\times25}$の値は**等しいといえる。**
予想(略)

問1　次の数を$\sqrt{a}$の形にしなさい。
(1)　$\sqrt{5}\times\sqrt{3}$　　(2)　$\dfrac{\sqrt{21}}{\sqrt{3}}$　　(3)　$\sqrt{18}\div\sqrt{6}$

考え方　$\sqrt{a}\times\sqrt{b}=\sqrt{a\times b}=\sqrt{ab}$　　$\dfrac{\sqrt{a}}{\sqrt{b}}=\sqrt{\dfrac{a}{b}}$

▶解答
(1)　$\sqrt{5}\times\sqrt{3}=\sqrt{5\times3}$
$=\sqrt{\mathbf{15}}$

(2)　$\dfrac{\sqrt{21}}{\sqrt{3}}=\sqrt{\dfrac{21}{3}}=\sqrt{\mathbf{7}}$

(3)　$\sqrt{18}\div\sqrt{6}=\dfrac{\sqrt{18}}{\sqrt{6}}=\sqrt{\dfrac{18}{6}}=\sqrt{\mathbf{3}}$

問2　次の数を$\sqrt{a}$の形にしなさい。
(1)　$2\sqrt{2}$　　(2)　$3\sqrt{5}$　　(3)　$7\sqrt{2}$　　(4)　$5\sqrt{3}$

考え方　$a>0$のとき$a=\sqrt{a^2}$

▶解答
(1)　$2\sqrt{2}=\sqrt{4}\times\sqrt{2}$
$=\sqrt{\mathbf{8}}$

(2)　$3\sqrt{5}=\sqrt{9}\times\sqrt{5}$
$=\sqrt{\mathbf{45}}$

(3)　$7\sqrt{2}=\sqrt{49}\times\sqrt{2}$
$=\sqrt{\mathbf{98}}$

(4)　$5\sqrt{3}=\sqrt{25}\times\sqrt{3}$
$=\sqrt{\mathbf{75}}$

問3　**例3**にならって，次の数を$a\sqrt{b}$の形にしなさい。

(1)　$\sqrt{24}$　　(2)　$\sqrt{56}$

(3)　$\sqrt{75}$　　(4)　$\sqrt{200}$

考え方　根号の中の数を素因数分解すると，根号の中に，2乗の形をつくりやすい。

▶解答

(1)　$\sqrt{24}=\sqrt{4\times6}=\sqrt{2^2\times6}=\mathbf{2\sqrt{6}}$

(2)　$\sqrt{56}=\sqrt{4\times14}=\sqrt{2^2\times14}=\mathbf{2\sqrt{14}}$

(3)　$\sqrt{75}=\sqrt{25\times3}=\sqrt{5^2\times3}=\mathbf{5\sqrt{3}}$

(4)　$\sqrt{200}=\sqrt{100\times2}=\sqrt{10^2\times2}=\mathbf{10\sqrt{2}}$

チャレンジ1　$\sqrt{2000}$

▶解答　$\sqrt{2000}=\sqrt{400\times5}=\sqrt{20^2\times5}=\mathbf{20\sqrt{5}}$

問4　**例4**にならって，次の数を変形しなさい。

(1)　$\sqrt{\frac{2}{9}}$　　(2)　$\sqrt{\frac{13}{49}}$　　(3)　$\sqrt{0.11}$　　(4)　$\sqrt{0.27}$

▶解答

(1)　$\sqrt{\frac{2}{9}}=\frac{\sqrt{2}}{\sqrt{3^2}}=\mathbf{\frac{\sqrt{2}}{3}}$

(2)　$\sqrt{\frac{13}{49}}=\frac{\sqrt{13}}{\sqrt{7^2}}=\mathbf{\frac{\sqrt{13}}{7}}$

(3)　$\sqrt{0.11}=\sqrt{\frac{11}{100}}=\frac{\sqrt{11}}{\sqrt{10^2}}=\mathbf{\frac{\sqrt{11}}{10}}$

(4)　$\sqrt{0.27}=\sqrt{\frac{27}{100}}=\frac{\sqrt{3^2\times3}}{\sqrt{10^2}}=\mathbf{\frac{3\sqrt{3}}{10}}$

チャレンジ2　$\sqrt{0.48}$

▶解答　$\sqrt{0.48}=\sqrt{\frac{12}{25}}=\frac{\sqrt{2^2\times3}}{5}=\mathbf{\frac{2\sqrt{3}}{5}}$

補充問題11　次の数を$\sqrt{a}$の形にしなさい。(教科書P.235)

(1)　$2\sqrt{3}$　　(2)　$2\sqrt{7}$　　(3)　$4\sqrt{2}$

▶解答

(1)　$2\sqrt{3}=\sqrt{4}\times\sqrt{3}=\mathbf{\sqrt{12}}$

(2)　$2\sqrt{7}=\sqrt{4}\times\sqrt{7}=\mathbf{\sqrt{28}}$

(3)　$4\sqrt{2}=\sqrt{16}\times\sqrt{2}=\mathbf{\sqrt{32}}$

補充問題12　次の数を，根号の中ができるだけ小さい自然数となるようにして，$a\sqrt{b}$の形にしなさい。(教科書P.235)

(1)　$\sqrt{8}$　　(2)　$\sqrt{20}$　　(3)　$\sqrt{48}$

▶解答　(1)　$\sqrt{8}=\sqrt{2^2\times2}$
$=\mathbf{2\sqrt{2}}$

(2)　$\sqrt{20}=\sqrt{4\times5}$
$=\sqrt{2^2\times5}$
$=\mathbf{2\sqrt{5}}$

(3)　$\sqrt{48}=\sqrt{16\times3}$
$=\sqrt{4^2\times3}$
$=\mathbf{4\sqrt{3}}$

2　根号をふくむ式の乗法と除法

基本事項ノート

➔根号をふくむ式の乗法と除法

「根号のついた数の積と商」や「$a\sqrt{b}$の形への変形」についての性質を活用して計算する。

例　$\sqrt{3}\times2\sqrt{6}=\sqrt{3}\times2\times\sqrt{6}$
$=2\times\sqrt{3}\times\sqrt{6}$
$=2\times\sqrt{3\times6}$
$=2\times\sqrt{3\times2\times3}$
$=2\times\sqrt{3^2\times2}$
$=2\times3\times\sqrt{2}$
$=6\sqrt{2}$

$3\sqrt{21}\div\sqrt{7}=\dfrac{3\sqrt{21}}{\sqrt{7}}$
$=3\times\sqrt{\dfrac{21}{7}}$
$=3\sqrt{3}$

注　除法は逆数をかけると考えて，$3\sqrt{21}\div\sqrt{7}$ を $3\sqrt{21}\times\dfrac{1}{\sqrt{7}}$ として計算してもよい。

注　根号をふくむ式の計算では，根号の中をできるだけ小さい自然数にして答えとする。

➔分母を根号のない形にする方法

分母に根号があるとき，分母を根号のない形にすることを，分母を有理化(ゆうりか)するという。

例　$\dfrac{\sqrt{3}}{\sqrt{2}}$ は分母と分子に同じ $\sqrt{2}$ をかけて，次のように分母を根号のない形にすることができる。

$\dfrac{\sqrt{3}}{\sqrt{2}}=\dfrac{\sqrt{3}\times\sqrt{2}}{\sqrt{2}\times\sqrt{2}}=\dfrac{\sqrt{6}}{2}$

注　根号をふくむ式の計算では，分母を有理化して答えとする。

Q　$\sqrt{12}\times\sqrt{18}$ の積を求め，根号の中をできるだけ小さい自然数となるようにして，$a\sqrt{b}$ の形にしましょう。どんな計算のしかたが考えられますか。

▶解答　$\sqrt{12}\times\sqrt{18}=\sqrt{12\times18}$
$=\sqrt{6^2\times6}$
$=\mathbf{6\sqrt{6}}$

$\sqrt{12}\times\sqrt{18}=\sqrt{2^2\times3}\times\sqrt{3^2\times2}$
$=2\sqrt{3}\times3\sqrt{2}$
$=\mathbf{6\sqrt{6}}$

問1　次の計算をしなさい。

(1)　$\sqrt{3}\times\sqrt{6}$　　(2)　$4\sqrt{7}\times8\sqrt{3}$
(3)　$\sqrt{18}\times\sqrt{20}$　　(4)　$-3\sqrt{5}\times\sqrt{10}$
(5)　$\sqrt{24}\times\sqrt{27}$　　(6)　$(2\sqrt{7})^2$

考え方　根号をふくむ式の計算では，$\sqrt{a^2b}=a\sqrt{b}$ を活用して，根号の中をできるだけ小さい自然数にして答えとする。

(3)　まず，根号の中ができるだけ小さい自然数となるように変形する。
$\sqrt{18}=\sqrt{3^2\times2}=3\sqrt{2}$，$\sqrt{20}=\sqrt{2^2\times5}=2\sqrt{5}$

▶解答

(1)　$\sqrt{3}\times\sqrt{6}=\sqrt{3\times6}$
$=\sqrt{3\times3\times2}$
$=\mathbf{3\sqrt{2}}$

(2)　$4\sqrt{7}\times8\sqrt{3}=4\times8\times\sqrt{7}\times\sqrt{3}$
$=\mathbf{32\sqrt{21}}$

(3)　$\sqrt{18}\times\sqrt{20}=\sqrt{3^2\times2}\times\sqrt{2^2\times5}$
$=3\sqrt{2}\times2\sqrt{5}$
$=3\times2\times\sqrt{2}\times\sqrt{5}$
$=\mathbf{6\sqrt{10}}$

(4)　$-3\sqrt{5}\times\sqrt{10}=-3\times\sqrt{5\times10}$
$=-3\times\sqrt{5\times5\times2}$
$=-3\times5\sqrt{2}$
$=\mathbf{-15\sqrt{2}}$

(5)　$\sqrt{24}\times\sqrt{27}=\sqrt{2^2\times6}\times\sqrt{3^2\times3}$
$=2\sqrt{6}\times3\sqrt{3}$
$=6\times\sqrt{6}\times\sqrt{3}$
$=6\times\sqrt{2\times3\times3}$
$=6\times3\sqrt{2}$
$=\mathbf{18\sqrt{2}}$

(6)　$(2\sqrt{7})^2=2\sqrt{7}\times2\sqrt{7}$
$=2^2\times(\sqrt{7})^2$
$=4\times7$
$=\mathbf{28}$

参考　根号をふくむ式の乗法では，ふつう，$\sqrt{12}=2\sqrt{3}$ のように，根号の中の数をできるだけ小さい自然数にして考えると計算しやすい。

チャレンジ1　$\dfrac{\sqrt{8}}{3}\times\dfrac{\sqrt{3}}{2}$

▶解答

$\dfrac{\sqrt{8}}{3}\times\dfrac{\sqrt{3}}{2}=\dfrac{2\sqrt{2}}{3}\times\dfrac{\sqrt{3}}{2}$
$=\dfrac{2\sqrt{2}\times\sqrt{3}}{3\times2}$
$=\mathbf{\dfrac{\sqrt{6}}{3}}$

問2　次の計算をしなさい。

(1)　$5\sqrt{10}\div\sqrt{2}$　　(2)　$18\sqrt{21}\div2\sqrt{7}$
(3)　$8\sqrt{2}\times\sqrt{15}\div\sqrt{5}$　　(4)　$\sqrt{8}\div\sqrt{3}\times\sqrt{6}$

▶解答

(1)　$5\sqrt{10}\div\sqrt{2}=\dfrac{5\sqrt{10}}{\sqrt{2}}$
$=5\times\sqrt{\dfrac{10}{2}}$
$=\mathbf{5\sqrt{5}}$

(2)　$18\sqrt{21}\div2\sqrt{7}=\dfrac{18\sqrt{21}}{2\sqrt{7}}$
$=\mathbf{9\sqrt{3}}$

(3)　$8\sqrt{2}\times\sqrt{15}\div\sqrt{5}=\dfrac{8\sqrt{2}\times\sqrt{15}}{\sqrt{5}}$
$=\dfrac{8\sqrt{30}}{\sqrt{5}}$
$=\mathbf{8\sqrt{6}}$

(4)　$\sqrt{8}\div\sqrt{3}\times\sqrt{6}=\dfrac{2\sqrt{2}\times\sqrt{6}}{\sqrt{3}}$
$=\dfrac{2\sqrt{12}}{\sqrt{3}}$
$=2\times2$
$=\mathbf{4}$

注　(1)では，逆数をかけると考えて，$5\sqrt{10}\div\sqrt{2}$ を$5\sqrt{10}\times\dfrac{1}{\sqrt{2}}$として計算してもよい。

チャレンジ2　(1)　$\sqrt{48}\div(-2\sqrt{3})$　　(2)　$\sqrt{12}\div4\sqrt{2}\times\sqrt{8}$

▶解答　(1)　$\sqrt{48}\div(-2\sqrt{3})=4\sqrt{3}\div(-2\sqrt{3})$
$=-\dfrac{4\sqrt{3}}{2\sqrt{3}}$
$=\mathbf{-2}$

(2)　$\sqrt{12}\div4\sqrt{2}\times\sqrt{8}=2\sqrt{3}\div4\sqrt{2}\times2\sqrt{2}$
$=\dfrac{2\sqrt{3}\times2\sqrt{2}}{4\sqrt{2}}$
$=\mathbf{\sqrt{3}}$

問3　次の数の分母を有理化しなさい。

(1)　$\dfrac{1}{\sqrt{5}}$　　(2)　$\dfrac{\sqrt{2}}{\sqrt{7}}$　　(3)　$\dfrac{\sqrt{5}}{2\sqrt{3}}$　　(4)　$\dfrac{8}{3\sqrt{2}}$

考え方　分母と分子に同じ数をかけて，分母を根号のない形にする。

▶解答　(1)　$\dfrac{1}{\sqrt{5}}=\dfrac{1\times\sqrt{5}}{\sqrt{5}\times\sqrt{5}}$
$=\mathbf{\dfrac{\sqrt{5}}{5}}$

(2)　$\dfrac{\sqrt{2}}{\sqrt{7}}=\dfrac{\sqrt{2}\times\sqrt{7}}{\sqrt{7}\times\sqrt{7}}$
$=\mathbf{\dfrac{\sqrt{14}}{7}}$

(3)　$\dfrac{\sqrt{5}}{2\sqrt{3}}=\dfrac{\sqrt{5}\times\sqrt{3}}{2\sqrt{3}\times\sqrt{3}}$
$=\dfrac{\sqrt{15}}{2\times3}$
$=\mathbf{\dfrac{\sqrt{15}}{6}}$

(4)　$\dfrac{8}{3\sqrt{2}}=\dfrac{8\times\sqrt{2}}{3\sqrt{2}\times\sqrt{2}}$
$=\dfrac{8\sqrt{2}}{3\times2}$
$=\mathbf{\dfrac{4\sqrt{2}}{3}}$

◀気をつけよう▶
答えが約分できるときは，約分する。

問4　次の計算をしなさい。

(1)　$\sqrt{2}\div\sqrt{5}$　　(2)　$\sqrt{20}\div\sqrt{8}$
(3)　$\sqrt{27}\div\sqrt{15}$　　(4)　$\sqrt{2}\times\sqrt{6}\div\sqrt{7}$

▶解答　(1)　$\sqrt{2}\div\sqrt{5}=\dfrac{\sqrt{2}}{\sqrt{5}}$
$=\dfrac{\sqrt{2}\times\sqrt{5}}{\sqrt{5}\times\sqrt{5}}$
$=\mathbf{\dfrac{\sqrt{10}}{5}}$

(2)　$\sqrt{20}\div\sqrt{8}=\dfrac{\sqrt{20}}{\sqrt{8}}$
$=\dfrac{\sqrt{5}}{\sqrt{2}}$
$=\dfrac{\sqrt{5}\times\sqrt{2}}{\sqrt{2}\times\sqrt{2}}$
$=\mathbf{\dfrac{\sqrt{10}}{2}}$

(3)　$\sqrt{27}\div\sqrt{15}=\dfrac{\sqrt{27}}{\sqrt{15}}$
$=\dfrac{\sqrt{9}}{\sqrt{5}}$
$=\dfrac{3\times\sqrt{5}}{\sqrt{5}\times\sqrt{5}}$
$=\mathbf{\dfrac{3\sqrt{5}}{5}}$

(4)　$\sqrt{2}\times\sqrt{6}\div\sqrt{7}=\dfrac{\sqrt{2}\times\sqrt{6}}{\sqrt{7}}$
$=\dfrac{2\sqrt{3}}{\sqrt{7}}$
$=\dfrac{2\sqrt{3}\times\sqrt{7}}{\sqrt{7}\times\sqrt{7}}$
$=\mathbf{\dfrac{2\sqrt{21}}{7}}$

チャレンジ3 $6\sqrt{3}\div 2\sqrt{6}\times\sqrt{7}$

▶解答

$$6\sqrt{3}\div 2\sqrt{6}\times\sqrt{7}=\frac{6\sqrt{3}\times\sqrt{7}}{2\sqrt{6}}=\frac{6\sqrt{21}}{2\sqrt{6}}=\frac{3\sqrt{7}}{\sqrt{2}}=\frac{3\sqrt{7}\times\sqrt{2}}{\sqrt{2}\times\sqrt{2}}=\mathbf{\frac{3\sqrt{14}}{2}}$$

補充問題13 次の計算をしなさい。(教科書P.236)

(1) $\sqrt{2}\times 2\sqrt{7}$　(2) $5\sqrt{3}\times\sqrt{15}$

(3) $-\sqrt{24}\times\sqrt{21}$　(4) $(3\sqrt{5})^2$

(5) $4\sqrt{14}\div\sqrt{7}$　(6) $\sqrt{5}\times 6\sqrt{6}\div(-\sqrt{3})$

▶解答

(1) $\sqrt{2}\times 2\sqrt{7}=2\sqrt{2\times 7}=\mathbf{2\sqrt{14}}$

(2) $5\sqrt{3}\times\sqrt{15}=5\sqrt{3\times 15}=5\sqrt{3\times 3\times 5}=5\times 3\sqrt{5}=\mathbf{15\sqrt{5}}$

(3) $-\sqrt{24}\times\sqrt{21}$
$=-2\sqrt{6}\times\sqrt{21}$
$=-2\sqrt{2\times 3\times 3\times 7}$
$=-2\times 3\sqrt{14}$
$=\mathbf{-6\sqrt{14}}$

(4) $(3\sqrt{5})^2=3\sqrt{5}\times 3\sqrt{5}=3^2\times(\sqrt{5})^2=9\times 5=\mathbf{45}$

(5) $4\sqrt{14}\div\sqrt{7}=\frac{4\sqrt{14}}{\sqrt{7}}=4\times\sqrt{\frac{14}{7}}=\mathbf{4\sqrt{2}}$

(6) $\sqrt{5}\times 6\sqrt{6}\div(-\sqrt{3})$
$=-\frac{\sqrt{5}\times 6\sqrt{6}}{\sqrt{3}}$
$=-\frac{6\sqrt{30}}{\sqrt{3}}$
$=\mathbf{-6\sqrt{10}}$

補充問題14 次の計算をしなさい。(教科書P.236)

(1) $\sqrt{3}\div\sqrt{5}$　(2) $\sqrt{12}\div\sqrt{24}$

(3) $2\div\sqrt{40}$　(4) $\sqrt{7}\times\sqrt{14}\div\sqrt{10}$

(5) $\sqrt{5}\times\sqrt{2}\div\sqrt{6}$　(6) $\sqrt{3}\times\sqrt{6}\div\sqrt{12}$

▶解答

(1) $\sqrt{3}\div\sqrt{5}=\dfrac{\sqrt{3}}{\sqrt{5}}=\dfrac{\sqrt{3}\times\sqrt{5}}{\sqrt{5}\times\sqrt{5}}=\mathbf{\dfrac{\sqrt{15}}{5}}$

(2) $\sqrt{12}\div\sqrt{24}=\dfrac{\sqrt{12}}{\sqrt{24}}=\dfrac{1}{\sqrt{2}}=\dfrac{1\times\sqrt{2}}{\sqrt{2}\times\sqrt{2}}=\mathbf{\dfrac{\sqrt{2}}{2}}$

(3) $2\div\sqrt{40}=\dfrac{2}{\sqrt{40}}=\dfrac{2}{2\sqrt{10}}=\dfrac{1}{\sqrt{10}}=\dfrac{1\times\sqrt{10}}{\sqrt{10}\times\sqrt{10}}=\mathbf{\dfrac{\sqrt{10}}{10}}$

(4) $\sqrt{7}\times\sqrt{14}\div\sqrt{10}=\dfrac{\sqrt{7}\times\sqrt{14}}{\sqrt{10}}=\dfrac{7}{\sqrt{5}}=\dfrac{7\times\sqrt{5}}{\sqrt{5}\times\sqrt{5}}=\mathbf{\dfrac{7\sqrt{5}}{5}}$

(5) $\sqrt{5}\times\sqrt{2}\div\sqrt{6}=\dfrac{\sqrt{5}\times\sqrt{2}}{\sqrt{6}}=\dfrac{\sqrt{5}\times\sqrt{2}}{\sqrt{3}\times\sqrt{2}}=\dfrac{\sqrt{5}}{\sqrt{3}}=\dfrac{\sqrt{5}\times\sqrt{3}}{\sqrt{3}\times\sqrt{3}}=\mathbf{\dfrac{\sqrt{15}}{3}}$

(6) $\sqrt{3}\times\sqrt{6}\div\sqrt{12}=\dfrac{\sqrt{3}\times\sqrt{6}}{2\sqrt{3}}=\mathbf{\dfrac{\sqrt{6}}{2}}$

3　根号をふくむ式の加法と減法

基本事項ノート

➔根号をふくむ式の加法と減法

文字式の同類項(どうるいこう)をまとめるのと同じように，根号の中の数が同じものはまとめて，式を簡単にすることができる。

$m\sqrt{a}+n\sqrt{a}=(m+n)\sqrt{a}$　　$m\sqrt{a}-n\sqrt{a}=(m-n)\sqrt{a}$

例　$3\sqrt{5}+2\sqrt{2}-\sqrt{5}+4\sqrt{2}=(3-1)\sqrt{5}+(2+4)\sqrt{2}$

$=2\sqrt{5}+6\sqrt{2}$

注　根号の中の数が同じでないものの和や差，たとえば

$2\sqrt{5}+6\sqrt{2}$，$4\sqrt{3}-5\sqrt{6}$，$3-2\sqrt{3}$ などは，これ以上簡単にできない。

Q　$2a+4a$ の計算のしかたは，右の図㋐の長方形の面積で考えることができます。

$2a+4a=(2+4)a$

$=6a$

同じように，右の図㋑を使って，$2\sqrt{3}+4\sqrt{3}$ の計算のしかたを考えましょう。

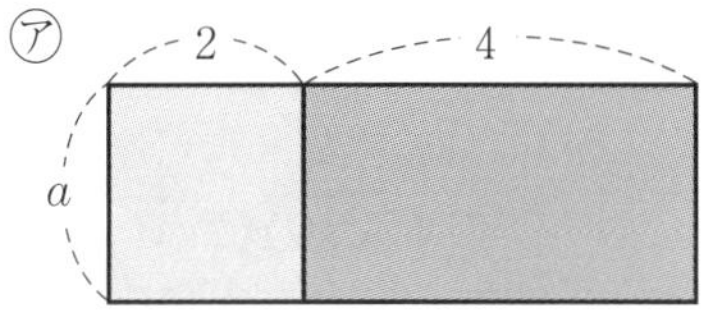

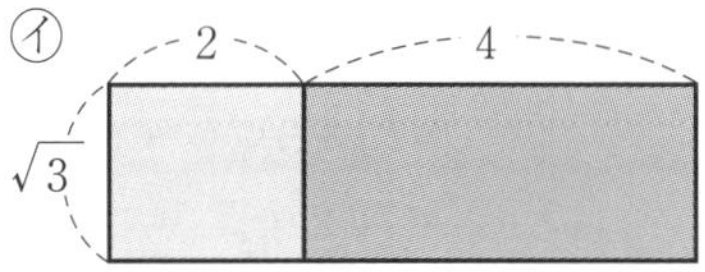

▶解答

$\mathbf{2\sqrt{3}+4\sqrt{3}=(2+4)\sqrt{3}}$

$\mathbf{=6\sqrt{3}}$

問1
(1) $8\sqrt{6}+2\sqrt{6}$　　(2) $5\sqrt{7}+9\sqrt{7}$
(3) $7\sqrt{2}-6\sqrt{2}$　　(4) $\sqrt{3}-4\sqrt{3}$
(5) $\sqrt{5}+3\sqrt{5}-6\sqrt{5}$　　(6) $-2\sqrt{10}+6\sqrt{10}-3\sqrt{10}$

考え方　根号の中の数が同じものはまとめて，式を簡単にすることができる。

▶解答
(1) $8\sqrt{6}+2\sqrt{6}=(8+2)\sqrt{6}$
$=\mathbf{10\sqrt{6}}$

(2) $5\sqrt{7}+9\sqrt{7}=(5+9)\sqrt{7}$
$=\mathbf{14\sqrt{7}}$

(3) $7\sqrt{2}-6\sqrt{2}=(7-6)\sqrt{2}$
$=\mathbf{\sqrt{2}}$

(4) $\sqrt{3}-4\sqrt{3}=(1-4)\sqrt{3}$
$=\mathbf{-3\sqrt{3}}$

(5) $\sqrt{5}+3\sqrt{5}-6\sqrt{5}$
$=(1+3-6)\sqrt{5}$
$=\mathbf{-2\sqrt{5}}$

(6) $-2\sqrt{10}+6\sqrt{10}-3\sqrt{10}$
$=(-2+6-3)\sqrt{10}$
$=\mathbf{\sqrt{10}}$

チャレンジ1　$\dfrac{2\sqrt{2}}{3}+\dfrac{\sqrt{2}}{3}$

▶解答
$\dfrac{2\sqrt{2}}{3}+\dfrac{\sqrt{2}}{3}=\left(\dfrac{2}{3}+\dfrac{1}{3}\right)\sqrt{2}$
$=\mathbf{\sqrt{2}}$

問2　$\sqrt{2}$ と $\sqrt{3}$ の和は $\sqrt{5}$ になるでしょうか。右の図を使って考えたり，電卓（でんたく）で近似値（きんじち）の和を求めたりして，調べてみましょう。

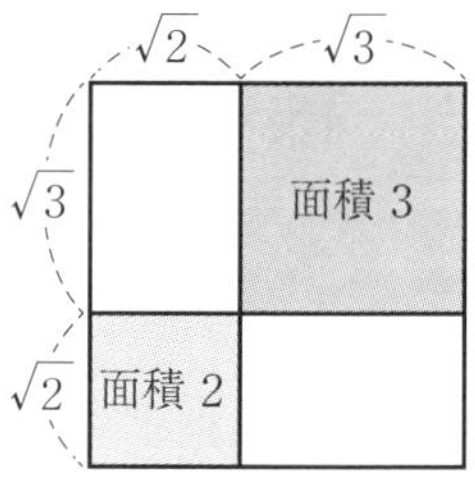

▶解答
・図を見ると，1 辺の長さが $\sqrt{2}+\sqrt{3}$ である正方形の面積は，5 より大きいことがわかる。
したがって，$\sqrt{2}$ と $\sqrt{3}$ の和は $\sqrt{5}$ にならない。
・$\sqrt{2}$ の近似値は 1.41
$\sqrt{3}$ の近似値は 1.73
$\sqrt{5}$ の近似値は 2.24
$\sqrt{2}$ と $\sqrt{3}$ の近似値の和は $\sqrt{5}$ の近似値と等しくないから，$\sqrt{2}$ と $\sqrt{3}$ の和は $\sqrt{5}$ にならない。　など

問3　次の計算をしなさい。
(1) $4\sqrt{2}+5+3\sqrt{2}$　(2) $6\sqrt{7}-3\sqrt{6}-2\sqrt{7}$
(3) $5\sqrt{10}+2\sqrt{5}-4\sqrt{5}$　(4) $3\sqrt{2}-5\sqrt{3}+4\sqrt{3}-\sqrt{2}$

考え方　根号の中の数が異なるものについては，まとめることができない。

▶解答
(1) $4\sqrt{2}+5+3\sqrt{2}$
$=(4+3)\sqrt{2}+5$
$=\mathbf{7\sqrt{2}+5}$

(2) $6\sqrt{7}-3\sqrt{6}-2\sqrt{7}$
$=(6-2)\sqrt{7}-3\sqrt{6}$
$=\mathbf{4\sqrt{7}-3\sqrt{6}}$

(3) $5\sqrt{10}+2\sqrt{5}-4\sqrt{5}$
$=5\sqrt{10}+(2-4)\sqrt{5}$
$=\mathbf{5\sqrt{10}-2\sqrt{5}}$

(4) $3\sqrt{2}-5\sqrt{3}+4\sqrt{3}-\sqrt{2}$
$=(3-1)\sqrt{2}+(-5+4)\sqrt{3}$
$=\mathbf{2\sqrt{2}-\sqrt{3}}$

注　根号の中の数が同じでないものの和や差などは，これ以上簡単にできない。

問4　次の計算をしなさい。

(1)　$\sqrt{24}+\sqrt{6}$　　(2)　$4\sqrt{7}-\sqrt{63}$

(3)　$\sqrt{12}-\sqrt{27}+7\sqrt{5}$　　(4)　$\sqrt{40}-\sqrt{45}-\sqrt{10}+\sqrt{20}$

考え方　まず，根号の中ができるだけ小さい自然数となるように変形する。

▶解答

(1)　$\sqrt{24}+\sqrt{6}$

$=2\sqrt{6}+\sqrt{6}$

$=\mathbf{3\sqrt{6}}$

(2)　$4\sqrt{7}-\sqrt{63}$

$=4\sqrt{7}-3\sqrt{7}$

$=\mathbf{\sqrt{7}}$

(3)　$\sqrt{12}-\sqrt{27}+7\sqrt{5}$

$=2\sqrt{3}-3\sqrt{3}+7\sqrt{5}$

$=\mathbf{-\sqrt{3}+7\sqrt{5}}$

(4)　$\sqrt{40}-\sqrt{45}-\sqrt{10}+\sqrt{20}$

$=2\sqrt{10}-3\sqrt{5}-\sqrt{10}+2\sqrt{5}$

$=(2-1)\sqrt{10}+(-3+2)\sqrt{5}$

$=\mathbf{\sqrt{10}-\sqrt{5}}$

チャレンジ2　$\dfrac{\sqrt{12}}{2}-\dfrac{\sqrt{48}}{8}+\dfrac{\sqrt{3}}{2}$

▶解答

$\dfrac{\sqrt{12}}{2}-\dfrac{\sqrt{48}}{8}+\dfrac{\sqrt{3}}{2}=\dfrac{2\sqrt{3}}{2}-\dfrac{4\sqrt{3}}{8}+\dfrac{\sqrt{3}}{2}$

$=\left(1-\dfrac{1}{2}+\dfrac{1}{2}\right)\sqrt{3}$

$=\mathbf{\sqrt{3}}$

補充問題15　次の計算をしなさい。(教科書P.236)

(1)　$5\sqrt{7}+4\sqrt{7}$　　(2)　$2\sqrt{3}-5\sqrt{3}$

(3)　$2\sqrt{6}+3\sqrt{6}-\sqrt{6}$　　(4)　$7\sqrt{2}+4-4\sqrt{2}$

(5)　$7\sqrt{5}+3\sqrt{3}-2\sqrt{5}$　　(6)　$-4\sqrt{2}+2\sqrt{7}-\sqrt{2}+6\sqrt{7}$

(7)　$\sqrt{18}+2\sqrt{2}-\sqrt{32}$　　(8)　$2\sqrt{5}-\sqrt{125}+\sqrt{75}$

▶解答

(1)　$5\sqrt{7}+4\sqrt{7}$

$=(5+4)\sqrt{7}$

$=\mathbf{9\sqrt{7}}$

(2)　$2\sqrt{3}-5\sqrt{3}$

$=(2-5)\sqrt{3}$

$=\mathbf{-3\sqrt{3}}$

(3)　$2\sqrt{6}+3\sqrt{6}-\sqrt{6}$

$=(2+3-1)\sqrt{6}$

$=\mathbf{4\sqrt{6}}$

(4)　$7\sqrt{2}+4-4\sqrt{2}$

$=(7-4)\sqrt{2}+4$

$=\mathbf{3\sqrt{2}+4}$

(5)　$7\sqrt{5}+3\sqrt{3}-2\sqrt{5}$

$=(7-2)\sqrt{5}+3\sqrt{3}$

$=\mathbf{5\sqrt{5}+3\sqrt{3}}$

(6)　$-4\sqrt{2}+2\sqrt{7}-\sqrt{2}+6\sqrt{7}$

$=(-4-1)\sqrt{2}+(2+6)\sqrt{7}$

$=\mathbf{-5\sqrt{2}+8\sqrt{7}}$

(7)　$\sqrt{18}+2\sqrt{2}-\sqrt{32}$

$=3\sqrt{2}+2\sqrt{2}-4\sqrt{2}$

$=(3+2-4)\sqrt{2}$

$=\mathbf{\sqrt{2}}$

(8)　$2\sqrt{5}-\sqrt{125}+\sqrt{75}$

$=2\sqrt{5}-5\sqrt{5}+5\sqrt{3}$

$=(2-5)\sqrt{5}+5\sqrt{3}$

$=\mathbf{-3\sqrt{5}+5\sqrt{3}}$

4 根号をふくむ式のいろいろな計算

基本事項ノート

かっこと根号をふくむ式の乗法と除法

分配法則を活用して，かっこと根号をふくむ式を計算することができる。

例　$\sqrt{3}(\sqrt{6}+3\sqrt{2})$
$=\sqrt{3}\times\sqrt{6}+\sqrt{3}\times3\sqrt{2}$
$=\sqrt{3\times6}+3\sqrt{3\times2}$
$=\sqrt{3^2\times2}+3\sqrt{6}$
$=3\sqrt{2}+3\sqrt{6}$

$(\sqrt{32}-\sqrt{6})\div\sqrt{2}$
$=\dfrac{\sqrt{32}}{\sqrt{2}}-\dfrac{\sqrt{6}}{\sqrt{2}}$
$=\sqrt{16}-\sqrt{3}$
$=4-\sqrt{3}$

注
$\div m$は$\times\dfrac{1}{m}$と考えて同じように分配法則を活用する。

乗法公式の活用

例　$(\sqrt{3}+5)(\sqrt{3}-2)=(\sqrt{3})^2+(5-2)\sqrt{3}+5\times(-2)$
$=3+3\sqrt{3}-10$
$=-7+3\sqrt{3}$

乗法公式$(x+a)(x+b)=x^2+(a+b)x+ab$において，$x=\sqrt{3}$，$a=5$，$b=-2$

問1　次の計算をしなさい。

(1)　$\sqrt{5}(4\sqrt{3}+\sqrt{2})$　(2)　$3\sqrt{3}(2\sqrt{3}-\sqrt{6})$
(3)　$(6\sqrt{3}+\sqrt{15})\div\sqrt{3}$　(4)　$(3\sqrt{18}-\sqrt{12})\div\sqrt{2}$

考え方　分配法則$a(b+c)=ab+ac$を活用して計算する。

▶解答

(1)　$\sqrt{5}(4\sqrt{3}+\sqrt{2})$
$=\sqrt{5}\times4\sqrt{3}+\sqrt{5}\times\sqrt{2}$
$=\mathbf{4\sqrt{15}+\sqrt{10}}$

(2)　$3\sqrt{3}(2\sqrt{3}-\sqrt{6})$
$=3\sqrt{3}\times2\sqrt{3}-3\sqrt{3}\times\sqrt{6}$
$=3\times2\times3-3\sqrt{3\times6}$
$=18-3\sqrt{3^2\times2}$
$=18-3\times3\sqrt{2}$
$=\mathbf{18-9\sqrt{2}}$

(3)　$(6\sqrt{3}+\sqrt{15})\div\sqrt{3}$
$=\dfrac{6\sqrt{3}}{\sqrt{3}}+\dfrac{\sqrt{15}}{\sqrt{3}}$
$=\mathbf{6+\sqrt{5}}$

(4)　$(3\sqrt{18}-\sqrt{12})\div\sqrt{2}$
$=\dfrac{3\sqrt{18}}{\sqrt{2}}-\dfrac{\sqrt{12}}{\sqrt{2}}$
$=3\times3-\sqrt{6}$
$=\mathbf{9-\sqrt{6}}$

問2　次の計算をしなさい。

(1)　$(\sqrt{2}+2)(\sqrt{2}-4)$　(2)　$(\sqrt{3}+1)^2$
(3)　$(\sqrt{7}+\sqrt{5})(\sqrt{7}-\sqrt{5})$　(4)　$(\sqrt{5}-3)^2$

考え方　乗法公式
1　$(x+a)(x+b)=x^2+(a+b)x+ab$
2　$(x+a)^2=x^2+2ax+a^2$
3　$(x-a)^2=x^2-2ax+a^2$
4　$(x+a)(x-a)=x^2-a^2$
を活用して計算する。

▶解答

(1) $(\sqrt{2}+2)(\sqrt{2}-4)$
$=(\sqrt{2})^2+(2-4)\sqrt{2}-2\times 4$
$=2-2\sqrt{2}-8$
$=\mathbf{-6-2\sqrt{2}}$

(2) $(\sqrt{3}+1)^2$
$=(\sqrt{3})^2+2\times 1\times\sqrt{3}+1^2$
$=3+2\sqrt{3}+1$
$=\mathbf{4+2\sqrt{3}}$

(3) $(\sqrt{7}+\sqrt{5})(\sqrt{7}-\sqrt{5})$
$=(\sqrt{7})^2-(\sqrt{5})^2$
$=7-5$
$=\mathbf{2}$

(4) $(\sqrt{5}-3)^2$
$=(\sqrt{5})^2-2\times 3\times\sqrt{5}+3^2$
$=5-6\sqrt{5}+9$
$=\mathbf{14-6\sqrt{5}}$

チャレンジ1　$(\sqrt{7}+\sqrt{3})^2+(\sqrt{7}-\sqrt{3})^2$

▶解答

$(\sqrt{7}+\sqrt{3})^2+(\sqrt{7}-\sqrt{3})^2=(\sqrt{7})^2+2\times\sqrt{3}\times\sqrt{7}+(\sqrt{3})^2+(\sqrt{7})^2-2\times\sqrt{3}\times\sqrt{7}+(\sqrt{3})^2$
$=7+2\sqrt{21}+3+7-2\sqrt{21}+3$
$=\mathbf{20}$

問3　次の計算をしなさい。

(1) $\sqrt{32}-\dfrac{6}{\sqrt{2}}$　(2) $\dfrac{3\sqrt{5}}{5}+\dfrac{7}{\sqrt{5}}$

(3) $2\sqrt{24}-\sqrt{\dfrac{3}{2}}$　(4) $4\sqrt{3}+\dfrac{2}{\sqrt{3}}-\sqrt{12}$

考え方　まず，分母に根号がある数の分母を有理化する。

▶解答

(1) $\sqrt{32}-\dfrac{6}{\sqrt{2}}$
$=\sqrt{32}-\dfrac{6\times\sqrt{2}}{\sqrt{2}\times\sqrt{2}}$
$=\sqrt{32}-\dfrac{6\sqrt{2}}{2}$
$=4\sqrt{2}-3\sqrt{2}$
$=\mathbf{\sqrt{2}}$

(2) $\dfrac{3\sqrt{5}}{5}+\dfrac{7}{\sqrt{5}}$
$=\dfrac{3\sqrt{5}}{5}+\dfrac{7\times\sqrt{5}}{\sqrt{5}\times\sqrt{5}}$
$=\dfrac{3\sqrt{5}}{5}+\dfrac{7\sqrt{5}}{5}$
$=\dfrac{10\sqrt{5}}{5}=\mathbf{2\sqrt{5}}$

(3) $2\sqrt{24}-\sqrt{\dfrac{3}{2}}$
$=2\times 2\sqrt{6}-\dfrac{\sqrt{3}}{\sqrt{2}}$
$=4\sqrt{6}-\dfrac{\sqrt{3}\times\sqrt{2}}{\sqrt{2}\times\sqrt{2}}$
$=4\sqrt{6}-\dfrac{\sqrt{6}}{2}=\mathbf{\dfrac{7\sqrt{6}}{2}}$

(4) $4\sqrt{3}+\dfrac{2}{\sqrt{3}}-\sqrt{12}$
$=4\sqrt{3}+\dfrac{2\times\sqrt{3}}{\sqrt{3}\times\sqrt{3}}-2\sqrt{3}$
$=4\sqrt{3}+\dfrac{2\sqrt{3}}{3}-2\sqrt{3}$
$=\mathbf{\dfrac{8\sqrt{3}}{3}}$

チャレンジ2　$\sqrt{54}-\sqrt{\dfrac{2}{3}}+\dfrac{4\sqrt{6}}{3}$

▶解答　$\sqrt{54}-\sqrt{\dfrac{2}{3}}+\dfrac{4\sqrt{6}}{3}=3\sqrt{6}-\dfrac{\sqrt{2}}{\sqrt{3}}+\dfrac{4\sqrt{6}}{3}$

$=3\sqrt{6}-\dfrac{\sqrt{2}\times\sqrt{3}}{\sqrt{3}\times\sqrt{3}}+\dfrac{4\sqrt{6}}{3}$

$=3\sqrt{6}-\dfrac{\sqrt{6}}{3}+\dfrac{4\sqrt{6}}{3}$

$=\mathbf{4\sqrt{6}}$

問4　$\sqrt{5}\times\sqrt{a}$ の値が自然数になる整数 a の値を2つ求めなさい。

考え方　$\sqrt{5}\times\sqrt{a}=\sqrt{5a}$

根号の中の数 $5a$ がある数の2乗になるような自然数 a を見つければよい。

$a=5$ のとき，$5a=5\times5=5^2$ となる。

$a=5\times2^2=20$ のとき，$5a=5\times(5\times2^2)=5^2\times2^2=(5\times2)^2=10^2$ となる。

このように，$a=5\times n^2$（n は自然数）であればよい。

▶解答　（例）　$a=5$ のとき，$\sqrt{5}\times\sqrt{5}=5$

$a=20$ のとき，$\sqrt{5}\times\sqrt{20}=\sqrt{5^2\times2^2}=10$

したがって　$\boldsymbol{a=5,\ 20}$

注　他に，45，80，125，…などから2つ答えればよい。

補充問題16　次の計算をしなさい。（教科書P.236）

(1)　$\sqrt{3}(\sqrt{6}-\sqrt{2})$　　(2)　$(\sqrt{20}+2\sqrt{15})\div\sqrt{5}$

(3)　$(\sqrt{5}+3)(\sqrt{5}-2)$　　(4)　$(\sqrt{2}+3)^2$

(5)　$(\sqrt{7}-1)^2$　　(6)　$(\sqrt{6}+\sqrt{2})(\sqrt{6}-\sqrt{2})$

(7)　$\dfrac{12}{\sqrt{6}}+7\sqrt{6}$　　(8)　$\dfrac{14}{\sqrt{3}}-\dfrac{2\sqrt{3}}{3}$

▶解答

(1)　$\sqrt{3}(\sqrt{6}-\sqrt{2})$

$=\sqrt{3}\times\sqrt{6}-\sqrt{3}\times\sqrt{2}$

$=\sqrt{3\times6}-\sqrt{3\times2}$

$=\sqrt{3^2\times2}-\sqrt{6}$

$=\mathbf{3\sqrt{2}-\sqrt{6}}$

(2)　$(\sqrt{20}+2\sqrt{15})\div\sqrt{5}$

$=\dfrac{\sqrt{20}}{\sqrt{5}}+\dfrac{2\sqrt{15}}{\sqrt{5}}$

$=\sqrt{4}+2\sqrt{3}$

$=\mathbf{2+2\sqrt{3}}$

(3)　$(\sqrt{5}+3)(\sqrt{5}-2)$

$=(\sqrt{5})^2+(3-2)\sqrt{5}+3\times(-2)$

$=5+\sqrt{5}-6$

$=\mathbf{-1+\sqrt{5}}$

(4)　$(\sqrt{2}+3)^2$

$=(\sqrt{2})^2+2\times3\times\sqrt{2}+3^2$

$=2+6\sqrt{2}+9$

$=\mathbf{11+6\sqrt{2}}$

(5)　$(\sqrt{7}-1)^2$

$=(\sqrt{7})^2-2\times1\times\sqrt{7}+1^2$

$=7-2\sqrt{7}+1$

$=\mathbf{8-2\sqrt{7}}$

(6)　$(\sqrt{6}+\sqrt{2})(\sqrt{6}-\sqrt{2})$

$=(\sqrt{6})^2-(\sqrt{2})^2$

$=6-2$

$=\mathbf{4}$

(7) $\dfrac{12}{\sqrt{6}}+7\sqrt{6}$

$=\dfrac{12\times\sqrt{6}}{\sqrt{6}\times\sqrt{6}}+7\sqrt{6}$

$=\dfrac{12\sqrt{6}}{6}+7\sqrt{6}$

$=2\sqrt{6}+7\sqrt{6}$

$=\mathbf{9\sqrt{6}}$

(8) $\dfrac{14}{\sqrt{3}}-\dfrac{2\sqrt{3}}{3}$

$=\dfrac{14\times\sqrt{3}}{\sqrt{3}\times\sqrt{3}}-\dfrac{2\sqrt{3}}{3}$

$=\dfrac{14\sqrt{3}}{3}-\dfrac{2\sqrt{3}}{3}$

$=\dfrac{12\sqrt{3}}{3}=\mathbf{4\sqrt{3}}$

やってみよう

$\dfrac{1}{\sqrt{5}+\sqrt{2}}$の分母と分子に$\sqrt{5}-\sqrt{2}$をかけると，分母を有理化することができます。
実際に計算をして確かめましょう。

▶解答

$$\frac{1}{\sqrt{5}+\sqrt{2}}=\frac{1\times(\sqrt{5}-\sqrt{2})}{(\sqrt{5}+\sqrt{2})(\sqrt{5}-\sqrt{2})}$$

$$=\frac{\sqrt{5}-\sqrt{2}}{(\sqrt{5})^2-(\sqrt{2})^2}$$

$$=\frac{\sqrt{5}-\sqrt{2}}{5-2}$$

$$=\mathbf{\frac{\sqrt{5}-\sqrt{2}}{3}}$$

5 平方根の活用

基本事項ノート

➔式の値

因数分解を活用して，式を簡単にしてから式の値を求めるとよい。

例　$x=\sqrt{2}+3$のとき，x^2-6x+9の値

$x^2-6x+9=(x-3)^2$

$=\{(\sqrt{2}+3)-3\}^2=(\sqrt{2})^2=2$

➔近似値の求め方

例　$a\sqrt{b}$の形への変形を活用して，数の近似値を求めることができる。

$\sqrt{2}=1.414$として，$\sqrt{200}$の近似値を求める。

$\sqrt{200}=10\sqrt{2}$

$=10\times1.414=14.14$

問1　$x=\sqrt{7}-3$のとき，次の式の値を求めなさい。

(1)　x^2+6x+9　　(2)　x^2-9

▶解答

(1)　$x^2+6x+9=(x+3)^2$

$=\{(\sqrt{7}-3)+3\}^2$

$=(\sqrt{7})^2$

$=\mathbf{7}$

(2)　$x^2-9=(x+3)(x-3)$

$=\{(\sqrt{7}-3)+3\}\{(\sqrt{7}-3)-3\}$

$=\sqrt{7}(\sqrt{7}-6)$

$=\mathbf{7-6\sqrt{7}}$

問2　$\sqrt{3}=1.732$，$\sqrt{30}=5.477$として，次の数の近似値を求めなさい。

(1)　$\sqrt{300}$　(2)　$\sqrt{3000}$　(3)　$\sqrt{30000}$

(4)　$\sqrt{0.3}$　(5)　$\sqrt{0.03}$　(6)　$\sqrt{0.003}$

考え方　$a\sqrt{3}$または$a\sqrt{30}$の形に変形する。

▶解答

(1)　$\sqrt{300}$
$=10\sqrt{3}$
$=10\times1.732$
$=\mathbf{17.32}$

(2)　$\sqrt{3000}$
$=10\sqrt{30}$
$=10\times5.477$
$=\mathbf{54.77}$

(3)　$\sqrt{30000}$
$=100\sqrt{3}$
$=100\times1.732$
$=\mathbf{173.2}$

(4)　$\sqrt{0.3}$
$=\sqrt{\frac{30}{100}}$
$=\frac{\sqrt{30}}{10}$
$=\frac{5.477}{10}$
$=\mathbf{0.5477}$

(5)　$\sqrt{0.03}$
$=\sqrt{\frac{3}{100}}$
$=\frac{\sqrt{3}}{10}$
$=\frac{1.732}{10}$
$=\mathbf{0.1732}$

(6)　$\sqrt{0.003}$
$=\sqrt{\frac{30}{10000}}$
$=\frac{\sqrt{30}}{100}$
$=\frac{5.477}{100}$
$=\mathbf{0.05477}$

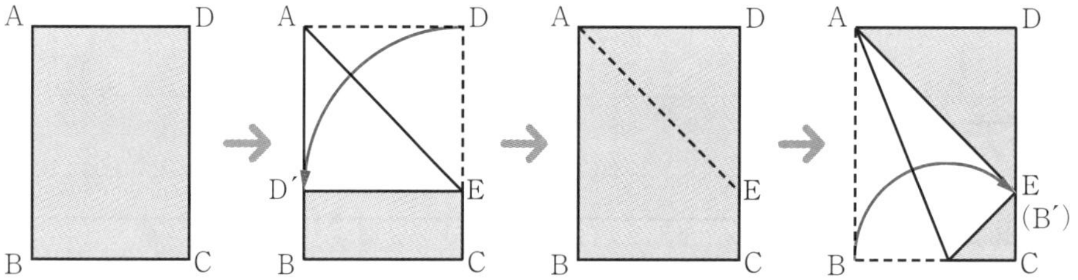

問3　B5判の紙を上の図のように折って，AE＝ABとなることを確かめなさい。このことから，B5判の紙の2辺の長さの比を求めなさい。

▶解答　AEは正方形AD′EDの対角線だから，AD＝1とすると　AE＝$\sqrt{2}$

AB＝AEだから　AB＝$\sqrt{2}$

したがって　AD：AB＝1：$\sqrt{2}$

答　**1：$\sqrt{2}$**

問4　B5判の紙を右の図のように2枚並べてできる紙の大きさをB4判といいます。
B5判とB4判の紙は，2辺の長さの比が等しいことを説明しなさい。

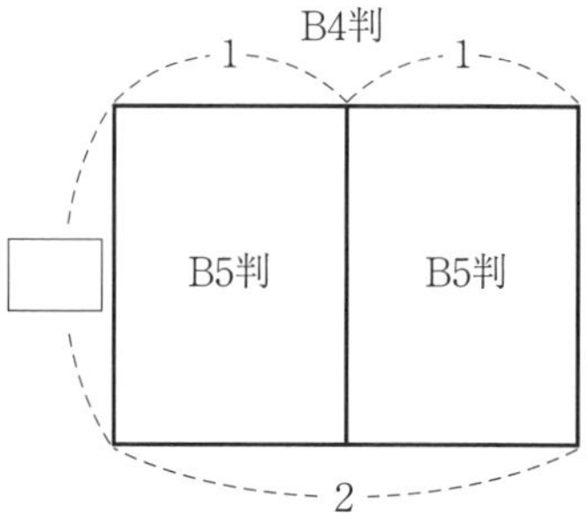

▶解答　**(図)□＝$\sqrt{2}$**
B5判の短い方の辺の長さを1とすると，B4判の2辺の長さの比は$\sqrt{2}$：2である。

$$\sqrt{2}:2=\frac{\sqrt{2}}{\sqrt{2}}:\frac{2}{\sqrt{2}}$$
$$=1:\sqrt{2}$$

よって，B4判の2辺の長さの比は1：$\sqrt{2}$である。
したがって，B5判とB4判の紙は，2辺の長さの比が等しい。

6　測定値と誤差

基本事項ノート

➔誤差

近似値から真の値をひいた差を誤差（ごさ）という。

（誤差）＝（近似値）－（真の値）

誤差と真の値との隔（へだ）たりは，ふつう，誤差の絶対値で示される。

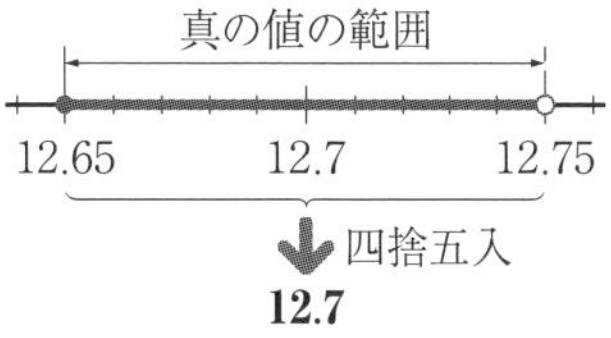

➔有効数字

近似値で信頼してよい数字を有効数字（ゆうこうすうじ）という。有効数字を明示するために，整数部分が1けたの小数と10の累乗の積を使って表すことがある。

例　測定値が1320gで有効数字が3けたの場合，(1.32×10^3)g
　　測定値が1320gで有効数字が4けたの場合，(1.320×10^3)g

Q　次の線分ABの長さをものさしで測ってみましょう。
ものさしで測って求めた長さは，正確な長さといえるでしょうか。

A ―――――――――――――― B

▶解答　（略）

問1　四捨五入で求めた気温が24℃であるとき，その真の値をa℃として，aの範囲を記号≦，＜を使って表しなさい。
このとき，誤差の絶対値は最大でいくらですか。

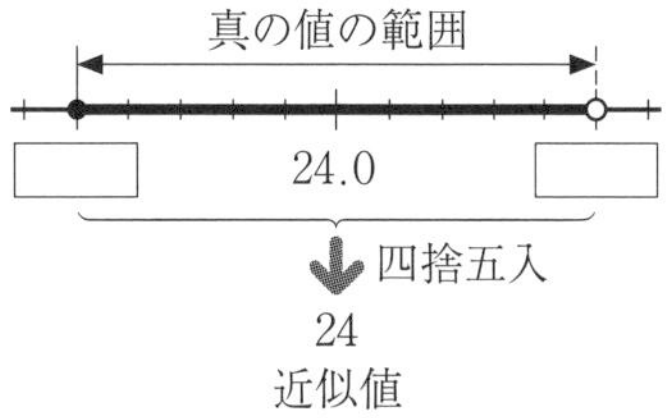

▶解答　**23.5≦a＜24.5**
誤差の絶対値は最大で0.5

問2　**問1**の測定値24℃の有効数字を答えなさい。

▶解答　**2，4**

問3 次の測定値を有効数字3けたと考えて，整数部分が1けたの小数と10の累乗の積の形で表しなさい。

(1) 153秒　(2) 7850cm^3　(3) 270000km

考え方 10の累乗とは，10，10^2，10^3，10^4，…のような数である。

▶解答 (1) **(1.53×10^2)秒**　(2) **(7.85×10^3)cm^3**　(3) **(2.70×10^5)km**

基本の問題

1 次の□にあてはまる数をかき入れなさい。

(1) $\sqrt{7}\times\sqrt{2}=\sqrt{\square}$　(2) $4\sqrt{3}=\sqrt{\square}$

(3) $\sqrt{52}=2\sqrt{\square}$　(4) $\dfrac{1}{\sqrt{6}}=\dfrac{\sqrt{\square}}{6}$

▶解答

(1) $\sqrt{7}\times\sqrt{2}=\sqrt{7\times2}$
$=\sqrt{\mathbf{14}}$

(2) $4\sqrt{3}=\sqrt{16}\times\sqrt{3}$
$=\sqrt{\mathbf{48}}$

(3) $\sqrt{52}=\sqrt{4\times13}$
$=\sqrt{2^2\times13}$
$=\sqrt{2^2}\times\sqrt{13}$
$=2\sqrt{\mathbf{13}}$

(4) $\dfrac{1}{\sqrt{6}}=\dfrac{1\times\sqrt{6}}{\sqrt{6}\times\sqrt{6}}$
$=\dfrac{\sqrt{\mathbf{6}}}{6}$

2 次の計算をしなさい。

(1) $3\sqrt{2}\times2\sqrt{5}$　(2) $(7\sqrt{2})^2$

(3) $\sqrt{75}\div\sqrt{3}$　(4) $2\sqrt{6}\div\sqrt{10}\times\sqrt{5}$

▶解答

(1) $3\sqrt{2}\times2\sqrt{5}$
$=3\times2\times\sqrt{2}\times\sqrt{5}$
$=\mathbf{6\sqrt{10}}$

(2) $(7\sqrt{2})^2=(7\sqrt{2})\times(7\sqrt{2})$
$=7^2\times(\sqrt{2})^2$
$=49\times2$
$=\mathbf{98}$

(3) $\sqrt{75}\div\sqrt{3}$
$=5\sqrt{3}\div\sqrt{3}$
$=\dfrac{5\sqrt{3}}{\sqrt{3}}$
$=\mathbf{5}$

(4) $2\sqrt{6}\div\sqrt{10}\times\sqrt{5}$
$=\dfrac{2\sqrt{6}\times\sqrt{5}}{\sqrt{10}}$
$=\dfrac{2\sqrt{30}}{\sqrt{10}}$
$=\mathbf{2\sqrt{3}}$

3 次の計算をしなさい。

(1) $3\sqrt{6}+2\sqrt{6}$　(2) $\sqrt{3}-4\sqrt{3}-2\sqrt{3}$

(3) $2\sqrt{5}-3+3\sqrt{5}+6$　(4) $\sqrt{45}-\sqrt{20}$

▶解答　(1)　$3\sqrt{6}+2\sqrt{6}$
$=(3+2)\sqrt{6}$
$=\mathbf{5\sqrt{6}}$

(2)　$\sqrt{3}-4\sqrt{3}-2\sqrt{3}$
$=(1-4-2)\sqrt{3}$
$=\mathbf{-5\sqrt{3}}$

(3)　$2\sqrt{5}-3+3\sqrt{5}+6$
$=(2+3)\sqrt{5}+(-3+6)$
$=\mathbf{5\sqrt{5}+3}$

(4)　$\sqrt{45}-\sqrt{20}$
$=3\sqrt{5}-2\sqrt{5}$
$=\mathbf{\sqrt{5}}$

4　次の計算をしなさい。

(1)　$\sqrt{2}(3\sqrt{6}+\sqrt{3})$　　(2)　$(3\sqrt{3}-\sqrt{18})\div\sqrt{3}$

(3)　$(\sqrt{2}+4)(\sqrt{2}-4)$　　(4)　$(\sqrt{8}+3)(\sqrt{8}-6)$

(5)　$2\sqrt{6}+\dfrac{6}{\sqrt{6}}$　　(6)　$\sqrt{80}-\dfrac{10}{\sqrt{5}}$

▶解答　(1)　$\sqrt{2}(3\sqrt{6}+\sqrt{3})$
$=\sqrt{2}\times3\sqrt{6}+\sqrt{2}\times\sqrt{3}$
$=3\sqrt{2\times6}+\sqrt{2\times3}$
$=3\sqrt{2^2\times3}+\sqrt{6}$
$=\mathbf{6\sqrt{3}+\sqrt{6}}$

(2)　$(3\sqrt{3}-\sqrt{18})\div\sqrt{3}$
$=\dfrac{3\sqrt{3}}{\sqrt{3}}-\dfrac{\sqrt{18}}{\sqrt{3}}$
$=\mathbf{3-\sqrt{6}}$

(3)　$(\sqrt{2}+4)(\sqrt{2}-4)$
$=(\sqrt{2})^2-4^2$
$=2-16$
$=\mathbf{-14}$

(4)　$(\sqrt{8}+3)(\sqrt{8}-6)$
$=(\sqrt{8})^2+(3-6)\sqrt{8}+3\times(-6)$
$=8-3\times2\sqrt{2}-18$
$=\mathbf{-10-6\sqrt{2}}$

(5)　$2\sqrt{6}+\dfrac{6}{\sqrt{6}}$
$=2\sqrt{6}+\dfrac{6\times\sqrt{6}}{\sqrt{6}\times\sqrt{6}}$
$=2\sqrt{6}+\dfrac{6\sqrt{6}}{6}$
$=2\sqrt{6}+\sqrt{6}$
$=\mathbf{3\sqrt{6}}$

(6)　$\sqrt{80}-\dfrac{10}{\sqrt{5}}$
$=\sqrt{4^2\times5}-\dfrac{10\times\sqrt{5}}{\sqrt{5}\times\sqrt{5}}$
$=4\sqrt{5}-\dfrac{10\sqrt{5}}{5}$
$=4\sqrt{5}-2\sqrt{5}$
$=\mathbf{2\sqrt{5}}$

5　次の測定値を有効数字3けたと考えて，整数部分が1けたの小数と10の累乗の積の形で表しなさい。

(1)　315mL　　(2)　6800m

考え方　有効数字が3けただから，(1)は3.15，(2)は6.80が，整数部分が1けたの小数である。

▶解答　(1)　$\mathbf{(3.15\times10^2)}$**mL**　　(2)　$\mathbf{(6.80\times10^3)}$**m**

まちがえやすい問題

右の答案は，$\sqrt{8}+\sqrt{32}$ を計算したものですが，まちがっています。
まちがっているところを見つけなさい。
また，正しい計算をしなさい。

✕ まちがいの例

$\sqrt{8}+\sqrt{32}$
$=\sqrt{8+32}$
$=\sqrt{40}$
$=2\sqrt{10}$

▶解答　(まちがっているところ)
$\sqrt{8}+\sqrt{32}$ と $\sqrt{8+32}$ は等しくないが，等しいとしている。
(正しい計算)
$\sqrt{8}+\sqrt{32}$
$=\mathbf{2\sqrt{2}+4\sqrt{2}}$
$=\mathbf{(2+4)\sqrt{2}}$
$=\mathbf{6\sqrt{2}}$

2章の問題

1　次の数の平方根を求めなさい。
(1)　81　　(2)　0.04

▶解答　(1)　**±9**　　(2)　**±0.2**

2　次のことは正しいですか。正しくないものは，下線＿＿の部分を正しくなおしなさい。
(1)　11の平方根は $\underline{\sqrt{11}}$ である。　(2)　$\sqrt{16}$ は $\underline{\pm 4}$ である。
(3)　$-\sqrt{9}$ は $\underline{-3}$ である。　(4)　$(-\sqrt{6})^2$ は $\underline{-6}$ である。
(5)　$\sqrt{9}-\sqrt{4}$ は $\underline{\sqrt{5}}$ である。　(6)　$\sqrt{250}$ は $\underline{50}$ である。

考え方　(2)　$\sqrt{16}=\sqrt{4^2}$
(5)　$\sqrt{9}-\sqrt{4}=3-2=1$
(6)　$\sqrt{250}=\sqrt{25\times10}=\sqrt{5^2\times10}=5\sqrt{10}$

▶解答　(1)　$\mathbf{\pm\sqrt{11}}$　(2)　**4**　(3)　**正しい**　(4)　**6**　(5)　**1**　(6)　$\mathbf{5\sqrt{10}}$

3　次の各組の数の大小を，不等号を使って表しなさい。
(1)　7，$\sqrt{46}$　　(2)　$-\sqrt{8}$，$-\sqrt{10}$
(3)　$\sqrt{19}$，$2\sqrt{5}$　　(4)　$\dfrac{48}{\sqrt{6}}$，$\dfrac{18\sqrt{2}}{\sqrt{3}}$

考え方　(4)　まず，分母を有理化してから数の大小を比べる。

▶解答　(1)　$7^2=49$　$(\sqrt{46})^2=46$　$49>46$　だから　$\sqrt{49}>\sqrt{46}$　すなわち $\mathbf{7>\sqrt{46}}$
(2)　$8<10$　だから　$\sqrt{8}<\sqrt{10}$　したがって $\mathbf{-\sqrt{8}>-\sqrt{10}}$
(3)　$2\sqrt{5}=\sqrt{20}$　$19<20$　だから　$\sqrt{19}<\sqrt{20}$　すなわち $\mathbf{\sqrt{19}<2\sqrt{5}}$
(4)　$\dfrac{48}{\sqrt{6}}=\dfrac{48\times\sqrt{6}}{\sqrt{6}\times\sqrt{6}}=\dfrac{48\sqrt{6}}{6}=8\sqrt{6}$，$\dfrac{18\sqrt{2}}{\sqrt{3}}=\dfrac{18\sqrt{2}\times\sqrt{3}}{\sqrt{3}\times\sqrt{3}}=\dfrac{18\sqrt{6}}{3}=6\sqrt{6}$
$8\sqrt{6}>6\sqrt{6}$　すなわち　$\mathbf{\dfrac{48}{\sqrt{6}}>\dfrac{18\sqrt{2}}{\sqrt{3}}}$

4 次の計算をしなさい。

(1) $\sqrt{5}\times\sqrt{6}$　(2) $\sqrt{12}\times\sqrt{21}$

(3) $(3\sqrt{2})^2$　(4) $5\sqrt{56}\div\sqrt{7}$

(5) $\sqrt{3}\times3\sqrt{2}\times\sqrt{15}$　(6) $\sqrt{8}\div\sqrt{6}$

(7) $6\sqrt{3}+2\sqrt{3}$　(8) $\sqrt{45}-\sqrt{5}$

(9) $(\sqrt{11}+\sqrt{3})(\sqrt{11}-\sqrt{3})$　(10) $5\sqrt{7}-\dfrac{14}{\sqrt{7}}$

▶解答

(1) $\sqrt{5}\times\sqrt{6}=\boldsymbol{\sqrt{30}}$

(2) $\sqrt{12}\times\sqrt{21}=\sqrt{12}\times\sqrt{21}$
$=\boldsymbol{6\sqrt{7}}$

(3) $(3\sqrt{2})^2=3\sqrt{2}\times3\sqrt{2}$
$=3^2\times(\sqrt{2})^2$
$=9\times2$
$=\boldsymbol{18}$

(4) $5\sqrt{56}\div\sqrt{7}=\dfrac{5\sqrt{56}}{\sqrt{7}}$
$=5\times\sqrt{\dfrac{56}{7}}$
$=5\times\sqrt{8}$
$=5\times2\sqrt{2}$
$=\boldsymbol{10\sqrt{2}}$

(5) $\sqrt{3}\times3\sqrt{2}\times\sqrt{15}=3\sqrt{3\times2\times15}$
$=3\sqrt{3\times2\times3\times5}$
$=3\times3\sqrt{10}$
$=\boldsymbol{9\sqrt{10}}$

(6) $\sqrt{8}\div\sqrt{6}=\dfrac{\sqrt{8}}{\sqrt{6}}$
$=\sqrt{\dfrac{8}{6}}$
$=\dfrac{2}{\sqrt{3}}$
$=\dfrac{2\times\sqrt{3}}{\sqrt{3}\times\sqrt{3}}$
$=\boldsymbol{\dfrac{2\sqrt{3}}{3}}$

(7) $6\sqrt{3}+2\sqrt{3}=(6+2)\sqrt{3}$
$=\boldsymbol{8\sqrt{3}}$

(8) $\sqrt{45}-\sqrt{5}=3\sqrt{5}-\sqrt{5}$
$=(3-1)\sqrt{5}$
$=\boldsymbol{2\sqrt{5}}$

(9) $(\sqrt{11}+\sqrt{3})(\sqrt{11}-\sqrt{3})$
$=(\sqrt{11})^2-(\sqrt{3})^2$
$=11-3$
$=\boldsymbol{8}$

(10) $5\sqrt{7}-\dfrac{14}{\sqrt{7}}=5\sqrt{7}-\dfrac{14\sqrt{7}}{7}$
$=5\sqrt{7}-2\sqrt{7}$
$=\boldsymbol{3\sqrt{7}}$

5 $\sqrt{72a}$ の値を，できるだけ小さい自然数にします。
整数 a の値を求めなさい。

考え方　$\sqrt{72}=\sqrt{6^2\times2}=6\sqrt{2}$ にしてから考える。

▶解答　$\sqrt{72}=6\sqrt{2}$ だから
$\sqrt{72a}=6\sqrt{2a}$
$a=2$ のとき　$6\sqrt{2\times2}=12$
したがって　$a=2$

答　$\boldsymbol{a=2}$

6　右の表は，品物A，B，Cの重さをはかり，10g未満を四捨五入して求めた近似値(きんじち)です。
有効数字は何けたかを考えて，A，B，Cの重さを，整数部分が1けたの小数と10の累乗の積の形でそれぞれ表しなさい。

品物の重さ

	重さ(g)
A	1240
B	1000
C	900

考え方　10g未満を四捨五入しているので，信頼できるのは10g以上の数字である。

▶解答　A　**(1.24×10^3)g**　　B　**(1.00×10^3)g**　　C　**(9.0×10^2)g**

とりくんでみよう

1　次の計算をしなさい。

(1) $4\sqrt{6}\div\sqrt{8}\times2\sqrt{12}$　　(2) $6\sqrt{21}\times2\sqrt{7}\div(2\sqrt{3})^2$

(3) $3\sqrt{18}-2\sqrt{8}-\sqrt{2}$　　(4) $3\sqrt{5}+\sqrt{18}-\sqrt{32}-\sqrt{20}$

(5) $\dfrac{\sqrt{18}}{3}-\dfrac{6}{\sqrt{3}}+\dfrac{\sqrt{10}}{\sqrt{5}}$　　(6) $(2\sqrt{5}-\sqrt{3})^2$

(7) $\sqrt{8}(\sqrt{2}+\sqrt{24})$　　(8) $(\sqrt{6}+2)^2-(\sqrt{6}-2)^2$

(9) $\sqrt{2}(\sqrt{18}-2)+4\div\sqrt{2}$　　(10) $(\sqrt{12}+\sqrt{6})(\sqrt{12}-\sqrt{6})+(3-\sqrt{2})^2$

考え方　(8)　－のあとは(　)をつけて展開する。
(10)　ここでは，$\sqrt{12}=2\sqrt{3}$ としなくてよい。

▶解答

(1) $4\sqrt{6}\div\sqrt{8}\times2\sqrt{12}$
$=\dfrac{4\times2\times\sqrt{6\times12}}{2\sqrt{2}}$
$=4\sqrt{6\times6}$
$=\mathbf{24}$

(2) $6\sqrt{21}\times2\sqrt{7}\div(2\sqrt{3})^2$
$=\dfrac{6\times2\times\sqrt{21\times7}}{4\times3}$
$=\sqrt{3\times7\times7}$
$=\mathbf{7\sqrt{3}}$

(3) $3\sqrt{18}-2\sqrt{8}-\sqrt{2}$
$=9\sqrt{2}-4\sqrt{2}-\sqrt{2}$
$=\mathbf{4\sqrt{2}}$

(4) $3\sqrt{5}+\sqrt{18}-\sqrt{32}-\sqrt{20}$
$=3\sqrt{5}+3\sqrt{2}-4\sqrt{2}-2\sqrt{5}$
$=\mathbf{\sqrt{5}-\sqrt{2}}$

(5) $\dfrac{\sqrt{18}}{3}-\dfrac{6}{\sqrt{3}}+\dfrac{\sqrt{10}}{\sqrt{5}}$
$=\dfrac{3\sqrt{2}}{3}-\dfrac{6\sqrt{3}}{3}+\sqrt{\dfrac{10}{5}}$
$=\sqrt{2}-2\sqrt{3}+\sqrt{2}$
$=\mathbf{2\sqrt{2}-2\sqrt{3}}$

(6) $(2\sqrt{5}-\sqrt{3})^2$
$=(2\sqrt{5})^2-2\times\sqrt{3}\times2\sqrt{5}+(\sqrt{3})^2$
$=20-4\sqrt{15}+3$
$=\mathbf{23-4\sqrt{15}}$

(7) $\sqrt{8}(\sqrt{2}+\sqrt{24})$
$=2\sqrt{2}(\sqrt{2}+2\sqrt{6})$
$=2\sqrt{2}\times\sqrt{2}+2\sqrt{2}\times2\sqrt{6}$
$=4+4\sqrt{12}$
$=4+4\times2\sqrt{3}$
$=\mathbf{4+8\sqrt{3}}$

(8) $(\sqrt{6}+2)^2-(\sqrt{6}-2)^2$
$=6+4\sqrt{6}+4-(6-4\sqrt{6}+4)$
$=10+4\sqrt{6}-10+4\sqrt{6}$
$=\mathbf{8\sqrt{6}}$

(9)　$\sqrt{2}(\sqrt{18}-2)+4\div\sqrt{2}$

$=\sqrt{2}\times\sqrt{18}-2\sqrt{2}+\dfrac{4}{\sqrt{2}}$

$=\sqrt{36}-2\sqrt{2}+\dfrac{4\times\sqrt{2}}{\sqrt{2}\times\sqrt{2}}$

$=6-2\sqrt{2}+2\sqrt{2}$

$=\mathbf{6}$

(10)　$(\sqrt{12}+\sqrt{6})(\sqrt{12}-\sqrt{6})+(3-\sqrt{2})^2$

$=(\sqrt{12})^2-(\sqrt{6})^2+3^2-2\times\sqrt{2}\times3+(\sqrt{2})^2$

$=6+9-6\sqrt{2}+2$

$=\mathbf{17-6\sqrt{2}}$

2　$4.5<\sqrt{a}<5$にあてはまる整数aの値(あたい)をすべて求めなさい。

考え方　$4.5^2=20.25$，$5^2=25$より　$20.25<a<25$

▶解答　**21，22，23，24**

3　$a=\sqrt{5}+\sqrt{2}$，$b=\sqrt{5}-\sqrt{2}$のとき，次の式の値を求めなさい。

(1)　ab　　(2)　a^2-b^2　　(3)　a^2-ab+b^2

考え方　(2)，(3)では，そのまま代入して求めることもできるが，式を変形してから代入する方が簡単に求めることができる。

▶解答

(1)　$ab=(\sqrt{5}+\sqrt{2})(\sqrt{5}-\sqrt{2})=5-2=\mathbf{3}$

(2)　$a^2-b^2=(a+b)(a-b)$

$a+b=\sqrt{5}+\sqrt{2}+\sqrt{5}-\sqrt{2}=2\sqrt{5}$

$a-b=\sqrt{5}+\sqrt{2}-(\sqrt{5}-\sqrt{2})=\sqrt{5}+\sqrt{2}-\sqrt{5}+\sqrt{2}=2\sqrt{2}$

$(a+b)(a-b)=2\sqrt{5}\times2\sqrt{2}=\mathbf{4\sqrt{10}}$

(3)　$a^2-ab+b^2=a^2-2ab+b^2+ab=(a-b)^2+ab$

(2)より$(a-b)^2=(2\sqrt{2})^2=8$，(1)より$ab=3$だから

$(a-b)^2+ab=8+3=\mathbf{11}$

4　半径が2cmの円と，半径が4cmの円があります。この2つの円の面積の和に等しい面積の円をつくるには，その円の半径を何cmにすればよいですか。

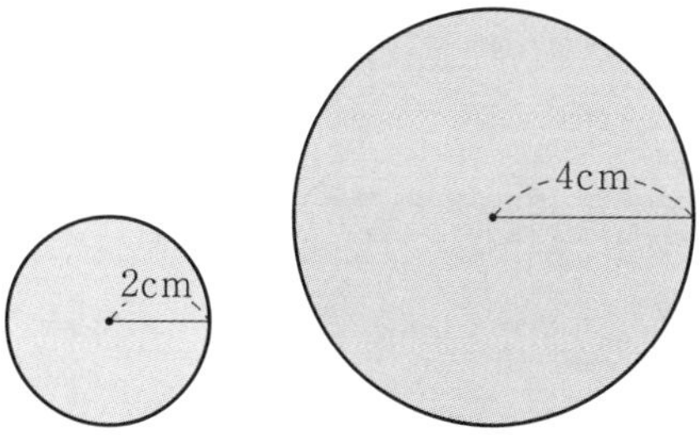

考え方　(円の面積)＝(半径)$^2\times\pi$

▶解答　半径が2cmの円と半径が4cmの円の面積の和は

$2^2\times\pi+4^2\times\pi=20\pi(\text{cm}^2)$

面積が$20\pi\text{cm}^2$である円の半径は$\sqrt{20}$cm

答　$\mathbf{2\sqrt{5}}$ **cm**

5　$\sqrt{2}$を小数で表すと1.414…だから，$\sqrt{2}$の整数部分は1，小数部分は$\sqrt{2}-1$と表すことができます。

$\sqrt{7}$の整数部分をa，小数部分をbとするとき，次の式の値を求めなさい。

(1)　a　　(2)　$(b+3)^2$

考え方　$\sqrt{7}=a+b$と表されるから，$b=\sqrt{7}-a$と表される。

▶解答　(1)　$\sqrt{4}<\sqrt{7}<\sqrt{9}$より$2<\sqrt{7}<3$

したがって，$\sqrt{7}$の整数部分は2　$a=\mathbf{2}$

(2)　(1)より，$b=\sqrt{7}-2$

したがって，$(b+3)^2=\{(\sqrt{7}-2)+3\}^2$

$=(\sqrt{7}+1)^2$

$=(\sqrt{7})^2+2\times1\times\sqrt{7}+1^2$

$=7+2\sqrt{7}+1$

$=\mathbf{8+2\sqrt{7}}$

6　$\sqrt{2}+\sqrt{8}$と$\sqrt{10}$では，どちらが大きいですか。
また，それが正しいことを説明しなさい。

▶解答　**$\sqrt{2}+\sqrt{8}$の方が$\sqrt{10}$より大きい。**

（説明）　$\sqrt{2}+\sqrt{8}=\sqrt{2}+2\sqrt{2}$

$=3\sqrt{2}$

$(3\sqrt{2})^2=3\sqrt{2}\times3\sqrt{2}$

$=18$

$(\sqrt{10})^2=10$

18>10だから　$3\sqrt{2}>\sqrt{10}$　すなわち$\sqrt{2}+\sqrt{8}>\sqrt{10}$である。

次の章を学ぶ前に

1　次の1次方程式を解きましょう。

(1)　$4x-3=x+6$　　(2)　$2x+17=5x-1$

▶解答　(1)　$4x-3=x+6$
$4x-x=6+3$
$3x=9$
$\boldsymbol{x=3}$

(2)　$2x+17=5x-1$
$2x-5x=-1-17$
$-3x=-18$
$\boldsymbol{x=6}$

2　次の式を展開しましょう。

(1)　$3(x+6)$　　(2)　$(a+1)(a-3)$

▶解答　(1)　$\boldsymbol{3x+18}$

(2)　$(a+1)(a-3)=a^2-3a+a-3$
$=\boldsymbol{a^2-2a-3}$

3　次の式を因数分解しましょう。

(1)　a^2+3a　　(2)　x^2-5x+6
(3)　$a^2+8a+16$　　(4)　$9x^2-16y^2$

▶解答　(1)　$a^2+3a=\boldsymbol{a(a+3)}$　　(2)　$x^2-5x+6=\boldsymbol{(x-2)(x-3)}$
(3)　$a^2+8a+16=\boldsymbol{(a+4)^2}$　　(4)　$9x^2-16y^2=(3x)^2-(4y)^2=\boldsymbol{(3x+4y)(3x-4y)}$

4　次の数の平方根を求めましょう。

(1)　5　　(2)　9

▶解答　(1)　$\boldsymbol{\pm\sqrt{5}}$　　(2)　$\boldsymbol{\pm 3}$

3章 2次方程式

この章について

この章では，2次の項をふくむ方程式について学習します。2次方程式を先に学んだ因数分解や平方根を利用して解きます。また，解の公式を知り，それを用いて2次方程式を解きます。2次方程式を利用することで，かなり複雑な面積や体積の問題も解くことができます。ただし，2次方程式の解がそのまま問題の答にならないこともあるので注意が必要です。

1節 2次方程式

1 2次方程式の解

基本事項ノート

➔2次方程式

すべての項を左辺に移項して整理すると，(xの2次式)=0の形になる方程式を，xについての2次方程式という。

xについての2次方程式は，aを0でない定数，b，cを定数とすると，次のように表される。

$ax^2+bx+c=0$…②

例　方程式$x(x-1)=12$…①を整理すると，

$x^2-x-12=0$となるから，①は2次方程式である。

➔2次方程式の解

2次方程式を成り立たせる文字の値(あたい)を，その2次方程式の解という。

2次方程式の解をすべて求めることを，その2次方程式を解くという。

例　2次方程式$3x^2+2x-1=0$…①

$x=-1$とすると

$3x^2+2x-1=3\times(-1)^2+2\times(-1)-1$

$=3-2-1$

$=0$

$x=-1$は①の解である。

$x=1$とすると

$3x^2+2x-1=3+2-1$

$=4$

$x=1$は①の解でない。

問1　上の①の式で，②の式のa，b，cにあたる値を答えなさい。

▶解答　$\boldsymbol{a=1}$，$\boldsymbol{b=-10}$，$\boldsymbol{c=24}$

問2　次の方程式のうち，2次方程式はどれか答えなさい。また，その方程式が2次方程式である場合，②の式のa，b，cにあたる値をそれぞれ答えなさい。

㋐　$3x^2-4x=2$　　㋑　$2x+3=x$

㋒　$x^2=5$　　㋓　$4x^2=(2x-5)^2$

考え方　式を整理して，(xの2次式)$=0$の形になれば，2次方程式である。
㋓の右辺は，乗法公式[3]を使って展開する。

▶解答　式を整理すると

㋐　$3x^2-4x-2=0$

㋑　$x+3=0$

㋒　$x^2-5=0$

㋓　$4x^2=4x^2-20x+25$
$20x-25=0$

したがって2次方程式は**㋐と㋒**である。

㋐　$\boldsymbol{a=3,\ b=-4,\ c=-2}$

㋒　$\boldsymbol{a=1,\ b=0,\ c=-5}$

問3　右の表の例にならって，xの各値に対する$x^2-10x+24$の値を求め，2次方程式$x^2-10x+24=0$が成り立つかどうかを調べましょう。
この2次方程式を成り立たせるxの値は，いくつ見つかりましたか。

考え方　$x^2-10x+24$のxにxの値を1から順に代入する。
xの値を代入し，$x^2-10x+24$の値が0になるとき，2次方程式$x^2-10x+24=0$が成り立つといえる。

▶解答

x	$x^2-10x+24$
例　0	$0^2-10\times0+24=24$
1	$1^2-10\times1+24=15$
2	$\boldsymbol{2^2-10\times2+24=8}$
3	$\boldsymbol{3^2-10\times3+24=3}$
4	$\boldsymbol{4^2-10\times4+24=0}$
5	$\boldsymbol{5^2-10\times5+24=-1}$
6	$\boldsymbol{6^2-10\times6+24=0}$
7	$\boldsymbol{7^2-10\times7+24=3}$
8	$\boldsymbol{8^2-10\times8+24=8}$
9	$\boldsymbol{9^2-10\times9+24=15}$

上の表から，2次方程式$x^2-10x+24=0$を成り立たせる値は，$x=4$，$x=6$の**2つ**。

問4　次の2次方程式で，-3は解であるか調べなさい。
(1)　$x^2-3x=0$　　(2)　$x^2=3$　　(3)　$x^2+6x+9=0$

考え方　xに-3を代入して，等式が成り立てば解である。

▶解答
(1)　(左辺)$=x^2-3x=(-3)^2-3\times(-3)=9+9=18$　(右辺)$=0$　　答　**解でない。**

(2)　(左辺)$=x^2=(-3)^2=9$　(右辺)$=3$　　答　**解でない。**

(3)　(左辺)$=x^2+6x+9=(-3)^2+6\times(-3)+9=9-18+9=0$
(右辺)$=0$　　答　**解である。**

問5　次の2次方程式で，〔　〕の中の数はその解であるか調べなさい。
(1)　$x^2+7x+10=0$　〔-2〕　　(2)　$(x-5)^2=0$　〔2〕
(3)　$x^2-10x+21=0$　〔3〕　　(4)　$2x^2-5x+2=0$　$\left[\dfrac{1}{2}\right]$

考え方　〔　〕の中の数をxに代入して，等式が成り立てば解である。

▶解答

(1)　(左辺)$=x^2+7x+10$
$=(-2)^2+7\times(-2)+10$
$=4-14+10$
$=0$
(右辺)$=0$

答　**解である。**

(2)　(左辺)$=(x-5)^2$
$=(2-5)^2$
$=(-3)^2$
$=9$
(右辺)$=0$

答　**解でない。**

(3)　(左辺)$=x^2-10x+21$
$=3^2-10\times3+21$
$=9-30+21$
$=0$
(右辺)$=0$

答　**解である。**

(4)　(左辺)$=2x^2-5x+2$
$=2\times\left(\frac{1}{2}\right)^2-5\times\frac{1}{2}+2$
$=\frac{1}{2}-\frac{5}{2}+2$
$=0$
(右辺)$=0$

答　**解である。**

2　因数分解による解き方

基本事項ノート

➔因数分解と2次方程式

一般(いっぱん)に，2つの式A，Bについて，次のことがいえる。

$A\times B=0$　ならば　$A=0$　または　$B=0$である。

2次方程式を整理して，$ax^2+bx+c=0$としたとき，左辺が因数分解できると，上の性質を使って，その解を求めることができる。

例　2次方程式　　$x^2-2x-8=0$
左辺を因数分解すると$(x+2)(x-4)=0$
したがって　$x+2=0$　または　$x-4=0$
ゆえに　　$x=-2$　または　$x=4$
この2次方程式の解は，-2と4である。

注　xの2次方程式の解が，例えば，-2と4であることを，「答　$x=-2$，$x=4$」と表すことにする。

注　2次方程式を整理すると，$A^2=0$の形になるときの解の表し方
例えば，$(x-3)^2=0$ は$(x-3)(x-3)=0$であるから，「$x=3$ または$x=3$」となるが，2つの解が一致(いっち)して1つになったと考えて，「$x=3$」とかく。

Q　方程式$x^2-5x+6=0$の左辺を因数分解すると，$(x-2)(x-3)=0$となります。このxに0から5まで整数を代入するとき，$(x-2)(x-3)$の値(あたい)について気づいたことをいいましょう。

▶解答

x	0	1	2	3	4	5
$(x-2)(x-3)$	**6**	**2**	**0**	**0**	**2**	**6**

$x=0$ のとき，$(x-2)(x-3)=(-2)\times(-3)=6$

$x=1$ のとき，$(x-2)(x-3)=(-1)\times(-2)=2$

$x=2$ のとき，$(x-2)(x-3)=0\times(-1)=0$

$x=3$ のとき，$(x-2)(x-3)=1\times0=0$

$x=4$ のとき，$(x-2)(x-3)=2\times1=2$

$x=5$ のとき，$(x-2)(x-3)=3\times2=6$

したがって，**2次方程式 $(x-2)(x-3)=0$ は，$x=2$，$x=3$ のとき成り立ち，それ以外の x の値では成り立たない。**

問1　次の方程式を解きなさい。

(1)　$(x-2)(x+5)=0$　　(2)　$(x+3)(x+4)=0$

(3)　$x(x-3)=0$　　(4)　$y(y+1)=0$

考え方　$A\times B=0$　ならば　$A=0$　または　$B=0$ である。

▶解答

(1)　$(x-2)(x+5)=0$

$x-2=0$　または　$x+5=0$

$x=2$，$x=-5$

答　$x=2$，$x=-5$

(2)　$(x+3)(x+4)=0$

$x+3=0$　または　$x+4=0$

$x=-3$，$x=-4$

答　$x=-3$，$x=-4$

(3)　$x(x-3)=0$

$x=0$　または　$x-3=0$

$x=0$，$x=3$

答　$x=0$，$x=3$

(4)　$y(y+1)=0$

$y=0$　または　$y+1=0$

$y=0$，$y=-1$

答　$y=0$，$y=-1$

チャレンジ1　$x(2x-1)=0$

▶解答

$x(2x-1)=0$

$x=0$　または　$2x-1=0$

$x=0$，$x=\frac{1}{2}$

答　$x=0$，$x=\frac{1}{2}$

問2　次の方程式を解きなさい。

(1)　$x^2+7x=0$　　(2)　$5a^2-10a=0$　　(3)　$x^2+5x+4=0$

(4)　$y^2-3y+2=0$　　(5)　$x^2-25=0$　　(6)　$x^2+x=12$

▶解答

(1)　$x^2+7x=0$

$x(x+7)=0$

$x=0$　または　$x+7=0$

$x=0$，$x=-7$

答　$x=0$，$x=-7$

(2)　$5a^2-10a=0$

$5a(a-2)=0$

$5a=0$　または　$a-2=0$

$a=0$，$a=2$

答　$a=0$，$a=2$

(3)　$x^2+5x+4=0$
$(x+4)(x+1)=0$
$x+4=0$　または　$x+1=0$
$x=-4,\ x=-1$
答　$\boldsymbol{x=-4,\ x=-1}$

(4)　$y^2-3y+2=0$
$(y-1)(y-2)=0$
$y-1=0$　または　$y-2=0$
$y=1,\ y=2$
答　$\boldsymbol{y=1,\ y=2}$

(5)　$x^2-25=0$
$(x+5)(x-5)=0$
$x+5=0$　または　$x-5=0$
$x=-5,\ x=5$
答　$\boldsymbol{x=\pm 5}$

(6)　$x^2+x=12$
$x^2+x-12=0$
$(x+4)(x-3)=0$
$x+4=0$　または　$x-3=0$
$x=-4,\ x=3$
答　$\boldsymbol{x=-4,\ x=3}$

チャレンジ2　$2x^2=5x$

▶解答
$2x^2=5x$
$2x^2-5x=0$
$x(2x-5)=0$
$x=0$　または　$2x-5=0$
$x=0,\ x=\frac{5}{2}$
答　$\boldsymbol{x=0,\ x=\frac{5}{2}}$

問3　次の方程式を解きなさい。
(1)　$x^2+10x+25=0$　　(2)　$x^2=12x-36$

考え方　$A^2=0$　ならば　$A=0$

▶解答
(1)　$x^2+10x+25=0$
$(x+5)^2=0$
$x+5=0$
$x=-5$
答　$\boldsymbol{x=-5}$

(2)　$x^2=12x-36$
$x^2-12x+36=0$
$(x-6)^2=0$
$x-6=0$
$x=6$
答　$\boldsymbol{x=6}$

補充問題17　次の方程式を解きなさい。(教科書P.236)
(1)　$(x+1)(x-9)=0$　　(2)　$3a^2-27a=0$　　(3)　$x^2-4x-21=0$
(4)　$x^2-36=0$　　(5)　$x^2+9x+20=0$　　(6)　$x^2+5x-14=0$
(7)　$x^2-6x+9=0$　　(8)　$x^2+16x+64=0$

▶解答
(1)　$(x+1)(x-9)=0$
$x+1=0$　または　$x-9=0$
$x=-1$　または　$x=9$
答　$\boldsymbol{x=-1,\ x=9}$

(2)　$3a^2-27a=0$
$3a(a-9)=0$
$3a=0$　または　$a-9=0$
$a=0,\ a=9$
答　$\boldsymbol{a=0,\ a=9}$

(3) $x^2-4x-21=0$
$(x+3)(x-7)=0$
$x+3=0$　または　$x-7=0$
$x=-3,\ x=7$
答　$\boldsymbol{x=-3,\ x=7}$

(4) $x^2-36=0$
$(x+6)(x-6)=0$
$x+6=0$　または　$x-6=0$
$x=-6,\ x=6$
答　$\boldsymbol{x=\pm 6}$

(5) $x^2+9x+20=0$
$(x+4)(x+5)=0$
$x+4=0$　または　$x+5=0$
$x=-4,\ x=-5$
答　$\boldsymbol{x=-4,\ x=-5}$

(6) $x^2+5x-14=0$
$(x+7)(x-2)=0$
$x+7=0$　または　$x-2=0$
$x=-7,\ x=2$
答　$\boldsymbol{x=-7,\ x=2}$

(7) $x^2-6x+9=0$
$(x-3)^2=0$
$x-3=0$
$x=3$
答　$\boldsymbol{x=3}$

(8) $x^2+16x+64=0$
$(x+8)^2=0$
$x+8=0$
$x=-8$
答　$\boldsymbol{x=-8}$

問4　方程式$x^2=9x$を解くときに，両辺をxでわって，$x=9$としましたが，この解き方は正しくありません。
なぜでしょうか。

×まちがいの例
$x^2=9x$
両辺をxでわって
$x=9$

▶解答　(理由)　**両辺をxでわるとき，$x=0$の場合，0でわることはできないから，この解き方は正しくない。**
正しい解き方の例は，次の通りである。
$x^2=9x$
$x^2-9x=0$
$x(x-9)=0$
$x=0$　または　$x-9=0$
$x=0,\ x=9$

3　平方根の考え方を使った解き方

基本事項ノート

➔平方根と2次方程式
正の数aについて，次のことがいえる。
$x^2=a$にあてはまるxの値は，aの平方根である。
2次方程式を整理すると，$x^2=a$の形になるとき，平方根の考え方を使って2次方程式を解くことができる。

例　(1) $x^2-7=0$
$x^2=7$
$x=\pm\sqrt{7}$

(2)　$(x-1)^2=3$

$M^2=3$

$M=\pm\sqrt{3}$

$x-1=\pm\sqrt{3}$

$x=1\pm\sqrt{3}$

注　$x-1$ を M とすることは省略できる。解 $1\pm\sqrt{3}$ は，$1+\sqrt{3}$，$1-\sqrt{3}$ をまとめて表したものである。

➔ $(x+▲)^2=●$ の解き方

2次方程式を，$(x+▲)^2=●$ の形に変形すると，平方根の考え方を使って，2次方程式を解くことができる。

例　$x^2+2x-6=0$
　　　　↓ 定数項を移項する。
$x^2+2x=6$
　　　　↓ 両辺に x の係数の半分の2乗を加える。
$x^2+2x+1^2=6+1^2$
　　　　↓ 左辺を $(x+▲)^2$ の形にする。
$(x+1)^2=7$
　　　　↓ 平方根の考え方を使う。
$x+1=\pm\sqrt{7}$

$x=-1\pm\sqrt{7}$

注　$x^2+bx=c$ の形にしてから，x の係数の半分の2乗を両辺にたすと，$(x+▲)^2=●$ の形にすることができる。

Q　次の式の x にあてはまる数を求めましょう。

(1)　$x^2=9$　　(2)　$x^2=18$　　(3)　$x^2=\dfrac{2}{9}$

考え方　(1) x の値は9の平方根である。
(2)，(3)は根号の中ができるだけ小さい自然数となるようにして，$a\sqrt{b}$ の形にする。
$\sqrt{a^2\times b}=a\sqrt{b}$

▶解答

(1)　$x^2=9$
　　$\boldsymbol{x=\pm 3}$

(2)　$x^2=18$
　　$x=\pm\sqrt{18}$
　　$=\pm\sqrt{3^2\times 2}$
　　$\boldsymbol{=\pm 3\sqrt{2}}$

(3)　$x^2=\dfrac{2}{9}$
　　$x=\pm\sqrt{\dfrac{2}{9}}$
　　$=\pm\dfrac{\sqrt{2}}{\sqrt{9}}=\boldsymbol{\pm\dfrac{\sqrt{2}}{3}}$

問1　方程式 $4x^2-5=0$ を右のように解きました。㋐〜㋒の順に，解き方を説明しなさい。

$4x^2-5=0$
　　↓ ㋐
$4x^2=5$
　　↓ ㋑
$x^2=\dfrac{5}{4}$
　　↓ ㋒
$x=\pm\dfrac{\sqrt{5}}{2}$

▶解答

㋐　**（左辺の）−5を移項する。**

㋑　**両辺を4でわる。**

㋒　**x は $\dfrac{5}{4}$ の平方根だから，$\dfrac{5}{4}$ の平方根を求める。**

問2　次の方程式を解きなさい。

(1)　$x^2-5=0$　　(2)　$a^2-12=0$　　(3)　$x^2-50=0$

(4)　$2x^2-6=0$　　(5)　$3a^2-84=0$　　(6)　$9x^2-16=0$

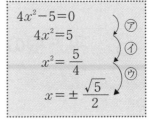

▶解答 (1) $x^2-5=0$
$x^2=5$
$x=\pm\sqrt{5}$
答 $\boldsymbol{x=\pm\sqrt{5}}$

(2) $a^2-12=0$
$a^2=12$
$a=\pm\sqrt{12}$
$=\pm2\sqrt{3}$
答 $\boldsymbol{a=\pm2\sqrt{3}}$

(3) $x^2-50=0$
$x^2=50$
$x=\pm\sqrt{50}$
$x=\pm5\sqrt{2}$
答 $\boldsymbol{x=\pm5\sqrt{2}}$

(4) $2x^2-6=0$
$2x^2=6$
$x^2=3$
$x=\pm\sqrt{3}$
答 $\boldsymbol{x=\pm\sqrt{3}}$

(5) $3a^2-84=0$
$3a^2=84$
$a^2=28$
$a=\pm\sqrt{28}$
$=\pm2\sqrt{7}$
答 $\boldsymbol{a=\pm2\sqrt{7}}$

(6) $9x^2-16=0$
$9x^2=16$
$x^2=\frac{16}{9}$
$x=\pm\frac{4}{3}$
答 $\boldsymbol{x=\pm\frac{4}{3}}$

問3 次の方程式を解きなさい。
(1) $(x-5)^2=3$　　(2) $(x+3)^2=7$
(3) $(x+2)^2=8$　　(4) $(x-6)^2=4$

▶解答 (1) $(x-5)^2=3$
$x-5=\pm\sqrt{3}$
$x=5\pm\sqrt{3}$
答 $\boldsymbol{x=5\pm\sqrt{3}}$

(2) $(x+3)^2=7$
$x+3=\pm\sqrt{7}$
$x=-3\pm\sqrt{7}$
答 $\boldsymbol{x=-3\pm\sqrt{7}}$

(3) $(x+2)^2=8$
$x+2=\pm\sqrt{8}$
$x+2=\pm2\sqrt{2}$
$x=-2\pm2\sqrt{2}$
答 $\boldsymbol{x=-2\pm2\sqrt{2}}$

(4) $(x-6)^2=4$
$x-6=\pm2$
$x=6\pm2$
答 $\boldsymbol{x=8,\ x=4}$

問4 **例3**の続きをして，方程式 $x^2+6x+7=0$ を解きなさい。

考え方 平方根の考え方を使う。

▶解答
$x^2+6x+7=0$
$x^2+6x=-7$
$x^2+6x+3^2=-7+3^2$
$(x+3)^2=2$
$x+3=\pm\sqrt{2}$
$x=-3\pm\sqrt{2}$
答 $\boldsymbol{x=-3\pm\sqrt{2}}$

問5 方程式 $x^2+4x+1=0$ を解きなさい。

▶解答

$x^2+4x+1=0$
$x^2+4x=-1$　　1を移項する。
$x^2+4x+\mathbf{2^2}=-1+\mathbf{2^2}$　　両辺に2^2をたす。
$(x+\mathbf{2})^2=3$　　左辺を$(x+▲)^2$の形にする。
$x+\mathbf{2}=\pm\sqrt{\mathbf{3}}$　　平方根の考え方を使う。
$x=\mathbf{-2\pm\sqrt{3}}$

問6　方程式$x^2+8x+14=0$を解きなさい。

▶解答

$x^2+8x+14=0$
$x^2+8x=-14$
$x^2+8x+4^2=-14+4^2$
$(x+4)^2=2$
$x+4=\pm\sqrt{2}$
$x=-4\pm\sqrt{2}$

答　$\boldsymbol{x=-4\pm\sqrt{2}}$

補充問題18　次の方程式を解きなさい。(教科書P.237)

(1)　$x^2-24=0$　　(2)　$x^2-27=0$
(3)　$3x^2-60=0$　　(4)　$9x^2-4=0$
(5)　$(x+2)^2=6$　　(6)　$(x-7)^2=9$
(7)　$(x+9)^2-10=0$　　(8)　$(x-3)^2-25=0$

▶解答

(1)　$x^2-24=0$
$x^2=24$
$x=\pm\sqrt{24}$
$=\pm2\sqrt{6}$

答　$\boldsymbol{x=\pm2\sqrt{6}}$

(2)　$x^2-27=0$
$x^2=27$
$x=\pm\sqrt{27}$
$=\pm3\sqrt{3}$

答　$\boldsymbol{x=\pm3\sqrt{3}}$

(3)　$3x^2-60=0$
$3x^2=60$
$x^2=20$
$x=\pm\sqrt{20}$
$=\pm2\sqrt{5}$

答　$\boldsymbol{x=\pm2\sqrt{5}}$

(4)　$9x^2-4=0$
$9x^2=4$
$x^2=\frac{4}{9}$
$x=\pm\frac{2}{3}$

答　$\boldsymbol{x=\pm\frac{2}{3}}$

(5)　$(x+2)^2=6$
$x+2=\pm\sqrt{6}$
$x=-2\pm\sqrt{6}$

答　$\boldsymbol{x=-2\pm\sqrt{6}}$

(6)　$(x-7)^2=9$
$x-7=\pm3$
$x=7\pm3$

答　$\boldsymbol{x=10,\ x=4}$

(7)　$(x+9)^2-10=0$
$(x+9)^2=10$
$x+9=\pm\sqrt{10}$
$x=-9\pm\sqrt{10}$

答　$\boldsymbol{x=-9\pm\sqrt{10}}$

(8)　$(x-3)^2-25=0$
$(x-3)^2=25$
$x-3=\pm5$
$x=3\pm5$

答　$\boldsymbol{x=8,\ x=-2}$

4　2次方程式の解の公式

基本事項ノート

➔2次方程式の解の公式

2次方程式$ax^2+bx+c=0$の解は

$$x=\frac{-b\pm\sqrt{b^2-4ac}}{2a}$$

解の公式に，a，b，cの値をそれぞれ代入して求める。

例

(1)　$x^2+5x-3=0$

$$x=\frac{-5\pm\sqrt{5^2-4\times1\times(-3)}}{2\times1}=\frac{-5\pm\sqrt{37}}{2}$$

答　$\boldsymbol{x=\frac{-5\pm\sqrt{37}}{2}}$

(2)　$x^2+4x+1=0$

$$x=\frac{-4\pm\sqrt{4^2-4\times1\times1}}{2\times1}=\frac{-4\pm\sqrt{12}}{2}=\frac{-4\pm2\sqrt{3}}{2}=-2\pm\sqrt{3}$$

答　$\boldsymbol{x=-2\pm\sqrt{3}}$

(3)　$3x^2-4x+1=0$

$$x=\frac{-(-4)\pm\sqrt{(-4)^2-4\times3\times1}}{2\times3}=\frac{4\pm\sqrt{4}}{6}=\frac{4\pm2}{6}$$

答　$\boldsymbol{x=1,\ x=\frac{1}{3}}$

注　a，b，cが負の値のときは，かっこをつけて代入する。かっこをはずすときには，符号(ふごう)に気をつける。

問1　次の方程式を解きなさい。

(1)　$3x^2+7x+1=0$　　(2)　$x^2-3x+1=0$

(3)　$4x^2+5x-2=0$　　(4)　$5x^2-x-3=0$

▶解答

(1)　解の公式に$a=3$，$b=7$，$c=1$を代入すると

$$x=\frac{-7\pm\sqrt{7^2-4\times3\times1}}{2\times3}=\frac{-7\pm\sqrt{37}}{6}$$

答　$\boldsymbol{x=\frac{-7\pm\sqrt{37}}{6}}$

(2)　解の公式に$a=1$，$b=-3$，$c=1$を代入すると

$$x=\frac{-(-3)\pm\sqrt{(-3)^2-4\times1\times1}}{2\times1}=\frac{3\pm\sqrt{5}}{2}$$

答　$\boldsymbol{x=\frac{3\pm\sqrt{5}}{2}}$

(3)　解の公式に$a=4$，$b=5$，$c=-2$を代入すると

$$x=\frac{-5\pm\sqrt{5^2-4\times4\times(-2)}}{2\times4}=\frac{-5\pm\sqrt{57}}{8}$$

答　$\boldsymbol{x=\frac{-5\pm\sqrt{57}}{8}}$

(4)　解の公式に$a=5$，$b=-1$，$c=-3$を代入すると

$$x=\frac{-(-1)\pm\sqrt{(-1)^2-4\times5\times(-3)}}{2\times5}=\frac{1\pm\sqrt{61}}{10}$$

答　$\boldsymbol{x=\frac{1\pm\sqrt{61}}{10}}$

問2　次の方程式を解きなさい。

(1)　$x^2+2x-5=0$　　(2)　$2x^2-8x+7=0$

(3)　$3x^2-6x-2=0$　　(4)　$x^2+8x=4$

▶解答　(1)　解の公式に $a=1$，$b=2$，$c=-5$ を代入すると

$$x=\frac{-2\pm\sqrt{2^2-4\times1\times(-5)}}{2\times1}=\frac{-2\pm\sqrt{24}}{2}=\frac{-2\pm2\sqrt{6}}{2}=-1\pm\sqrt{6}$$

答　$\boldsymbol{x=-1\pm\sqrt{6}}$

(2)　解の公式に $a=2$，$b=-8$，$c=7$ を代入すると

$$x=\frac{-(-8)\pm\sqrt{(-8)^2-4\times2\times7}}{2\times2}=\frac{8\pm\sqrt{8}}{4}=\frac{8\pm2\sqrt{2}}{4}=\frac{4\pm\sqrt{2}}{2}$$

答　$\boldsymbol{x=\frac{4\pm\sqrt{2}}{2}}$

(3)　解の公式に $a=3$，$b=-6$，$c=-2$ を代入すると

$$x=\frac{-(-6)\pm\sqrt{(-6)^2-4\times3\times(-2)}}{2\times3}=\frac{6\pm\sqrt{60}}{6}=\frac{6\pm2\sqrt{15}}{6}=\frac{3\pm\sqrt{15}}{3}$$

答　$\boldsymbol{x=\frac{3\pm\sqrt{15}}{3}}$

(4)　$x^2+8x=4$

$x^2+8x-4=0$

解の公式に $a=1$，$b=8$，$c=-4$ を代入すると

$$x=\frac{-8\pm\sqrt{8^2-4\times1\times(-4)}}{2\times1}=\frac{-8\pm\sqrt{80}}{2}=\frac{-8\pm4\sqrt{5}}{2}=-4\pm2\sqrt{5}$$

答　$\boldsymbol{x=-4\pm2\sqrt{5}}$

チャレンジ1　$2x+1=4x^2$

▶解答

$2x+1=4x^2$

$4x^2-2x-1=0$

解の公式に，$a=4$，$b=-2$，$c=-1$ を代入すると

$$x=\frac{-(-2)\pm\sqrt{(-2)^2-4\times4\times(-1)}}{2\times4}=\frac{2\pm\sqrt{20}}{8}=\frac{2\pm2\sqrt{5}}{8}=\frac{1\pm\sqrt{5}}{4}$$

答　$\boldsymbol{x=\frac{1\pm\sqrt{5}}{4}}$

問3 次の方程式を解きなさい。

(1) $5x^2+7x+2=0$　(2) $2x^2-3x+1=0$

(3) $2x^2+5x-3=0$　(4) $5x^2-x=4$

▶解答 (1) 解の公式に $a=5$, $b=7$, $c=2$ を代入すると

$$x=\frac{-7\pm\sqrt{7^2-4\times5\times2}}{2\times5}=\frac{-7\pm\sqrt{9}}{10}=\frac{-7\pm3}{10}$$

答 $\boldsymbol{x=-\frac{2}{5},\ -1}$

(2) 解の公式に $a=2$, $b=-3$, $c=1$ を代入すると

$$x=\frac{-(-3)\pm\sqrt{(-3)^2-4\times2\times1}}{2\times2}=\frac{3\pm\sqrt{1}}{4}=\frac{3\pm1}{4}$$

答 $\boldsymbol{x=1,\ x=\frac{1}{2}}$

(3) 解の公式に $a=2$, $b=5$, $c=-3$ を代入すると

$$x=\frac{-5\pm\sqrt{5^2-4\times2\times(-3)}}{2\times2}=\frac{-5\pm\sqrt{49}}{4}=\frac{-5\pm7}{4}$$

答 $\boldsymbol{x=\frac{1}{2},\ -3}$

(4) $5x^2-x=4$

$5x^2-x-4=0$

解の公式に $a=5$, $b=-1$, $c=-4$ を代入すると

$$x=\frac{-(-1)\pm\sqrt{(-1)^2-4\times5\times(-4)}}{2\times5}=\frac{1\pm\sqrt{81}}{10}=\frac{1\pm9}{10}$$

答 $\boldsymbol{x=1,\ -\frac{4}{5}}$

チャレンジ2 $7x-2=3x^2$

▶解答 $7x-2=3x^2$

$3x^2-7x+2=0$

解の公式に，$a=3$, $b=-7$, $c=2$ を代入すると

$$x=\frac{-(-7)\pm\sqrt{(-7)^2-4\times3\times2}}{2\times3}=\frac{7\pm\sqrt{25}}{6}=\frac{7\pm5}{6}$$

答 $\boldsymbol{x=2,\ x=\frac{1}{3}}$

問4 次の方程式を，まずは解の公式を使わずに解きなさい。
次に，解の公式を使って解き，どちらの方法で解いても解は同じになることを確かめなさい。

(1) $x^2-9x+14=0$　(2) $4x^2-68=0$

考え方 (1)は公式[1]′を使って因数分解する。
(2)は -68 を移項し，平方根の考え方を使う。

▶解答　(1)　$x^2-9x+14=0$

$(x-2)(x-7)=0$

$x-2=0$　または　$x-7=0$

$x=2$　または　$x=7$

解の公式に$a=1$, $b=-9$, $c=14$を代入すると

$$x=\frac{-(-9)\pm\sqrt{(-9)^2-4\times1\times14}}{2\times1}$$

$$=\frac{9\pm\sqrt{25}}{2}$$

$$=\frac{9\pm5}{2}$$

$x=2$　または　$x=7$

答　**どちらの解き方も $x=2$, $x=7$ になる。**

(2)　$4x^2-68=0$

$4x^2=68$

$x^2=17$

$x=\pm\sqrt{17}$

$x^2-17=0$

解の公式に$a=1$, $b=0$, $c=-17$を代入すると

$$x=\frac{0\pm\sqrt{0^2-4\times1\times(-17)}}{2\times1}$$

$$=\frac{0\pm2\sqrt{17}}{2}$$

$$=\pm\sqrt{17}$$

答　**どちらの解き方も $x=\pm\sqrt{17}$ になる。**

問5　次の方程式を解きなさい。

(1)　$x^2+12x+27=0$　　(2)　$x^2-6x+3=0$

(3)　$8x^2-48=0$　　(4)　$x^2-18x+80=0$

(5)　$9x^2+6x+1=0$　　(6)　$5x^2+10x-15=0$

(7)　$4x^2-4x-4=0$　　(8)　$6x^2+x-1=0$

考え方　どの方法を使うとよいのか考えながら解く。

・因数分解による解き方

・平方根の考え方を使った解き方

・解の公式を使った解き方

(6), (7)はまず共通な因数をくくり出す。

▶解答　(1)　$x^2+12x+27=0$

$(x+3)(x+9)=0$

$x+3=0$　または　$x+9=0$

$x=-3$　または　$x=-9$

答　$\boldsymbol{x=-3,\ x=-9}$

(2)　$x^2-6x+3=0$

解の公式に$a=1$, $b=-6$, $c=3$を代入すると

$$x=\frac{-(-6)\pm\sqrt{(-6)^2-4\times1\times3}}{2\times1}$$

$$=\frac{6\pm\sqrt{24}}{2}$$

$=3\pm\sqrt{6}$　　答　$\boldsymbol{x=3\pm\sqrt{6}}$

(3)　$8x^2-48=0$

$8x^2=48$

$x^2=6$

$x=\pm\sqrt{6}$　答　$\boldsymbol{x=\pm\sqrt{6}}$

(4)　$x^2-18x+80=0$

$(x-8)(x-10)=0$

$x-8=0$　または　$x-10=0$

$x=8$, $x=10$　　答　$\boldsymbol{x=8,\ x=10}$

(5)　$9x^2+6x+1=0$

解の公式に $a=9$, $b=6$, $c=1$

を代入すると

$$x=\frac{-6\pm\sqrt{6^2-4\times9\times1}}{2\times9}$$

$$=\frac{-6\pm0}{18}$$

$$=-\frac{1}{3}$$

答　$\boldsymbol{x=-\frac{1}{3}}$

(6)　$5x^2+10x-15=0$

$5(x^2+2x-3)=0$

$5(x+3)(x-1)=0$

$x+3=0$　または　$x-1=0$

$x=-3$, $x=1$

答　$\boldsymbol{x=-3,\ x=1}$

(7)　$4x^2-4x-4=0$

$4(x^2-x-1)=0$

$x^2-x-1=0$

解の公式に $a=1$, $b=-1$, $c=-1$

を代入すると

$$x=\frac{-(-1)\pm\sqrt{(-1)^2-4\times1\times(-1)}}{2\times1}$$

$$=\frac{1\pm\sqrt{5}}{2}$$

答　$\boldsymbol{x=\frac{1\pm\sqrt{5}}{2}}$

(8)　$6x^2+x-1=0$

解の公式に $a=6$, $b=1$, $c=-1$

を代入すると

$$x=\frac{-1\pm\sqrt{1^2-4\times6\times(-1)}}{2\times6}$$

$$=\frac{-1\pm\sqrt{25}}{12}$$

$$=\frac{-1\pm5}{12}$$

答　$\boldsymbol{x=\frac{1}{3},\ x=-\frac{1}{2}}$

補充問題19　次の方程式を解きなさい。(教科書P.237)

(1)　$x^2+x-1=0$　　(2)　$3x^2-x-1=0$

(3)　$x^2+6x-3=0$　　(4)　$x^2+4x+2=0$

(5)　$2x^2-2x-3=0$　　(6)　$2x^2+9x+9=0$

(7)　$4x^2+x-3=0$　　(8)　$12x^2-7x+1=0$

▶解答

(1)　解の公式に $a=1$, $b=1$, $c=-1$

を代入すると

$$x=\frac{-1\pm\sqrt{1^2-4\times1\times(-1)}}{2\times1}$$

$$=\frac{-1\pm\sqrt{5}}{2}$$

答　$\boldsymbol{x=\frac{-1\pm\sqrt{5}}{2}}$

(2)　解の公式に $a=3$, $b=-1$, $c=-1$

を代入すると

$$x=\frac{-(-1)\pm\sqrt{(-1)^2-4\times3\times(-1)}}{2\times3}$$

$$=\frac{1\pm\sqrt{13}}{6}$$

答　$\boldsymbol{x=\frac{1\pm\sqrt{13}}{6}}$

(3)　解の公式に $a=1$, $b=6$, $c=-3$

を代入すると

$$x=\frac{-6\pm\sqrt{6^2-4\times1\times(-3)}}{2\times1}$$

$$=\frac{-6\pm\sqrt{48}}{2}$$

$$=\frac{-6\pm4\sqrt{3}}{2}$$

$$=-3\pm2\sqrt{3}$$

答　$\boldsymbol{x=-3\pm2\sqrt{3}}$

(4)　解の公式に $a=1$, $b=4$, $c=2$

を代入すると

$$x=\frac{-4\pm\sqrt{4^2-4\times1\times2}}{2\times1}$$

$$=\frac{-4\pm\sqrt{8}}{2}$$

$$=\frac{-4\pm2\sqrt{2}}{2}$$

$$=-2\pm\sqrt{2}$$

答　$\boldsymbol{x=-2\pm\sqrt{2}}$

(5)　解の公式に $a=2$，$b=-2$，$c=-3$ を代入すると

$$x=\frac{-(-2)\pm\sqrt{(-2)^2-4\times2\times(-3)}}{2\times2}$$
$$=\frac{2\pm\sqrt{28}}{4}$$
$$=\frac{2\pm2\sqrt{7}}{4}$$
$$=\frac{1\pm\sqrt{7}}{2}$$

答　$\boldsymbol{x=\frac{1\pm\sqrt{7}}{2}}$

(6)　解の公式に $a=2$，$b=9$，$c=9$ を代入すると

$$x=\frac{-9\pm\sqrt{9^2-4\times2\times9}}{2\times2}$$
$$=\frac{-9\pm\sqrt{9}}{4}$$
$$=\frac{-9\pm3}{4}$$

答　$\boldsymbol{x=-\frac{3}{2}}$，$\boldsymbol{x=-3}$

(7)　解の公式に $a=4$，$b=1$，$c=-3$ を代入すると

$$x=\frac{-1\pm\sqrt{1^2-4\times4\times(-3)}}{2\times4}$$
$$=\frac{-1\pm\sqrt{49}}{8}$$
$$=\frac{-1\pm7}{8}$$

答　$\boldsymbol{x=\frac{3}{4}}$，$\boldsymbol{x=-1}$

(8)　解の公式に $a=12$，$b=-7$，$c=1$ を代入すると

$$x=\frac{-(-7)\pm\sqrt{(-7)^2-4\times12\times1}}{2\times12}$$
$$=\frac{7\pm\sqrt{1}}{24}$$
$$=\frac{7\pm1}{24}$$

答　$\boldsymbol{x=\frac{1}{3}}$，$\boldsymbol{x=\frac{1}{4}}$

補充問題20　次の方程式を解きなさい。(教科書P.237)

(1)　$x^2+18x+81=0$
(2)　$x^2-10x+20=0$
(3)　$(x-9)^2=3$
(4)　$x^2-2x-15=0$
(5)　$3x^2-4x+1=0$
(6)　$(x+6)^2=36$
(7)　$x^2-6x-3=0$
(8)　$x^2+7x+7=0$

▶解答

(1)　$x^2+18x+81=0$

$(x+9)^2=0$

$x=-9$

答　$\boldsymbol{x=-9}$

(2)　解の公式に $a=1$，$b=-10$，$c=20$ を代入すると

$$x=\frac{-(-10)\pm\sqrt{(-10)^2-4\times1\times20}}{2\times1}$$
$$=\frac{10\pm\sqrt{20}}{2}$$
$$=\frac{10\pm2\sqrt{5}}{2}$$
$$=5\pm\sqrt{5}$$

答　$\boldsymbol{x=5\pm\sqrt{5}}$

(3)　$(x-9)^2=3$

$x-9=\pm\sqrt{3}$

$x=9\pm\sqrt{3}$

答　$\boldsymbol{x=9\pm\sqrt{3}}$

(4)　$x^2-2x-15=0$

$(x+3)(x-5)=0$

$x+3=0$　または　$x-5=0$

$x=-3$，$x=5$

答　$\boldsymbol{x=-3}$，$\boldsymbol{x=5}$

(5)　解の公式に$a=3$，$b=-4$，$c=1$
を代入すると

$$x=\frac{-(-4)\pm\sqrt{(-4)^2-4\times3\times1}}{2\times3}$$
$$=\frac{4\pm\sqrt{4}}{6}$$
$$=\frac{4\pm2}{6}$$

答　$\boldsymbol{x=1,\ x=\frac{1}{3}}$

(6)　$(x+6)^2=36$

$$x+6=\pm6$$
$$x=-6\pm6$$

答　$\boldsymbol{x=0,\ x=-12}$

(7)　解の公式に$a=1$，$b=-6$，$c=-3$
を代入すると

$$x=\frac{-(-6)\pm\sqrt{(-6)^2-4\times1\times(-3)}}{2\times1}$$
$$=\frac{6\pm\sqrt{48}}{2}$$
$$=\frac{6\pm4\sqrt{3}}{2}$$
$$=3\pm2\sqrt{3}$$

答　$\boldsymbol{x=3\pm2\sqrt{3}}$

(8)　解の公式に$a=1$，$b=7$，$c=7$
を代入すると

$$x=\frac{-7\pm\sqrt{7^2-4\times1\times7}}{2\times1}$$
$$=\frac{-7\pm\sqrt{21}}{2}$$

答　$\boldsymbol{x=\frac{-7\pm\sqrt{21}}{2}}$

5　いろいろな2次方程式

基本事項ノート

➔いろいろな2次方程式

2次方程式を分配法則や乗法公式を使って$ax^2+bx+c=0$の形に変形してから解くことができる。

問1　次の方程式を解きなさい。

(1)　$(x+2)(x-9)=-30$　　(2)　$(x-4)^2=2x-9$

(3)　$x^2+5(x-1)=3$　　(4)　$(x+3)^2+6(x+3)-7=0$

考え方　(1)の左辺を乗法公式[1]を使って展開し，$ax^2+bx+c=0$の形に変形する。
(2)の左辺を乗法公式[3]を使って展開し，$ax^2+bx+c=0$の形に変形する。
(3)の左辺を分配法則を使って展開し，$ax^2+bx+c=0$の形に変形する。
(4)の左辺を乗法公式[2]と分配法則を使って展開し，$ax^2+bx+c=0$の形に変形する。

▶解答　(1)　$(x+2)(x-9)=-30$

$$x^2-7x-18=-30$$
$$x^2-7x+12=0$$
$$(x-3)(x-4)=0$$
$$x=3,\ x=4$$

答　$\boldsymbol{x=3,\ x=4}$

(2)　$(x-4)^2=2x-9$

$$x^2-8x+16=2x-9$$
$$x^2-10x+25=0$$
$$(x-5)^2=0$$
$$x=5$$

答　$\boldsymbol{x=5}$

(3) $x^2+5(x-1)=3$

$x^2+5x-5=3$

$x^2+5x-8=0$

解の公式に $a=1$, $b=5$, $c=-8$ を代入すると

$x=\dfrac{-5\pm\sqrt{5^2-4\times1\times(-8)}}{2\times1}$

$=\dfrac{-5\pm\sqrt{57}}{2}$ 答 $\boldsymbol{x=\dfrac{-5\pm\sqrt{57}}{2}}$

(4) $(x+3)^2+6(x+3)-7=0$

$x^2+6x+9+6x+18-7=0$

$x^2+12x+20=0$

$(x+2)(x+10)=0$

$x=-2$, $x=-10$

答 $\boldsymbol{x=-2}$, $\boldsymbol{x=-10}$

▶別解 (4) $(x+3)^2+6(x+3)-7=0$

$M^2+6M-7=0$

$(M+7)(M-1)=0$

$(x+3+7)(x+3-1)=0$

$(x+10)(x+2)=0$

$x=-10$, $x=-2$ 答 $\boldsymbol{x=-10}$, $\boldsymbol{x=-2}$

問2 xについての2次方程式$x^2+ax-15=0$の解の1つが3であるとき，aの値を求めなさい。また，この方程式のもう1つの解を求めなさい。

考え方 2次方程式$x^2+ax-15=0$に，$x=3$を代入し，aについての方程式を解く。

▶解答 $x^2+ax-15=0$に$x=3$を代入すると

$3^2+3a-15=0$

$3a=6$

$a=2$

$x^2+ax-15=0$に$a=2$を代入すると

$x^2+2x-15=0$

$(x+5)(x-3)=0$

$x+5=0$ または $x-3=0$

$x=-5$, $x=3$

答 **$a=2$，もう1つの解は-5**

補充問題21 次の方程式を解きなさい。(教科書P.237)

(1) $(x+5)(x+4)=6$ (2) $(x+4)(x-7)=-10$

(3) $(x-1)^2=6x-15$ (4) $x^2+5(x+1)=2$

(5) $x^2+3(x-2)=-4$ (6) $x^2-8(x-2)=1$

(7) $(x+2)^2+4(x+2)-5=0$ (8) $(x+5)^2+3(x+5)+2=0$

▶解答 (1) $(x+5)(x+4)=6$

$x^2+9x+20=6$

$x^2+9x+14=0$

$(x+2)(x+7)=0$

$x=-2$, $x=-7$ 答 $\boldsymbol{x=-2}$, $\boldsymbol{x=-7}$

(2) $(x+4)(x-7)=-10$

$x^2-3x-28=-10$

$x^2-3x-18=0$

$(x+3)(x-6)=0$

$x=-3$, $x=6$ 答 $\boldsymbol{x=-3}$, $\boldsymbol{x=6}$

(3)
$$(x-1)^2=6x-15$$
$$x^2-2x+1=6x-15$$
$$x^2-8x+16=0$$
$$(x-4)^2=0$$
$$x=4$$
答　$\boldsymbol{x=4}$

(4)
$$x^2+5(x+1)=2$$
$$x^2+5x+5=2$$
$$x^2+5x+3=0$$
解の公式に $a=1$, $b=5$, $c=3$ を代入すると
$$x=\frac{-5\pm\sqrt{5^2-4\times1\times3}}{2\times1}=\frac{-5\pm\sqrt{13}}{2}$$
答　$\boldsymbol{x=\dfrac{-5\pm\sqrt{13}}{2}}$

(5)
$$x^2+3(x-2)=-4$$
$$x^2+3x-6=-4$$
$$x^2+3x-2=0$$
解の公式に $a=1$, $b=3$, $c=-2$ を代入すると
$$x=\frac{-3\pm\sqrt{3^2-4\times1\times(-2)}}{2\times1}=\frac{-3\pm\sqrt{17}}{2}$$
答　$\boldsymbol{x=\dfrac{-3\pm\sqrt{17}}{2}}$

(6)
$$x^2-8(x-2)=1$$
$$x^2-8x+16=1$$
$$x^2-8x+15=0$$
$$(x-3)(x-5)=0$$
$$x=3,\ x=5$$
答　$\boldsymbol{x=3,\ x=5}$

(7)
$$(x+2)^2+4(x+2)-5=0$$
$$x^2+4x+4+4x+8-5=0$$
$$x^2+8x+7=0$$
$$(x+1)(x+7)=0$$
$$x=-1,\ x=-7$$
答　$\boldsymbol{x=-1,\ x=-7}$

(8)
$$(x+5)^2+3(x+5)+2=0$$
$$x^2+10x+25+3x+15+2=0$$
$$x^2+13x+42=0$$
$$(x+6)(x+7)=0$$
$$x=-6,\ x=-7$$
答　$\boldsymbol{x=-6,\ x=-7}$

基本の問題

1　次の2次方程式で，〔　〕の中の数はその解であるか調べなさい。
(1)　$x^2+5x+2=0$〔4〕　　(2)　$(x+2)^2=0$〔-2〕

▶解答
(1)
$$(\text{左辺})=x^2+5x+2=4^2+5\times4+2=16+20+2=38$$
$$(\text{右辺})=0$$
答　**解でない。**

(2)
$$(\text{左辺})=(x+2)^2=(-2+2)^2=0^2=0$$
$$(\text{右辺})=0$$
答　**解である。**

2　次の方程式を解きなさい。
(1)　$(x+1)(x+9)=0$　　(2)　$y^2+5y=0$
(3)　$x^2+9x+14=0$　　(4)　$x^2+x-30=0$
(5)　$a^2-7a+6=0$　　(6)　$a^2-81=0$
(7)　$x^2-8x=33$　　(8)　$x^2-14x+49=0$

▶解答

(1) $(x+1)(x+9)=0$

$x=-1,\ x=-9$

答　$\boldsymbol{x=-1,\ x=-9}$

(2) $y^2+5y=0$

$y(y+5)=0$

$y=0,\ y=-5$

答　$\boldsymbol{y=0,\ x=-5}$

(3) $x^2+9x+14=0$

$(x+2)(x+7)=0$

$x=-2,\ x=-7$

答　$\boldsymbol{x=-2,\ x=-7}$

(4) $x^2+x-30=0$

$(x-5)(x+6)=0$

$x=5,\ x=-6$

答　$\boldsymbol{x=5,\ x=-6}$

(5) $a^2-7a+6=0$

$(a-1)(a-6)=0$

$a=1,\ a=6$

答　$\boldsymbol{a=1,\ a=6}$

(6) $a^2-81=0$

$(a+9)(a-9)=0$

$a=-9,\ a=9$

答　$\boldsymbol{a=\pm 9}$

(7) $x^2-8x=33$

$x^2-8x-33=0$

$(x+3)(x-11)=0$

$x=-3,\ x=11$

答　$\boldsymbol{x=-3,\ x=11}$

(8) $x^2-14x+49=0$

$(x-7)^2=0$

$x=7$

答　$\boldsymbol{x=7}$

3　次の方程式を解きなさい。

(1) $x^2-3=0$　　(2) $a^2-8=0$

(3) $5a^2-35=0$　　(4) $4x^2-1=0$

(5) $(x-1)^2-5=0$　　(6) $(x+6)^2-12=0$

▶解答

(1) $x^2-3=0$

$x^2=3$

$x=\pm\sqrt{3}$

答　$\boldsymbol{x=\pm\sqrt{3}}$

(2) $a^2-8=0$

$a^2=8$

$a=\pm\sqrt{8}$

$a=\pm 2\sqrt{2}$

答　$\boldsymbol{a=\pm 2\sqrt{2}}$

(3) $5a^2-35=0$

$5a^2=35$

$a^2=7$

$a=\pm\sqrt{7}$

答　$\boldsymbol{a=\pm\sqrt{7}}$

(4) $4x^2-1=0$

$4x^2=1$

$x^2=\dfrac{1}{4}$

$x=\pm\dfrac{1}{2}$

答　$\boldsymbol{x=\pm\dfrac{1}{2}}$

(5) $(x-1)^2-5=0$

$(x-1)^2=5$

$x-1=\pm\sqrt{5}$

$x=1\pm\sqrt{5}$

答　$\boldsymbol{x=1\pm\sqrt{5}}$

(6) $(x+6)^2-12=0$

$(x+6)^2=12$

$x+6=\pm\sqrt{12}$

$x+6=\pm 2\sqrt{3}$

$x=-6\pm 2\sqrt{3}$

答　$\boldsymbol{x=-6\pm 2\sqrt{3}}$

4 次の方程式を解きなさい。

(1) $2x^2+5x+1=0$　(2) $x^2-7x+11=0$

(3) $x^2-3x-9=0$　(4) $x^2+6x+3=0$

(5) $x^2-2x-1=0$　(6) $2x^2+4x-7=0$

(7) $3x^2-4x+1=0$　(8) $4x^2+7x=2$

▶解答

(1) 解の公式に $a=2$, $b=5$, $c=1$ を代入すると

$$x=\frac{-5\pm\sqrt{5^2-4\times2\times1}}{2\times2}=\frac{-5\pm\sqrt{17}}{4}$$

答　$\boldsymbol{x=\frac{-5\pm\sqrt{17}}{4}}$

(2) 解の公式に $a=1$, $b=-7$, $c=11$ を代入すると

$$x=\frac{-(-7)\pm\sqrt{(-7)^2-4\times1\times11}}{2\times1}=\frac{7\pm\sqrt{5}}{2}$$

答　$\boldsymbol{x=\frac{7\pm\sqrt{5}}{2}}$

(3) 解の公式に $a=1$, $b=-3$, $c=-9$ を代入すると

$$x=\frac{-(-3)\pm\sqrt{(-3)^2-4\times1\times(-9)}}{2\times1}=\frac{3\pm\sqrt{45}}{2}=\frac{3\pm3\sqrt{5}}{2}$$

答　$\boldsymbol{x=\frac{3\pm3\sqrt{5}}{2}}$

(4) 解の公式に $a=1$, $b=6$, $c=3$ を代入すると

$$x=\frac{-6\pm\sqrt{6^2-4\times1\times3}}{2\times1}=\frac{-6\pm\sqrt{24}}{2}=\frac{-6\pm2\sqrt{6}}{2}=-3\pm\sqrt{6}$$

答　$\boldsymbol{x=-3\pm\sqrt{6}}$

(5) 解の公式に $a=1$, $b=-2$, $c=-1$ を代入すると

$$x=\frac{-(-2)\pm\sqrt{(-2)^2-4\times1\times(-1)}}{2\times1}=\frac{2\pm\sqrt{8}}{2}=\frac{2\pm2\sqrt{2}}{2}=1\pm\sqrt{2}$$

答　$\boldsymbol{x=1\pm\sqrt{2}}$

(6) 解の公式に $a=2$, $b=4$, $c=-7$ を代入すると

$$x=\frac{-4\pm\sqrt{4^2-4\times2\times(-7)}}{2\times2}=\frac{-4\pm\sqrt{72}}{4}=\frac{-4\pm6\sqrt{2}}{4}=\frac{-2\pm3\sqrt{2}}{2}$$

答　$\boldsymbol{x=\frac{-2\pm3\sqrt{2}}{2}}$

(7) 解の公式に $a=3$, $b=-4$, $c=1$ を代入すると

$$x=\frac{-(-4)\pm\sqrt{(-4)^2-4\times3\times1}}{2\times3}=\frac{4\pm\sqrt{4}}{6}=\frac{4\pm2}{6}$$

答　$\boldsymbol{x=1,\ x=\frac{1}{3}}$

(8) $4x^2+7x=2$

$4x^2+7x-2=0$

解の公式に $a=4$, $b=7$, $c=-2$ を代入すると

$$x=\frac{-7\pm\sqrt{7^2-4\times4\times(-2)}}{2\times4}=\frac{-7\pm\sqrt{81}}{8}=\frac{-7\pm9}{8}$$

答　$\boldsymbol{x=\frac{1}{4},\ x=-2}$

(5) 次の方程式を解きなさい。

(1) $(x+2)(x+6)=5$　　(2) $(x-3)^2=2x+1$

(3) $x^2+4(x-1)=1$　　(4) $(x-4)^2+3(x-4)-10=0$

▶解答

(1) $(x+2)(x+6)=5$

$x^2+8x+12=5$

$x^2+8x+7=0$

$(x+1)(x+7)=0$

$x=-1,\ x=-7$

答　$\boldsymbol{x=-1,\ -7}$

(2) $(x-3)^2=2x+1$

$x^2-6x+9=2x+1$

$x^2-8x+8=0$

解の公式に $a=1,\ b=-8,\ c=8$ を代入すると

$$x=\frac{-(-8)\pm\sqrt{(-8)^2-4\times1\times8}}{2\times1}$$

$$=\frac{8\pm\sqrt{32}}{2}$$

$$=\frac{8\pm4\sqrt{2}}{2}$$

$$=4\pm2\sqrt{2}$$

答　$\boldsymbol{x=4\pm2\sqrt{2}}$

(3) $x^2+4(x-1)=1$

$x^2+4x-4=1$

$x^2+4x-5=0$

$(x-1)(x+5)=0$

$x=1,\ x=-5$

答　$\boldsymbol{x=1,\ x=-5}$

(4) $(x-4)^2+3(x-4)-10=0$

$x^2-8x+16+3x-12-10=0$

$x^2-5x-6=0$

$(x+1)(x-6)=0$

$x=-1,\ x=6$

または，$x-4$ を M として

$M^2+3M-10=0$

$(M+5)(M-2)=0$

$(x-4+5)(x-4-2)=0$

$(x+1)(x-6)=0$

$x=-1,\ x=6$

答　$\boldsymbol{x=-1,\ x=6}$

2節　2次方程式の活用

1　2次方程式の活用

基本事項ノート

➔方程式を使って問題を解く手順

1. 何をxで表すかを決める。
2. 問題にふくまれる数量を，xを使って表す。
3. 等しい関係に着目して，方程式(2次方程式)をつくる。
4. 方程式を解く。
5. 方程式の解が，問題にあうかどうかを確かめる。

例　縦が横より2m短い長方形の土地があります。この土地の面積が24m^2のとき，縦の長さを求めなさい。

(解)　縦の長さをxmとすると，横の長さは$(x+2)$mと表される。

$$x(x+2)=24$$
$$x^2+2x=24$$
$$x^2+2x-24=0$$
$$(x+6)(x-4)=0$$
$$x=-6,\ x=4$$

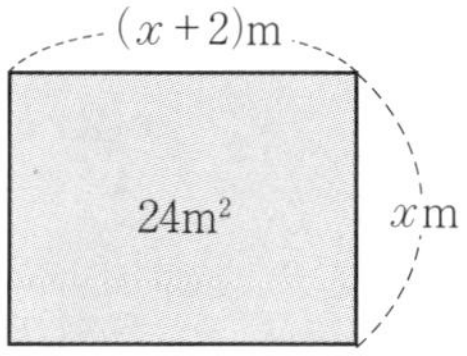

縦の長さは正の数だから，$x=-6$は問題にあわない。$x=4$は問題にあう。

答　**4m**

注　2次方程式を使って問題を解いたときは，その方程式の解がそのまま問題の答えにならないことがあるので，方程式の解が問題にあうかどうかを確かめる必要がある。

問1　次の問いに答えなさい。

(1)　ある正の数から3をひいて，これをもとの数にかけると28になるとき，この正の数を求めなさい。

(2)　ある整数に3を加えて，これを2乗すると25になるとき，この整数を求めなさい。

▶解答　(1)　ある正の数をxとすると　$x(x-3)=28$

$$x^2-3x=28$$
$$x^2-3x-28=0$$
$$(x+4)(x-7)=0$$
$$x=-4,\ x=7$$

xは正の数だから，$x=-4$は問題にあわない。$x=7$は問題にあう。　答　**7**

(2)　ある整数をxとすると　　$(x+3)^2=25$

$$x+3=\pm 5$$

$$x=-3\pm 5$$

$$x=2,\ x=-8$$

$x=2$のとき$(2+3)^2=5^2=25$，$x=-8$のとき$(-8+3)^2=(-5)^2=25$となり，どちらも問題にあう。

答　**2，−8**

注　何をxで表すかをまず考える。

問2　横の長さが縦の長さの2倍である長方形の畑に，右の図のような一定の幅(はば)の道をつくったところ，残りの畑の面積は180m^{2}になりました。
もとの畑の縦と横の長さを求めなさい。

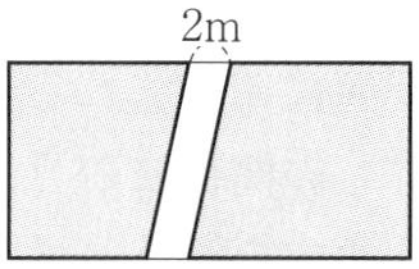

考え方　左右の畑をくっつけると長方形ができる。
縦の長さをxmとすると，横の長さは$(2x-2)$mと表される。

▶解答　縦の長さをxmとすると横の長さは2xmとなるが，左右をくっつけて畑だけを考えると，横の長さは$(2x-2)$mとなる。

$x(2x-2)=180$

$2x^2-2x-180=0$

$x^2-x-90=0$

$(x+9)(x-10)=0$

$x=-9,\ x=10$

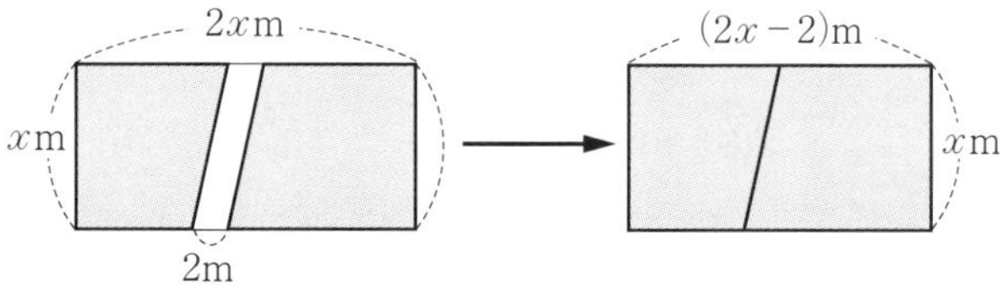

縦の長さは1mより長いから，$x=-9$は問題にあわない。

$x=10$のとき，縦の長さ10m，横の長さ$10\times 2=20$(m)となり，問題にあう。

答　**縦10m，横20m**

問3　幅22cmの紙を右の図のように折り曲げて，色のついた部分の長方形の面積を56cm^{2}にします。
紙の端(はし)から何cmの所を折ればよいですか。

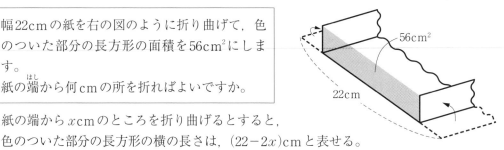

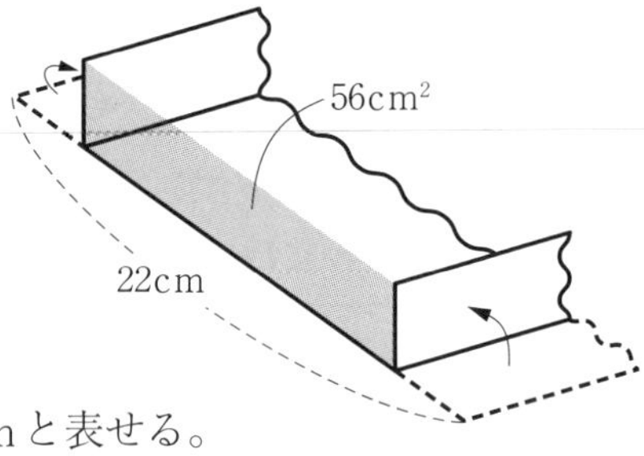

▶解答　紙の端から$x$cmのところを折り曲げるとすると，
色のついた部分の長方形の横の長さは，$(22-2x)$cmと表せる。

$x(22-2x)=56$

$22x-2x^2=56$

$2x^2-22x+56=0$

$x^2-11x+28=0$

$(x-4)(x-7)=0$

$x=4,\ x=7$

$0<x<11$だから，どちらも問題にあう。

答　**4cm，7cm**

考えよう　（理由）　**点Pは辺AB上にあるから$0<AP<20$**
したがって，$0<x<20$

> **問4**　**例3**で，△APQの面積が$32cm^2$となるのは，APが何cmのときか求めなさい。

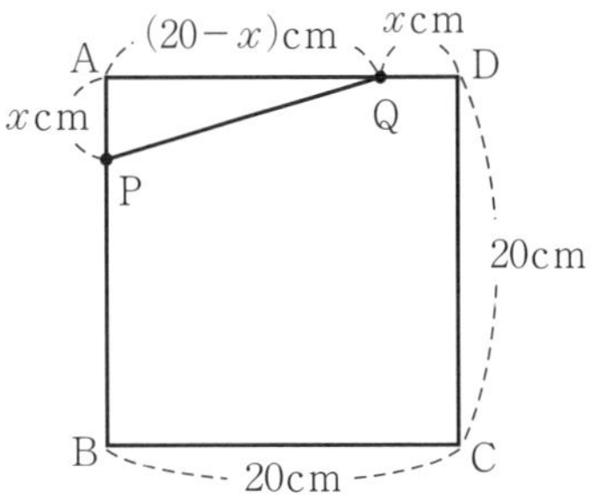

▶解答　AP=$x$cmすると

$$\frac{1}{2}x(20-x)=32$$
$$x(20-x)=64$$
$$20x-x^2=64$$
$$-x^2+20x-64=0$$
$$x^2-20x+64=0$$
$$(x-4)(x-16)=0$$
$$x=4,\ x=16$$

$0<x<20$だから，$x=4$と$x=16$はどちらも問題にあう。

答　**4cm，16cm**

> **問5**　右の図の長方形ABCDで，DQの長さがAPの長さの2倍となる点P，Qを，それぞれ辺AB，DA上にとります。△APQの面積が$7cm^2$となるのは，APが何cmのときか求めなさい。

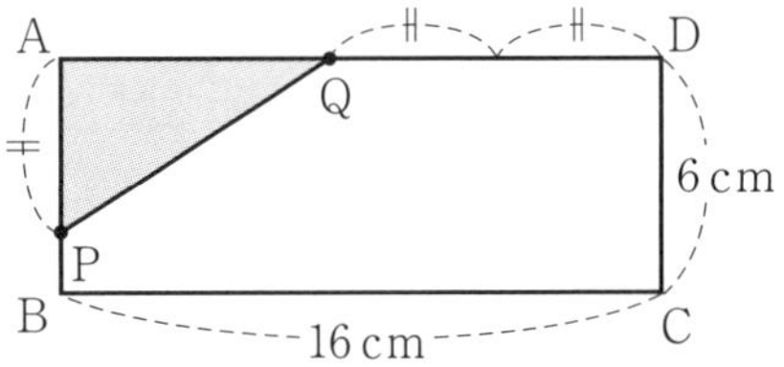

考え方　AP=$x$cmすると，DQ=2APより，DQ=$2x$cmだから，AQ=$(16-2x)$cmと表される。

▶解答　AP=$x$cmすると

$$\frac{1}{2}x(16-2x)=7$$
$$x(8-x)=7$$
$$8x-x^2=7$$
$$-x^2+8x-7=0$$
$$x^2-8x+7=0$$
$$(x-1)(x-7)=0$$
$$x=1,\ x=7$$

$0<x<6$だから，$x=7$は問題にあわない。$x=1$は問題にあう。

答　**1cm**

やってみよう

1　陸（りく）さんの考え方で，下線＿＿のように，試合数を20試合の半分とするのは，なぜですか。

▶解答　（理由）**自分以外の4人と1試合ずつするとき，A－BとB－Aは同じ組み合わせを表しているから，2試合ではなく，1試合である。**
したがって，同じ組み合わせを1試合と考えるから，下線＿＿のように，試合数を20試合の半分とする。

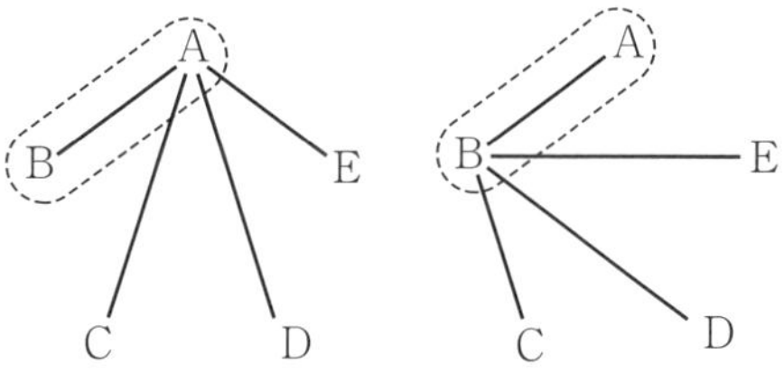

2　陸さんの考え方で，参加者が6人の場合の試合数を求めましょう。

▶解答　A～Fの6人が参加するとする場合，Aは自分以外の5人と1試合ずつするから，Aは5試合する。
他の5人も同じように，5試合ずつする。
6人がそれぞれ5試合ずつするから，
　$5\times6=30$(試合)
ただし，実際にする試合はその半分だから，全部で15試合である。

答　**15試合**

3　参加者がx人の場合の試合数を，xの式で表しましょう。

▶解答　参加者がx人とすると，1人あたり$(x-1)$試合する。
x人が$(x-1)$試合ずつするから，
　$(x-1)\times x=x(x-1)$(試合)
ただし，実際にする試合はその半分だから，全部で$\dfrac{x(x-1)}{2}$試合である。

答　$\dfrac{x(x-1)}{2}$**試合**

4　試合数が全部で55試合となるのは，参加者が何人の場合ですか。

▶解答　**3**より，$\dfrac{x(x-1)}{2}=55$
$$x(x-1)=110$$
$$x^2-x-110=0$$
$$(x-11)(x+10)=0$$
$x=11$，$x=-10$
$x>0$だから，$x=-10$は問題にあわない。$x=11$は問題にあう。　答　**11人**

3章の問題

1　次の2次方程式で，-4 は解であるか調べなさい。

(1)　$x^2=16$　(2)　$(x+4)^2=16$　(3)　$x^2-4x=0$

▶解答

(1)　(左辺)$=x^2=(-4)^2=16$　(右辺)$=16$　　答　**解である。**

(2)　(左辺)$=(x+4)^2=(-4+4)^2=0$　(右辺)$=16$　　答　**解でない。**

(3)　(左辺)$=x^2-4x=(-4)^2-4\times(-4)=16+16=32$

(右辺)$=0$　　答　**解でない。**

2　次の方程式を解きなさい。

(1)　$x(x+3)=0$　(2)　$5x^2-40x=0$　(3)　$x^2+3x+2=0$

(4)　$x^2-49=0$　(5)　$x^2-14x+45=0$　(6)　$x^2+14x+49=0$

(7)　$9x^2-5=0$　(8)　$2x^2-16=0$　(9)　$x^2+5x-2=0$

(10)　$x^2-8x+6=0$　(11)　$3x^2+4x-1=0$　(12)　$2x^2+3x-9=0$

▶解答

(1)　$x(x+3)=0$

$x=0,\ x=-3$

答　$\boldsymbol{x=0,\ x=-3}$

(2)　$5x^2-40x=0$

$5x(x-8)=0$

$x=0,\ x=8$

答　$\boldsymbol{x=0,\ x=8}$

(3)　$x^2+3x+2=0$

$(x+1)(x+2)=0$

$x=-1,\ x=-2$

答　$\boldsymbol{x=-1,\ x=-2}$

(4)　$x^2-49=0$

$(x+7)(x-7)=0$

$x=-7,\ x=7$

答　$\boldsymbol{x=\pm 7}$

(5)　$x^2-14x+45=0$

$(x-5)(x-9)=0$

$x=5,\ x=9$

答　$\boldsymbol{x=5,\ x=9}$

(6)　$x^2+14x+49=0$

$(x+7)^2=0$

$x+7=0$

$x=-7$　　答　$\boldsymbol{x=-7}$

(7)　$9x^2-5=0$

$9x^2=5$

$x^2=\dfrac{5}{9}$

$x=\pm\dfrac{\sqrt{5}}{3}$　　答　$\boldsymbol{x=\pm\dfrac{\sqrt{5}}{3}}$

(8)　$2x^2-16=0$

$2x^2=16$

$x^2=8$

$x=\pm\sqrt{8}$

$=\pm 2\sqrt{2}$　　答　$\boldsymbol{x=\pm 2\sqrt{2}}$

(9)　解の公式に $a=1,\ b=5,\ c=-2$

を代入すると

$$x=\frac{-5\pm\sqrt{5^2-4\times1\times(-2)}}{2\times1}$$

$$=\frac{-5\pm\sqrt{33}}{2}$$

答　$\boldsymbol{x=\dfrac{-5\pm\sqrt{33}}{2}}$

(10)　解の公式に $a=1,\ b=-8,\ c=6$

を代入すると

$$x=\frac{-(-8)\pm\sqrt{(-8)^2-4\times1\times6}}{2\times1}$$

$$=\frac{8\pm\sqrt{40}}{2}$$

$$=\frac{8\pm2\sqrt{10}}{2}$$

$=4\pm\sqrt{10}$　　答　$\boldsymbol{x=4\pm\sqrt{10}}$

(11) 解の公式に$a=3$, $b=4$, $c=-1$
を代入すると

$$x=\frac{-4\pm\sqrt{4^2-4\times3\times(-1)}}{2\times3}$$
$$=\frac{-4\pm\sqrt{28}}{6}$$
$$=\frac{-4\pm2\sqrt{7}}{6}$$
$$=\frac{-2\pm\sqrt{7}}{3}$$

答　$\boldsymbol{x=\frac{-2\pm\sqrt{7}}{3}}$

(12) 解の公式に$a=2$, $b=3$, $c=-9$
を代入すると

$$x=\frac{-3\pm\sqrt{3^2-4\times2\times(-9)}}{2\times2}$$
$$=\frac{-3\pm\sqrt{81}}{4}$$
$$=\frac{-3\pm9}{4}$$

答　$\boldsymbol{x=\frac{3}{2}}$, $\boldsymbol{x=-3}$

3　xについての2次方程式$x^2+ax-8=0$の解の1つが-2であるとき，aの値(あたい)を求めなさい。また，この方程式のもう1つの解を求めなさい。

▶解答　$x^2+ax-8=0$に$x=-2$を代入すると

$(-2)^2+a\times(-2)-8=0$
$-2a-4=0$
$-2a=4$
$a=-2$

$x^2+ax-8=0$に$a=-2$を代入すると

$x^2-2x-8=0$
$(x+2)(x-4)=0$
$x=-2$, $x=4$

答　**$a=-2$，もう1つの解は4**

4　ある整数を2乗すると，その数を2倍した数よりも24大きくなるといいます。この整数を求めなさい。

▶解答　ある整数をxとすると

$x^2=2x+24$
$x^2-2x-24=0$
$(x+4)(x-6)=0$
$x=-4$, $x=6$

xは整数だから，どちらも問題にあう。

答　**-4, 6**

5　高さが5cm，体積が25cm^{3}である正四角錐(すい)の底面の1辺の長さを求めなさい。

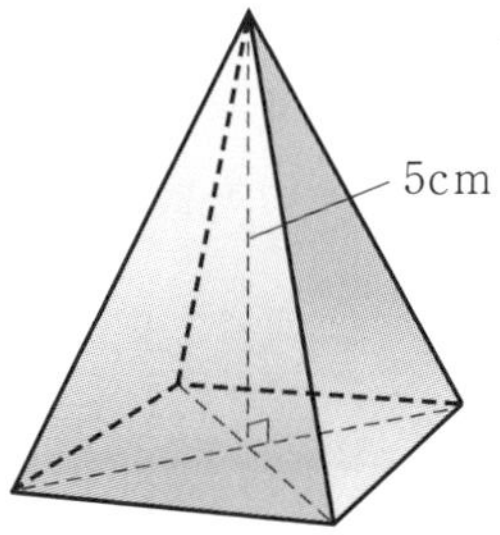

考え方　(角錐の体積)$=\frac{1}{3}\times$(底面積)$\times$(高さ)

▶解答　底面の1辺の長さを$x$cmとすると，底面積は$x\times x=x^2$(cm^2)
と表される。

$\frac{1}{3}\times x^2\times 5=25$

$x^2=15$

$x=\pm\sqrt{15}$

$x>0$だから，$x=-\sqrt{15}$は問題にあわない。$x=\sqrt{15}$は問題にあう。

答　**$\sqrt{15}$cm**

6　長さ10cmの線分AB上に点Pをとり，右の図のように，AP，BPをそれぞれ1辺とする2つの正方形をつくります。
2つの正方形の面積の和を68cm^{2}にするには，APを何cmにすればよいか求めなさい。ただし，AP<BPとします。

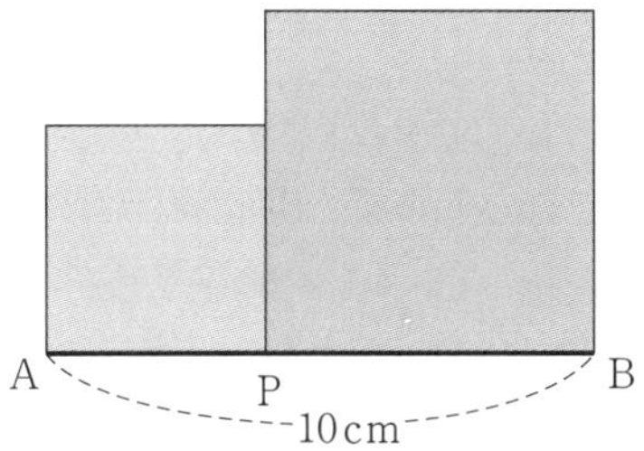

▶解答　APを$x$cmとすると，PB$=(10-x)$cmと表される。

$x^2+(10-x)^2=68$

$x^2+100-20x+x^2=68$

$x^2-10x+16=0$

$(x-2)(x-8)=0$

$x=2$，$x=8$

AP<BPだから，$x=8$は問題にあわない。$x=2$は問題にあう。　答　**2cm**

とりくんでみよう

1　次の方程式を解きなさい。

(1)　$x^2+4x+4=-4x+2$　(2)　$(x+3)(x-2)=2x$

(3)　$2(x+2)^2=(x+2)(x-2)$　(4)　$(x-6)^2-8(x-6)+16=0$

(5)　$\frac{1}{5}x^2+\frac{9}{5}=2x$　(6)　$(3x+1)(2x-1)=5(x^2-x-1)$

考え方　(1)は同類項をまとめて式を整理し，解の公式を使う。
(2)の左辺を乗法公式[1]を使って展開し，$ax^2+bx+c=0$の形に変形する。
(3)の左辺を乗法公式[2]，右辺を乗法公式[4]を使って展開し，$ax^2+bx+c=0$の形に変形する。
(4)の左辺を乗法公式[3]と分配法則使って展開し，$ax^2+bx+c=0$の形に変形する。
(5)の両辺に5をかけて係数が整数の方程式にする。

▶解答

(1) $x^2+4x+4=-4x+2$

$x^2+8x+2=0$

解の公式に $a=1$, $b=8$, $c=2$ を代入すると

$$x=\frac{-8\pm\sqrt{8^2-4\times1\times2}}{2\times1}$$

$$=\frac{-8\pm\sqrt{56}}{2}$$

$$=\frac{-8\pm2\sqrt{14}}{2}$$

$=-4\pm\sqrt{14}$ 答 $\boldsymbol{x=-4\pm\sqrt{14}}$

(2) $(x+3)(x-2)=2x$

$x^2+x-6=2x$

$x^2-x-6=0$

$(x+2)(x-3)=0$

$x=-2$, $x=3$

答 $\boldsymbol{x=-2,\ x=3}$

(3) $2(x+2)^2=(x+2)(x-2)$

$2(x^2+4x+4)=x^2-4$

$2x^2+8x+8=x^2-4$

$x^2+8x+12=0$

$(x+2)(x+6)=0$

$x=-2$, $x=-6$

答 $\boldsymbol{x=-2,\ x=-6}$

(4) $(x-6)^2-8(x-6)+16=0$

$x^2-12x+36-8x+48+16=0$

$x^2-20x-100=0$

$(x-10)^2=0$

$x=10$

答 $\boldsymbol{x=10}$

(5) $\frac{1}{5}x^2+\frac{9}{5}=2x$

$x^2+9=10x$

$x^2-10x+9=0$

$(x-1)(x-9)=0$

$x=1$, $x=9$

答 $\boldsymbol{x=1,\ x=9}$

(6) $(3x+1)(2x-1)=5(x^2-x-1)$

$6x^2-x-1=5x^2-5x-5$

$x^2+4x+4=0$

$(x+2)^2=0$

$x=-2$

答 $\boldsymbol{x=-2}$

2 横が縦より8cm長い長方形の紙があります。この紙の4すみから，1辺が4cmの正方形を切り取り，ふたのない直方体の容器をつくったところ，その容積が336cm³になりました。はじめの紙の縦と横の長さを求めなさい。

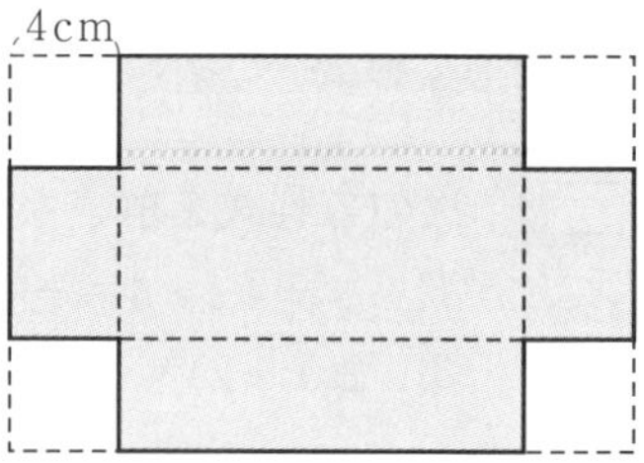

▶解答

縦の長さを$x$cmとすると，横の長さは$(x+8)$cmと表される。

このとき，箱の底面の縦の長さは，$x-4\times2=(x-8)$cm

箱の底面の横の長さは，$x+8-4\times2=x$cm 箱の高さは4cm

$(x-8)\times x\times4=336$

$(x-8)\times x=84$

$x^2-8x-84=0$

$(x+6)(x-14)=0$

$x=-6$, $x=14$

$x>8$だから，$x=-6$は問題にあわない。$x=14$は問題にあう。

答 **縦14cm，横22cm**

3　和也(かずや)さんは，次の問題を考えています。

縦が16m，横が20mの長方形の土地に，右の図のような同じ幅(はば)の道を縦と横につくり，残りの土地を畑にしました。この畑の面積が221m²のとき，道幅は何mですか。
ただし，道が交差する部分は正方形とします。

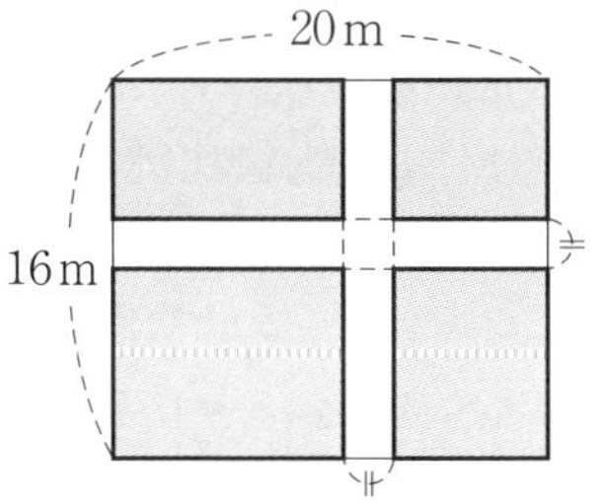

和也さんは，道幅をxmとして，次のような方程式をつくりました。

$$16x+20x-x^2=16\times20-221$$

この方程式の左辺と右辺は，どちらも道の面積を表しています。
右辺は，道の面積を，もとの土地の面積(16×20)m²から畑の面積221m²をひいて表しています。
左辺は，道の面積を，どのように表しているかを説明しなさい。
また，この方程式を解いて，上の問題の答えを求めなさい。

▶解答　(左辺の説明)　**縦の道の面積$16x$m²と横の道の面積$20x$m²を合計すると，$(16x+20x)$m²と表される。このとき，道が交差する部分の正方形の面積を2重にたしているので，その分x^2m²をひいて表すと，$(16x+20x-x^2)$m²になる。**

(問題の答え)

$$16x+20x-x^2=16\times20-221$$
$$36x-x^2=99$$
$$x^2-36x+99=0$$
$$(x-3)(x-33)=0$$
$$x=3,\ x=33$$

道幅は16mよりせまいから，$x=33$は問題にあわない。$x=3$は問題にあう。

答　**3m**

次の章を学ぶ前に

1　次の場合について，y を x の式で表しましょう。

(1)　y が x に比例し，$x=3$ のとき $y=6$ である。

(2)　y が x に反比例し，$x=2$ のとき $y=4$ である。

(3)　y が x の1次関数で，変化の割合は4である。
また，$x=0$ のとき $y=5$ である。

▶解答

(1)　y が x に比例するから，比例定数を a とすると $y=ax$

$x=3$ のとき $y=6$ だから

$6=a\times3$

$a=2$

したがって　$y=2x$　　答　$\boldsymbol{y=2x}$

(2)　y が x に反比例するから，比例定数を a とすると $y=\dfrac{a}{x}$

$x=2$ のとき $y=4$ だから

$4=\dfrac{a}{2}$

$a=8$

したがって　$y=\dfrac{8}{x}$　　答　$\boldsymbol{y=\dfrac{8}{x}}$

(3)　求める1次関数を $y=ax+b$ とする。

変化の割合が4だから　$a=4$

したがって　$y=4x+b$

$x=0$ のとき $y=5$ だから　$b=5$

したがって　$y=4x+5$　　答　$\boldsymbol{y=4x+5}$

2　次の図で，(1)の直線は比例，(2)の双曲線(そうきょくせん)は反比例，(3)の直線は1次関数のグラフです。それぞれ，y を x の式で表しましょう。

(1)

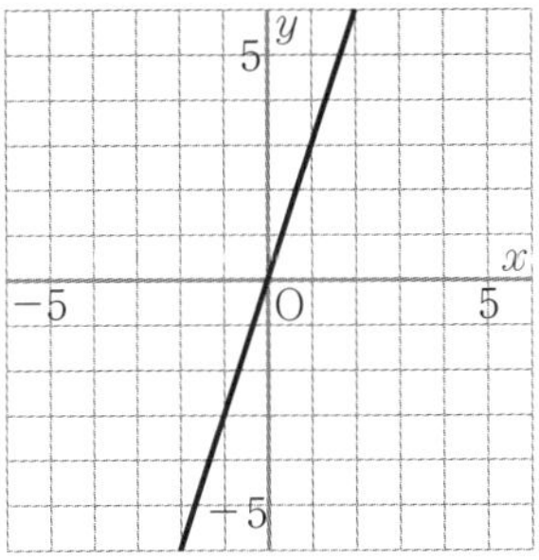

(2)

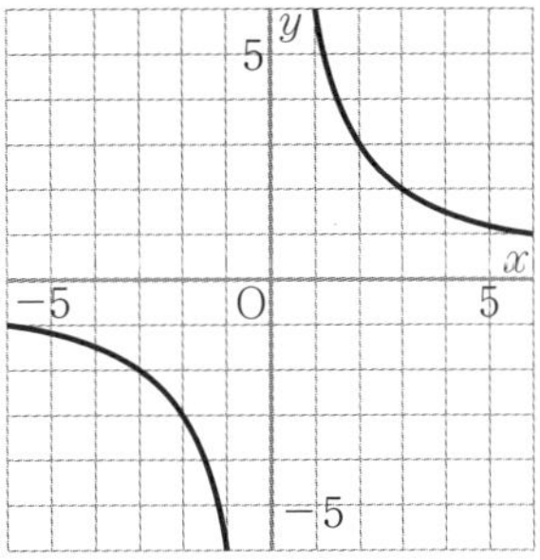

(3)

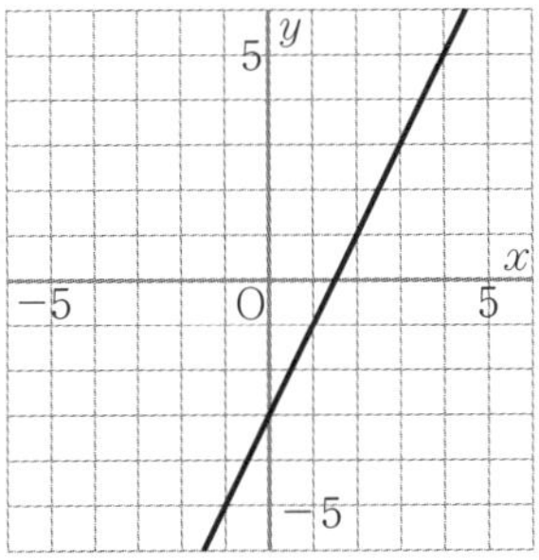

▶解答

(1)　y が x に比例するから，比例定数を a とすると $y=ax$

$x=1$ のとき $y=3$ だから

$3=a\times 1$

$a=3$

したがって　$y=3x$　　答　$\boldsymbol{y=3x}$

(2)　y が x に反比例するから，比例定数を a とすると $y=\dfrac{a}{x}$

$x=3$ のとき $y=2$ だから

$2=\dfrac{a}{3}$

$a=6$

したがって　$y=\dfrac{6}{x}$　　答　$\boldsymbol{y=\dfrac{6}{x}}$

(3)　求める1次関数を $y=ax+b$ とする。

この直線の切片は -3 だから $b=-3$

また，この直線は，点$(0,\ -3)$から右へ1進むと上へ2進むから，

直線の傾きは2である。

したがって $a=2$　　答　$\boldsymbol{y=2x-3}$

4章 関数 $y=ax^2$

この章について

今までにyがxに比例したり，反比例したりするものについて学習してきています。この章では，yがxの2乗に比例するものについて学習します。私たちの日常生活の周りに起こることで，このような変化の仕方をするものが多くあります。この章の学習によって，そのような「ものを見る目」が養われ，日常生活にも活用できるようにしましょう。

1節 関数 $y=ax^2$

1 2乗に比例する関数

基本事項ノート

➔2乗に比例する関数

yがxの関数で，その関係が次のような式で表されるとき，yはxの2乗に比例するという。

$y=ax^2$

このとき，aを比例定数という。

例 円の面積Sは半径rの関数で，$S=\pi r^2$と表されるから，円の面積Sは半径rの2乗に比例し，比例定数はπである。

Q 次の表は，教科書P.89の図のような斜面（しゃめん）でボールを転がしたときの，転がり始めてからの時間と，転がった距離の関係を表したものです。

x	0	1	2	3	4	5	…
y	0	2	8	18	32		…

このボールは，5秒後にはどこまで転がるでしょうか。
予想してみましょう。

▶解答 上の表から，yはx^2の2倍になっていると考えられる。
$x=5$のとき，$2\times5^2=50$(m)

答 **50m**

問1 上の表のxとyの関係は，比例，反比例，1次関数のうちのどれでもありません。これらの関数とは，どんなところがちがいますか。

▶解答　（例）・**比例では，xの値が2倍，3倍，…になると，yの値も2倍，3倍，…となるが，この関係は，そうではない。**
・**反比例では，xの値が2倍，3倍，…になると，yの値は$\frac{1}{2}$倍，$\frac{1}{3}$倍，…となるが，この関係は，そうではない。**
・**一次関数では，xの値が1増えるとき，yの値の増え方は一定となるが，この関係は，そうではない。**　など

問2　この斜面を転がるボールについて，xの値（あたい）に対応するx^2の値を次の表にかき入れましょう。x^2とyの間には，どのような関係がありますか。

▶解答

x	0	1	2	3	4	5	…
x^2	0	**1**	**4**	**9**	**16**	**25**	…
y	0	2	8	18	32	**50**	…

（例）・**yはx^2の2倍である。**
・**x^2とyは比例の関係にある。**など

問3　次の㋐～㋕の中から，yがxの2乗に比例するものをすべて選びなさい。また，その比例定数を答えなさい。

㋐　$y=3x^2$　㋑　$y=-x+1$　㋒　$y=2x$

㋓　$y=\frac{6}{x}$　㋔　$y=\frac{x^2}{4}$　㋕　$y=-x^2$

▶解答　**㋐，㋔，㋕**　比例定数㋐…**3**，㋔…$\frac{1}{4}$，㋕…-1

問4　立方体の1辺の長さを$x$cmとします。次の(1)～(3)のそれぞれの場合について，yをxの式で表しなさい。また，その式の形から，yがxに比例するもの，xの2乗に比例するもの，そのどちらでもないものに分けなさい。

(1)　すべての辺の長さの和を$y$cmとした場合
(2)　表面積を$y$cm^{2}とした場合
(3)　体積を$y$cm^{3}とした場合

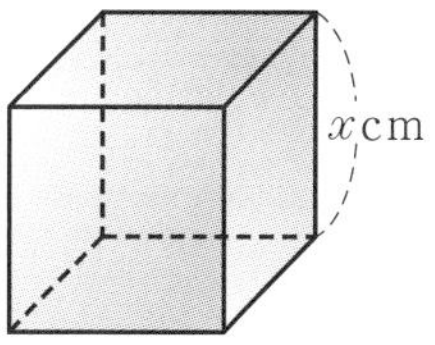

考え方　立方体の辺の数は12，面の数は6である。

▶解答
(1)　$y=x\times12=12x$　答　**$y=12x$，yがxに比例する。**
(2)　$y=x^2\times6=6x^2$　答　**$y=6x^2$，yがxの2乗に比例する。**
(3)　$y=x\times x\times x=x^3$　答　**$y=x^3$，どちらでもない。**

2　関数 $y=ax^2$ の性質

基本事項ノート

➔関数 $y=ax^2$ の性質

y が x の2乗に比例するとき，次のことが成り立つ。

1　x の値が m 倍になると，それに対応する y の値は m^2 倍になる。

2　$x \fallingdotseq 0$ のとき，x の各値とそれに対応する y の値について，$\dfrac{y}{x^2}$ の値は一定で，比例定数 a に等しい。

また，比例定数 a は，$x=1$ のときの y の値である。

Q　関数 $y=3x^2$ において，x の値(あたい)が2倍，3倍，4倍，…になると，それに対応する y の値は，それぞれ何倍になりますか。
次の表を使って調べましょう。

▶解答

x：2倍，3倍，4倍

x	…	−4	−3	−2	−1	0	1	2	3	4	…
x^2	…	**16**	**9**	**4**	**1**	0	**1**	**4**	**9**	**16**	…
y	…	**48**	**27**	**12**	**3**	0	**3**	**12**	**27**	**48**	…

y：**4** 倍，**9** 倍，**16** 倍

問1　**Q** の表で $x \fallingdotseq 0$ のとき，x の各値とそれに対応する y の値について，$\dfrac{y}{x^2}$ の値はそれぞれいくらになりますか。

▶解答

x^2	1	4	9	16	…
y	3	12	27	48	…
$\dfrac{y}{x^2}$	3	3	3	3	…

すべて3になる。

問2　**Q** と**問1**から，どんなことがわかりましたか。また，そのことは関数 $y=ax^2$ においても，いつも成り立ちますか。
$a=3$ 以外の場合についていろいろ調べて，調べた結果について話し合いましょう。

▶解答　（例）　$y=$ **−2** x^2

x	…	−4	−3	−2	−1	0	1	2	3	4	…
x^2	…	**16**	**9**	**4**	**1**	0	**1**	**4**	**9**	**16**	…
y	…	**−32**	**−18**	**−8**	**−2**	0	**−2**	**−8**	**−18**	**−32**	…

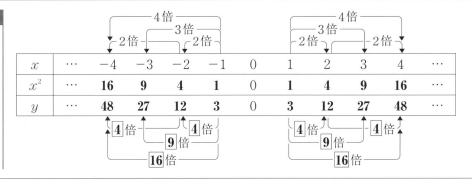

- **xの値が2倍，3倍，4倍，…になると，yの値は2^2倍，3^2倍，4^2倍，…となる。**
- **$\dfrac{y}{x^2}$の値は一定となり，その値はaと等しい。**　など

問3　半径が$x$cmの円について，次の(1)，(2)とした場合，xの値を5倍にすると，yの値は何倍になるかをそれぞれ求めなさい。
(1)　周の長さを$y$cmとした場合
(2)　面積を$y\text{cm}^2$とした場合

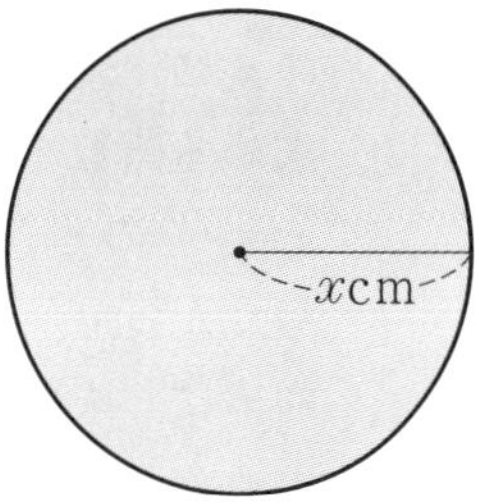

考え方　半径$x$cmの円の周の長さを$y$cmとすると，$y=2\pi x$
yはxに比例するから，xの値がm倍になると，それに対応するyの値はm倍になる。
半径$x$cmの円の面積を$y\text{cm}^2$とすると，$y=\pi x^2$
yはxの2乗に比例するから，xの値がm倍になると，それに対応するyの値はm^2倍になる。

▶解答　(1)　半径が5倍になると，円周の長さは5倍になる。　答　**5倍**
(2)　半径が5倍になると，円の面積は25倍になる。　答　**25倍**

例1　答　（順に）**6，3**

問4　**例1**の関数で，$x=-6$のときのyの値を求めなさい。また，$y=54$のときのxの値を求めなさい。

考え方　$y=\dfrac{2}{3}x^2$にx，yの値をそれぞれ代入して求める。

▶解答　$x=-6$のとき　$y=\dfrac{2}{3}\times(-6)^2=24$
$y=54$のとき　$54=\dfrac{2}{3}x^2$　$x^2=81$　$x=\pm 9$
答　$\boldsymbol{y=24,\ x=\pm 9}$

◀気をつけよう▶
$y=54$のときのxの値は正の数と負の数の2つがある。

問5　yがxの2乗に比例し，$x=-2$のとき$y=-12$です。yをxの式で表しなさい。また，$x=2$のときのyの値を求めなさい。

▶解答　求める関数を$y=ax^2$とする。
$x=-2$のとき$y=-12$だから　$-12=a\times(-2)^2$
したがって　$a=-3$
ゆえに，求める関数の式は　$y=-3x^2$
$x=2$のとき　$y=-3\times 2^2=-12$　答　$\boldsymbol{y=-3x^2,\ y=-12}$

補充問題22　yがxの2乗に比例し，次の条件を満たすとき，yをxの式で表しなさい。（教科書P.237）
(1)　$x=-2$のとき$y=16$である。
(2)　$x=-3$のとき$y=-9$である。
(3)　$x=5$のとき$y=10$である。

▶解答　(1)　求める関数を $y=ax^2$ とする。
$x=-2$ のとき $y=16$ だから　$16=a\times(-2)^2$
したがって　$a=4$
ゆえに，求める関数の式は $y=4x^2$　　答　$y=4x^2$

(2)　求める関数を $y=ax^2$ とする。
$x=-3$ のとき $y=-9$ だから　$-9=a\times(-3)^2$
したがって　$a=-1$
ゆえに，求める関数の式は　$y=-x^2$　　答　$y=-x^2$

(3)　求める関数を $y=ax^2$ とする。
$x=5$ のとき $y=10$ だから　$10=a\times5^2$
したがって　$a=\frac{2}{5}$
ゆえに，求める関数の式は　$y=\frac{2}{5}x^2$　　答　$y=\frac{2}{5}x^2$

補充問題23　関数 $y=-8x^2$ について，次の問いに答えなさい。（教科書P.237）
(1)　$x=2$ のときの y の値を求めなさい。
(2)　$y=-72$ のときの x の値を求めなさい。

▶解答　(1)　$x=2$ のとき　$y=-8\times2^2=-32$　　答　$y=-32$
(2)　$y=-72$ のとき　$-72=-8x^2$
$x^2=9$
$x=\pm3$　　答　$x=\pm3$

3　関数 $y=x^2$ のグラフ

基本事項ノート

➔関数 $y=x^2$ の特徴（とくちょう）
1　y 軸（じく）について対称（たいしょう）な曲線である。
2　原点を通り，上に開いた形である。

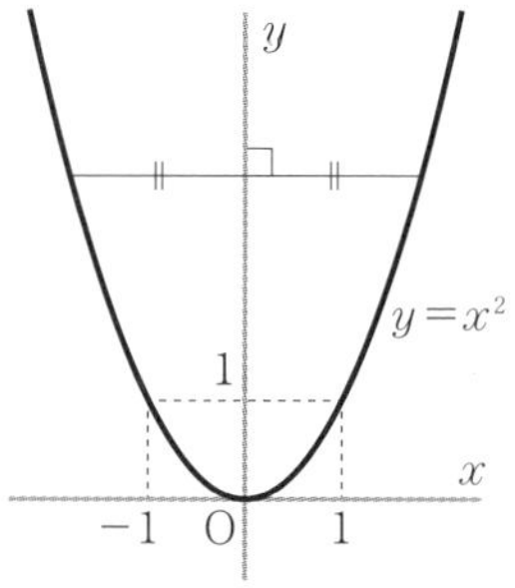

Q　次の表は，関数 $y=x^2$ について，x の値に対応する y の値を表したものです。この表の対応する x，y の値の組を座標とする点を，教科書94ページの図㋐にかきましょう。点は，どのように並ぶでしょうか。

x	-3	-2	-1	0	1	2	3
y	9	4	1	0	1	4	9

▶解答　㋐

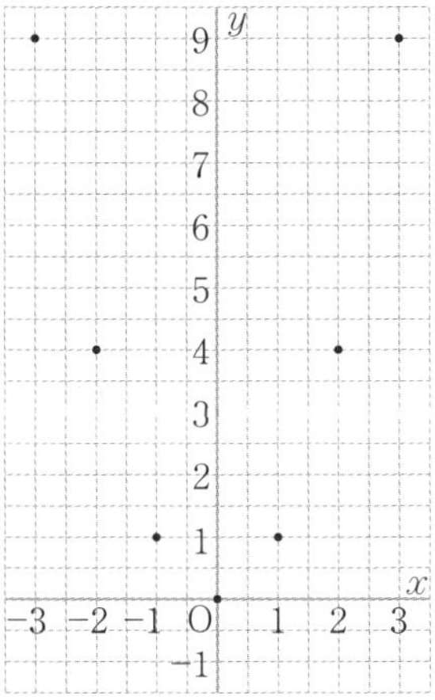

（例）・**点の並びが直線になっていない。**
・**点の並びが y 軸について対称である。**
・**x 軸より下側に点がない。**
など

❗注　比例や1次関数のグラフのように，一直線上に並んでいないから，となりあう点どうしを線分で結んではいけない。

問1　関数 $y=x^2$ について，x の値を -1 から1まで0.1きざみにとって x の値に対応する y の値を求め，次の表を完成しなさい。また，対応する x，y の値の組を座標とする点を，教科書P.95の図㋑にかきなさい。

▶解答

x	-1	-0.9	-0.8	-0.7	-0.6	-0.5	-0.4	-0.3	-0.2	-0.1
y	1	**0.81**	**0.64**	**0.49**	**0.36**	**0.25**	**0.16**	**0.09**	**0.04**	**0.01**

0	0.1	0.2	0.3	0.4	0.5	0.6	0.7	0.8	0.9	1
0	**0.01**	**0.04**	**0.09**	**0.16**	**0.25**	**0.36**	**0.49**	**0.64**	**0.81**	1

㋑

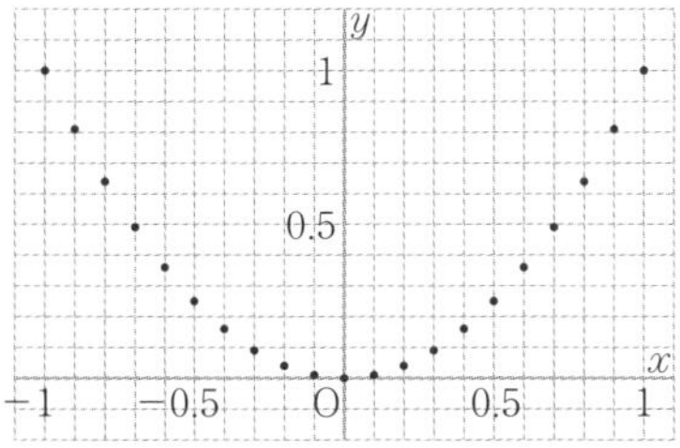

x，y の値の組を座標とする点は，左の図のとおり。

問2　関数 $y=x^2$ のグラフが，原点を通り，x 軸より下側にない理由を，式 $y=x^2$ をもとにして説明しなさい。

▶解答　（理由）**関数 $y=x^2$ について，$x=0$ のとき　$y=0^2=0$ だから，原点 $(0,\ 0)$ を通る。**
また，x が正の数のとき，$x^2>0$　同じように，x が負の数のとき，$x^2>0$
よって，式 $y=x^2$ は x が0以外のどんな数であっても y は正の数になる。
したがって，関数 $y=x^2$ のグラフは，原点を通り，x 軸より下側にない。

4　関数 $y=ax^2$ のグラフ

基本事項ノート

➔関数 $y=ax^2$ のグラフの特徴

1. y 軸について対称な曲線である。
2. 原点を通り，a の値によって，次のようになる。

① $a>0$ のときは上に開き，x 軸より下側にはない。

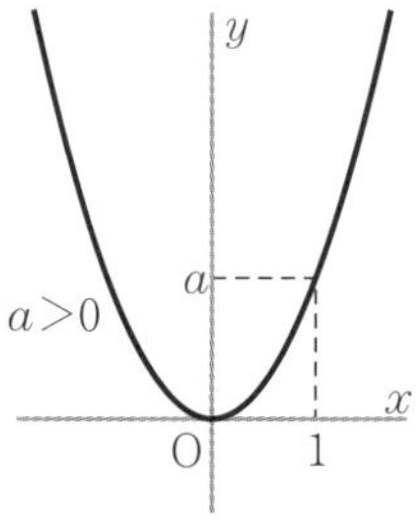

② $a<0$ のときは下に開き，x 軸より上側にはない。

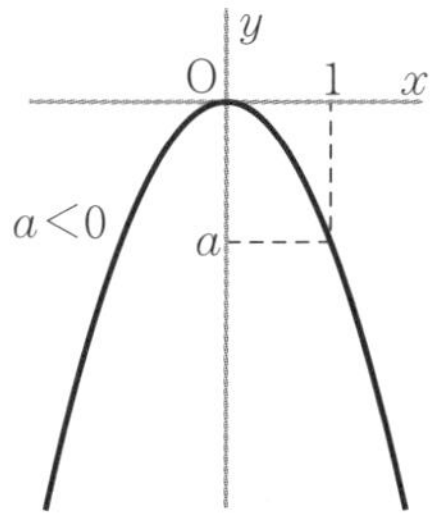

3. a の絶対値が大きいほど，グラフの開き方は小さくなる。
4. a の絶対値が等しく符号（ふごう）が異なる2つのグラフは，x 軸について対称である。

例　$y=ax^2$ で，x の各値について $x^2≧0$ だから
$a>0$ のとき $y≧0$
$a<0$ のとき $y≦0$

例　x の同じ値に対して，ax^2 の値と $-ax^2$ の値は，絶対値が等しく，符号が反対になっている。

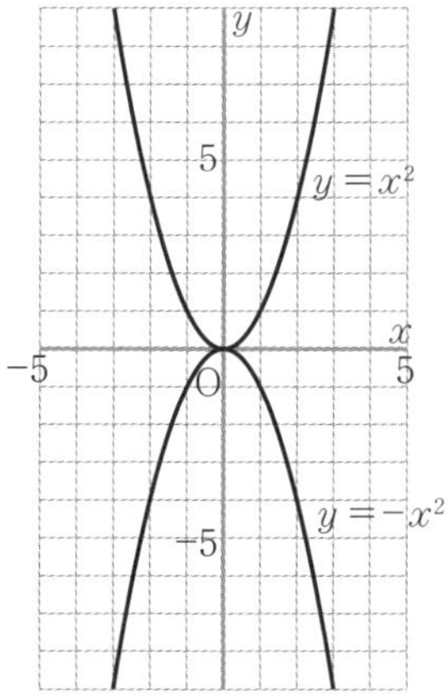

➔放物線

関数 $y=ax^2$ のグラフである曲線を，放物線（ほうぶつせん）という。
放物線の対称の軸を，その放物線の軸という。
放物線と軸との交点を，その放物線の頂点という。

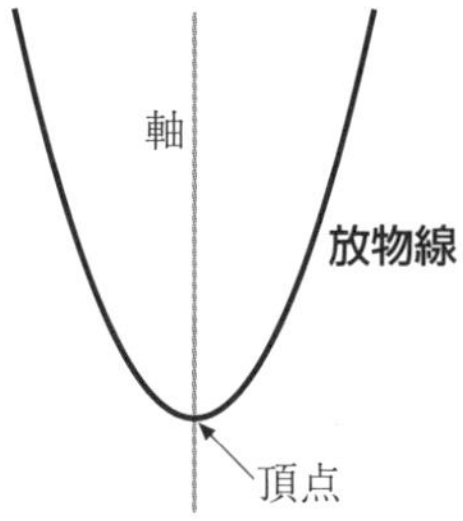

Q　次の表は，関数 $y=\frac{1}{2}x^2$ について，x の値（あたい）に対応する x^2 と $\frac{1}{2}x^2$ の値を表したものです。この表を完成しましょう。
この表をもとに，教科書P.97の図に関数 $y=\frac{1}{2}x^2$ のグラフをかきましょう。
また，関数 $y=\frac{1}{2}x^2$ のグラフを関数 $y=x^2$ のグラフと比べて，気づいたことを話し合いましょう。

▶解答

x	…	−5	−4	−3	−2	−1	0	1	2	3	4	5	…
x^2	…	25	16	9	4	1	0	1	4	9	16	25	…
$\frac{1}{2}x^2$	…	$\frac{25}{2}$	8	$\frac{9}{2}$	**2**	$\mathbf{\frac{1}{2}}$	**0**	$\mathbf{\frac{1}{2}}$	**2**	$\mathbf{\frac{9}{2}}$	**8**	$\mathbf{\frac{25}{2}}$	…

グラフは右の図

（例）・**$y=x^2$のグラフと同じで，y軸について対称な曲線である。**

・**$y=x^2$のグラフと同じで，原点を通り，上に開いた形である。**

・**$y=\frac{1}{2}x^2$のグラフは，$y=x^2$のグラフ上のそれぞれの点について，そのy座標を$\frac{1}{2}$にした曲線である。**

など

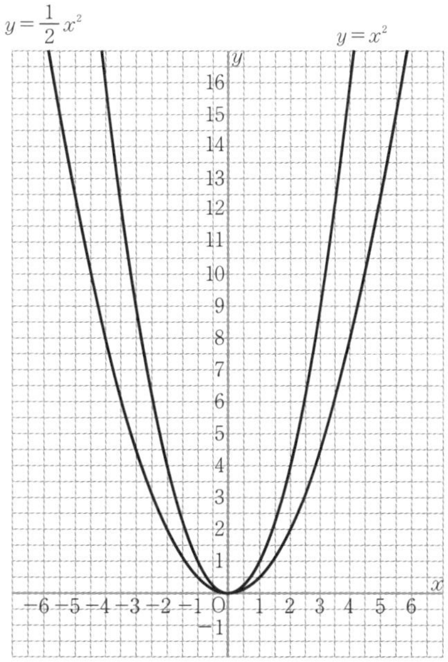

問1　関数$y=x^2$のグラフをもとに，次の関数のグラフを教科書P.97の図にかきなさい。

(1)　$y=\frac{1}{3}x^2$　　　(2)　$y=2x^2$

考え方　(1)　xの同じ値に対して，$\frac{1}{3}x^2$の値はx^2の値の$\frac{1}{3}$だから，$y=x^2$のグラフ上にそれぞれの点について，そのy座標を$\frac{1}{3}$にした曲線である。

▶解答　グラフは右の図のとおり。

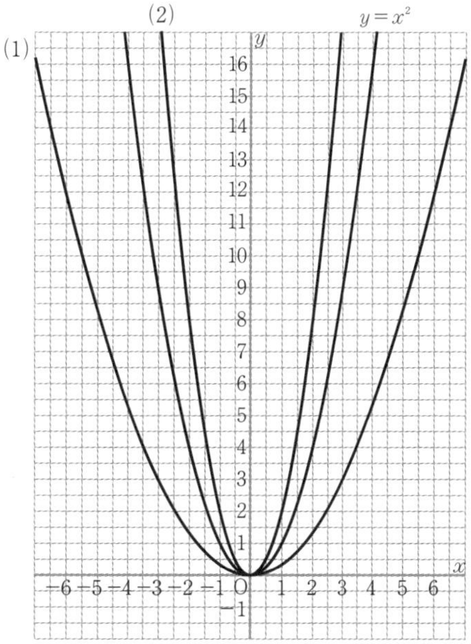

問2　関数$y=ax^2$で，$a>0$のとき，aの値が大きいほど，グラフの開き方は大きくなりますか，それとも小さくなりますか。

考え方　Q，**問1**のグラフを比べると，$a=2$のとき，グラフの開き方はいちばん小さく，$a=\frac{1}{3}$のとき，グラフの開き方はいちばん大きい。

▶解答　$2>1>\frac{1}{2}>\frac{1}{3}$だから，$a$の絶対値が大きいほど，**グラフの開き方は小さくなる。**

問3　関数$y=-x^2$のグラフについて，関数$y=x^2$のグラフと共通する特徴や異なる特徴を考えましょう。また，考えたことについて話し合いましょう。

▶解答　共通な特徴…**原点を通る。**
y軸について対称である。
曲線である。　など
異なる特徴…**関数$y=x^2$のグラフは上に開いているが，関数$y=-x^2$のグラフは下に開いている。**
関数$y=x^2$のグラフはx軸の下側にはないが，関数$y=-x^2$のグラフは逆に上側にはない。　など

問4　関数$y=-x^2$のグラフが，関数$y=x^2$のグラフとx軸について対称である理由を，教科書P.98の表をもとにして説明しなさい。

考え方

x	…	-5	-4	-3	-2	-1	0	1	2	3	4	5	…
x^2	…	25	16	9	4	1	0	1	4	9	16	25	…
$-x^2$	…	-25	-16	-9	-4	-1	0	-1	-4	-9	-16	-25	…

▶解答　（例）　**xの同じ値に対して，$-x^2$の値とx^2の値は，絶対値が等しく，符号を逆にした数である。よって，関数$y=-x^2$のグラフは，関数$y=x^2$のグラフ上のそれぞれの点について，そのy座標の符号を変えた曲線であるから。**　など

問5　関数$y=-x^2$のグラフをもとに，次の関数のグラフを教科書P.99の図にかきなさい。
(1)　$y=-2x^2$　　(2)　$y=-\frac{1}{2}x^2$

考え方　(1)　xの同じ値に対して，$-2x^2$の値は$-x^2$の値の2倍だから，$y=-x^2$のグラフ上のそれぞれの点について，そのy座標を2倍した曲線である。

▶解答　(1)，(2)のグラフは右の図のとおり。

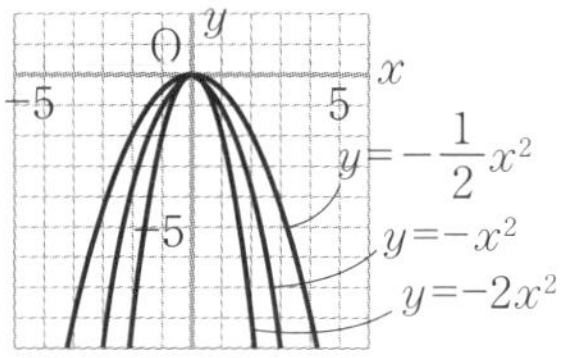

問6　関数$y=ax^2$で，$a<0$のとき，aの絶対値が大きいほど，グラフの開き方は大きくなりますか，それとも小さくなりますか。

考え方　**問5**のグラフを比べると，$a=-2$のとき，グラフの開き方はいちばん小さく，$a=-\frac{1}{2}$のとき，グラフの開き方はいちばん大きい。aの絶対値で比べると，2のとき，グラフの開き方はいちばん小さく，$\frac{1}{2}$のとき，グラフの開き方はいちばん大きい。

▶解答　$2>1>\frac{1}{2}$だから，aの絶対値が大きいほど，**グラフの開き方は小さくなる。**

問7　右の図の㋐～㋓のグラフは，次の(1)～(4)の関数のグラフです。(1)～(4)にあてはまるグラフを1つずつ選びなさい。また，選んだ理由を説明しなさい。

(1)　$y=2x^2$　　(2)　$y=-3x^2$

(3)　$y=x^2$　　(4)　$y=-\frac{1}{2}x^2$

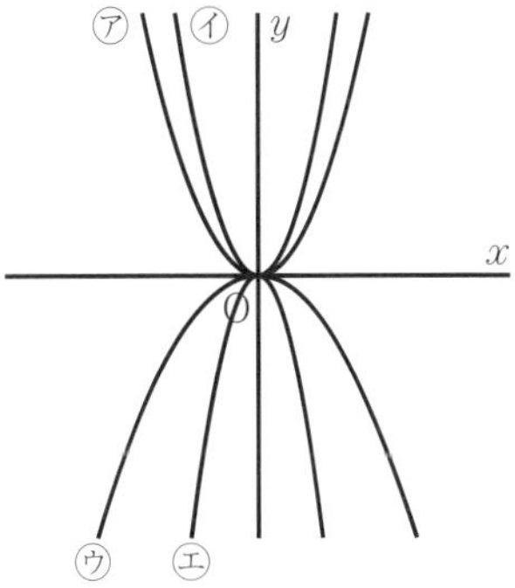

▶解答　(1)　㋑　　(2)　㋓　　(3)　㋐　　(4)　㋒

（理由）　**関数$y=ax^2$のグラフは，$a>0$のときは上に開き，$a<0$のときは下に開くから，(1)と(3)のグラフは㋐と㋑のどちらかで，(2)と(4)のグラフは㋒と㋓のどちらかとわかる。**
また，aの絶対値が大きいほど，グラフの開き方は小さくなるから，上のように決まる。

補充問題24　次の(1)，(2)のグラフは，関数$y=ax^2$のグラフです。
それぞれ，yをxの式で表しなさい。（教科書P.238）

(1)

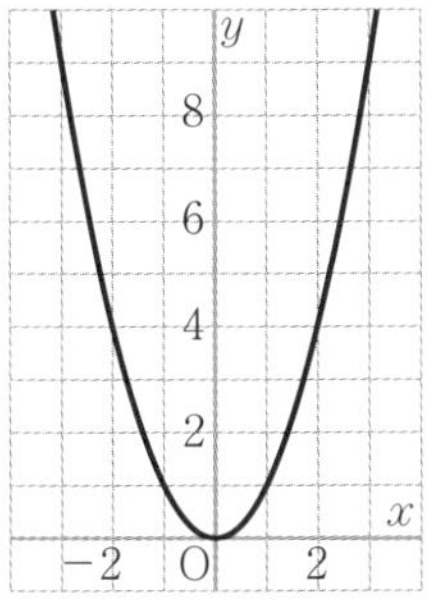

(2)

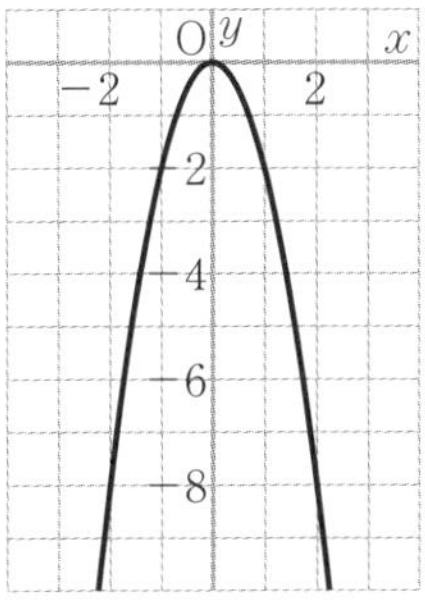

考え方　グラフ上の通る1点のxとyの値の組を$y=ax^2$に代入する。

▶解答　(1)　点(1，1)を通る。
求める関数を$y=ax^2$とする。
$x=1$のとき$y=1$だから　$1=a\times1^2$
したがって　$a=1$
ゆえに，求める関数の式は　$y=x^2$　　　答　$\boldsymbol{y=x^2}$

(2)　点(1，−2)を通る。
求める関数を$y=ax^2$とする。
$x=1$のとき$y=-2$だから　$-2=a\times1^2$
したがって　$a=-2$
ゆえに，求める関数の式は　$y=-2x^2$　　　答　$\boldsymbol{y=-2x^2}$

5 関数 $y=ax^2$ の値の変化

基本事項ノート

➔関数 $y=ax^2$ の値の変化のようす

$a>0$ のとき

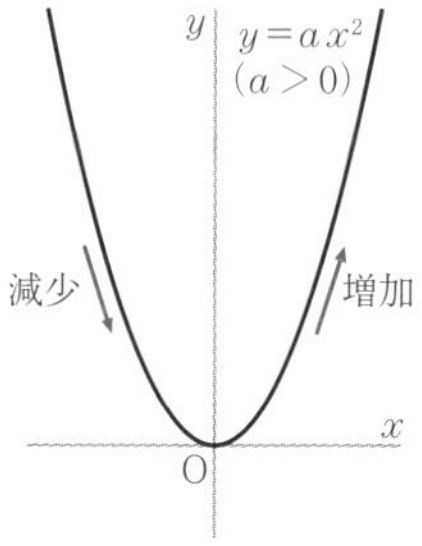

1. x の値が増加するとき，
   $x<0$ の範囲では，y の値は減少する。
   $x>0$ の範囲では，y の値は増加する。
2. $x=0$ のとき $y=0$ で，この値が y の最小値である。
3. x がどんな値のときも，$y \geqq 0$ である。

$a<0$ のとき

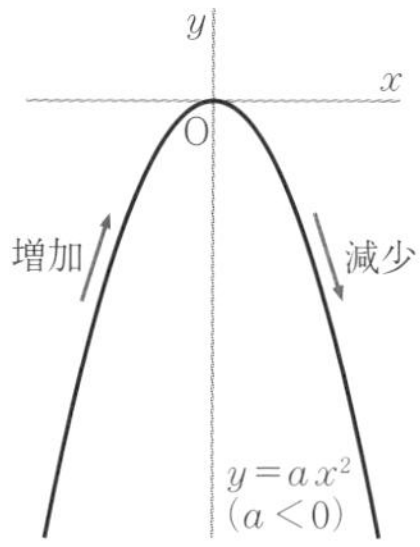

1. x の値が増加するとき，
   $x<0$ の範囲では，y の値は増加する。
   $x>0$ の範囲では，y の値は減少する。
2. $x=0$ のとき $y=0$ で，この値が y の最大値である。
3. x がどんな値のときも，$y \leqq 0$ である。

Q 関数 $y=x^2$ について，x の値が増加するとき，y の値は増加しますか，減少しますか。表やグラフをもとにして考えましょう。

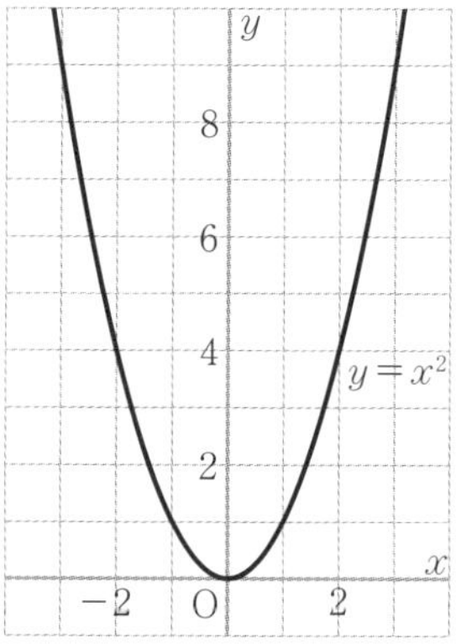

▶解答

x	…	−3	−2	−1	0	1	2	3	…
y	…	**9**	**4**	**1**	**0**	**1**	**4**	**9**	…

x の値が増加するとき，
$x<0$ の範囲では，y の値は減少する。
$x>0$ の範囲では，y の値は増加する。

問1 関数 $y=ax^2$ で，$a<0$ とき，次の□にあてはまることばや不等号をかき入れなさい。

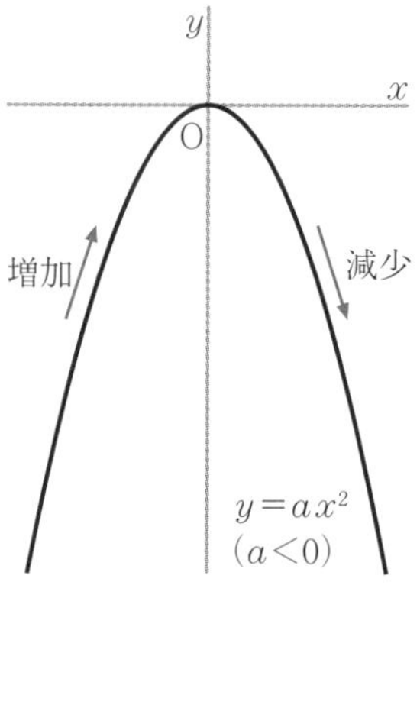

▶解答

1. x の値が増加するとき，
   $x<0$ の範囲では，y の値は**増加**する。
   $x>0$ の範囲では，y の値は**減少**する。
2. $x=0$ のとき $y=0$ で，この値が y の**最大値**である。
3. x がどんな値のときも，y**≦**0 である。

問2　右の図を使って，
関数 $y=\frac{1}{2}x^2\ (-4\leqq x\leqq 2)$
のグラフをかきなさい。また，y の変域を求めなさい。

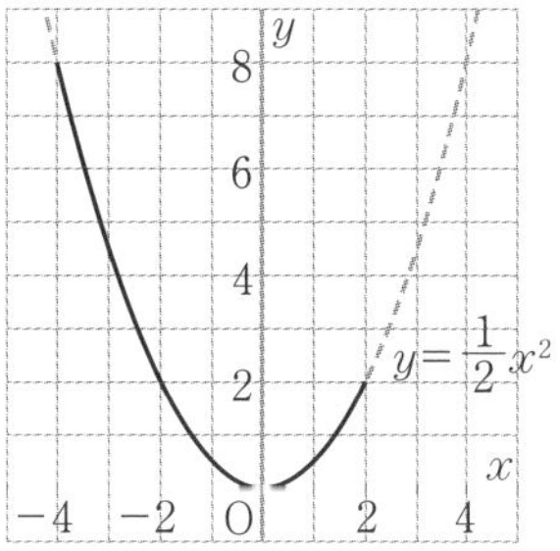

考え方　y の変域は，グラフを使って考えるとよい。

▶解答　$x=-4$ のとき $y=8$
$x=2$ のとき $y=2$
グラフは右の図
また，$x=0$ のとき $y=0$ である。
したがって，y の変域は $0\leqq y\leqq 8$

答　$\mathbf{0\leqq y\leqq 8}$

◀気をつけよう▶
y の最小値は0であるから，
y の変域は $2\leqq y\leqq 8$ ではない。

問3　関数 $y=5x^2$ で，x の変域が次の(1)～(3)のときの y の変域を求めなさい。
(1)　$-3\leqq x\leqq 1$　　(2)　$2\leqq x\leqq 4$　　(3)　$-5\leqq x\leqq -1$

考え方　関数 $y=5x^2$ のグラフは，原点を通る放物線である。
x の値が増加するとき，$x<0$ の範囲では，y の値は減少する。
$x>0$ の範囲では，y の値は増加する。
簡単なグラフをかいて考えるとよい。(グラフは省略)

▶解答　(1)　$x=-3$ のとき $y=45$，$x=1$ のとき $y=5$
また，$x=0$ のとき $y=0$ である。
したがって，y の変域は $\mathbf{0\leqq y\leqq 45}$

◀気をつけよう▶
y の変域は $5\leqq y\leqq 45$ ではない。

(2)　$x=2$ のとき $y=20$，$x=4$ のとき $y=80$ である。
したがって，y の変域は $\mathbf{20\leqq y\leqq 80}$
(3)　$x=-5$ のとき $y=125$，$x=-1$ のとき $y=5$ である。
したがって，y の変域は $\mathbf{5\leqq y\leqq 125}$

補充問題25　次の(1)，(2)の関数で，x の変域が $-4\leqq x\leqq 2$ のときの y の変域を求めなさい。(教科書P.238)
(1)　$y=2x^2$　　(2)　$y=-3x^2$

考え方　関数 $y=ax^2$ のグラフは，原点を通る放物線である。
$a>0$ で x が増加するとき，$x<0$ の範囲では，y は減少する。
$x>0$ の範囲では，y は増加する。
$a<0$ で x が増加するとき，$x<0$ の範囲では，y は増加する。
$x>0$ の範囲では，y は減少する。
簡単なグラフをかいて考えるとよい。(グラフは省略)

▶解答　(1)　$x=-4$ のとき $y=32$，$x=2$ のとき $y=8$
また，$x=0$ のとき $y=0$ である。
したがって，y の変域は $0\leqq y\leqq 32$

答　$\mathbf{0\leqq y\leqq 32}$

◀気をつけよう▶
y の変域は $8\leqq y\leqq 32$ ではない。

(2)　$x=-4$ のとき $y=-48$，$x=2$ のとき $y=-12$
また，$x=0$ のとき $y=0$ である。
したがって，y の変域は $-48 \leqq y \leqq 0$
答　$\boldsymbol{-48 \leqq y \leqq 0}$

◀気をつけよう▶
y の変域は $-48 \leqq y \leqq -12$ ではない。

まちがえやすい問題

右の答案は，関数 $y=5x^2$ で，x の変域が $-4 \leqq x \leqq 2$ のときの y の変域を求めたものですが，まちがっています。
まちがっているところを見つけ，正しい答えを求めなさい。

✕ まちがいの例

$x=-4$ のとき　$y=5\times(-4)^2$
　　　　　　　　$=80$
$x=2$ のとき　$y=5\times2^2$
　　　　　　　$=20$
答　$20 \leqq y \leqq 80$

▶解答　〈まちがっているところ〉
$x=0$ のときの y の値を最小値とするべきなのに，
$x=2$ のときの y の値を最小値としている。
〈正しい解き方〉
$x=-4$ のとき　$y=5\times(-4)^2$
　　　　　　　　$=80$
$x=0$ のとき　$y=0$

答　$\boldsymbol{0 \leqq y \leqq 80}$

6　関数 $y=ax^2$ の変化の割合

基本事項ノート

➔変化の割合

y が x の関数であるとき，この関数の変化の割合は，次の式で求められる。

$$(\text{変化の割合})=\frac{(y\text{の増加量})}{(x\text{の増加量})}$$

1次関数の変化の割合は一定であるが，関数 $y=ax^2$ の変化の割合は一定ではない。

例　関数 $y=2x^2$ について，x が -2 から 2 まで1ずつ増加するときの変化の割合。
x の値が1ずつ増加するときは，次の表の y の増加量が，そのまま変化の割合を表している。

x の増加量　1　1　1　1

x	-2	-1	0	1	2
y	8	2	0	2	8

y の増加量　-6　-2　2　6

Q　関数 $y=2x+1$ について，次の表を完成し，表の下の□にあてはまる数をかき入れましょう。1次関数において，x の値が1ずつ増加するときの y の値（あたい）の変化には，どんな特徴（とくちょう）がありましたか。

▶解答

xの増加量		1	1	1	1	1		
x	…	-2	-1	0	1	2	3	…
y	…	-3	-1	**1**	**3**	**5**	**7**	…
yの増加量		2	**2**	**2**	**2**	**2**		

（特徴）

xの値が1ずつ増加するときのyの値の変化は一定である。

問1　関数 $y=x^2$ について，次の表を完成し，表の下の□にあてはまる数をかき入れましょう。xの値が1ずつ増加するときのyの値の変化について，Qの関数と**問1**の関数ではどんなちがいがありますか。

▶解答

xの増加量		1	1	1	1	1	1		
x	…	-3	-2	-1	0	1	2	3	…
y	…	9	4	**1**	**0**	**1**	**4**	**9**	…
yの増加量		-5	**-3**	**-1**	**1**	**3**	**5**		

（例）　**関数 $y=2x+1$ では，xの値が1だけ増加すると，それに対応してyの増加量は2で一定であるが，関数 $y=x^2$ では，xの値が1だけ増加すると，それに対応してyの増加量は一定ではない（変化する）。**　など

問2　関数 $y=\frac{1}{2}x^2$ について，xの値が次のように増加するときの変化の割合を求めなさい。

(1)　4から6まで　　(2)　2から6まで

(3)　-6から-4まで　　(4)　-6から-2まで

▶解答

(1)　$x=4$ のとき $y=\frac{1}{2}\times4^2=8$

$x=6$ のとき $y=\frac{1}{2}\times6^2=18$

したがって（変化の割合）$=\frac{18-8}{6-4}=\frac{10}{2}=5$　　答　**5**

(2)　$x=2$ のとき $y=\frac{1}{2}\times2^2=2$

$x=6$ のとき $y=\frac{1}{2}\times6^2=18$

したがって（変化の割合）$=\frac{18-2}{6-2}=\frac{16}{4}=4$　　答　**4**

(3)　$x=-6$ のとき $y=\frac{1}{2}\times(-6)^2=18$

$x=-4$ のとき $y=\frac{1}{2}\times(-4)^2=8$

したがって（変化の割合）$=\frac{8-18}{-4-(-6)}=\frac{-10}{2}=-5$　　答　**-5**

(4)　$x=-6$のとき$y=\frac{1}{2}\times(-6)^2=18$

$x=-2$のとき$y=\frac{1}{2}\times(-2)^2=2$

したがって(変化の割合)$=\frac{2-18}{-2-(-6)}=\frac{-16}{4}=-4$　　答　**-4**

問3　関数$y=-x^2$について，xの値が次のように増加するときの変化の割合を求めなさい。
(1)　1から5まで　　(2)　-5から-1まで

▶解答　(1)　$x=1$のとき$y=-1^2=-1$

$x=5$のとき$y=-5^2=-25$

したがって　(変化の割合)$=\frac{-25-(-1)}{5-1}=\frac{-24}{4}=-6$

答　**-6**

◀気をつけよう▶
(変化の割合)$=\frac{-1-(-25)}{5-1}$
ではない。

(2)　$x=-5$のとき$y=-(-5)^2=-25$

$x=-1$のとき$y=-1^2=-1$

したがって　(変化の割合)$=\frac{-1-(-25)}{-1-(-5)}=\frac{24}{4}=6$

答　**6**

参考　(1)の変化の割合-6は，2点$(1,\ -1)$，$(5,\ -25)$を通る直線の傾き(かたむ)きに等しい。
(2)の変化の割合6は，2点$(-5,\ -25)$，$(-1,\ -1)$を通る直線の傾きに等しい。

問4　これまでに調べたことから，関数$y=ax^2$の変化の割合について，どんなことがわかりましたか。

▶解答　**関数$y=ax^2$の変化の割合は一定ではない。**

問5　次の表は，1次関数$y=ax+b$と2乗に比例する関数$y=ax^2$の特徴を比べたものです。□にあてはまることばや文字をかき入れなさい。

(解答は次のページ)

補充問題26　関数$y=2x^2$について，xの値(あたい)が次のように変化するときの変化の割合を求めなさい。
(1)　1から3まで　　(2)　-5から-2まで　　(教科書P.238)

▶解答　(1)　$x=1$のとき，$y=2\times1^2=2$　　$x=3$のとき，$y=2\times3^2=18$

したがって　(変化の割合)$=\frac{18-2}{3-1}=\frac{16}{2}=8$　　答　**8**

(2)　$x=-5$のとき，$y=2\times(-5)^2=50$　　$x=-2$のとき，$y=2\times(-2)^2=8$

したがって　(変化の割合)$=\frac{8-50}{-2-(-5)}=\frac{-42}{3}=-14$　　答　**-14**

▶解答

	1次関数	2乗に比例する関数
式	$y=ax+b$	$y=ax^2$
グラフ	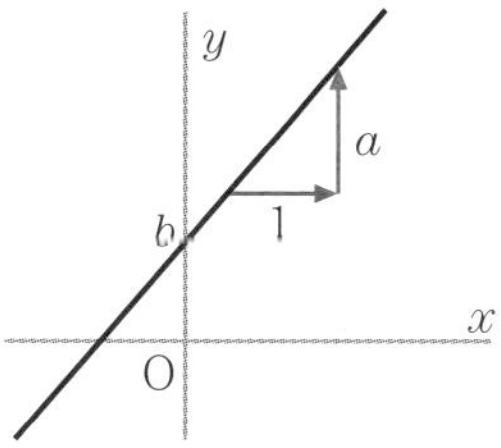 傾きが a，切片が b の直線	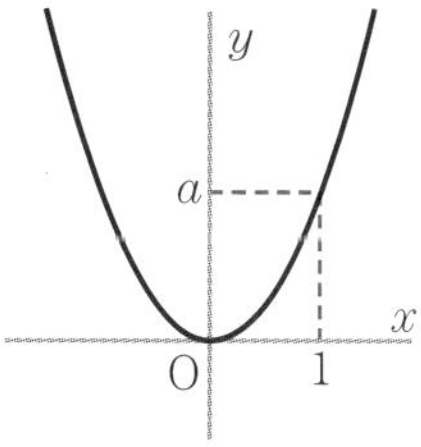 原点を通り，y 軸について対称な**放物線**
値の変化 $a>0$ のとき	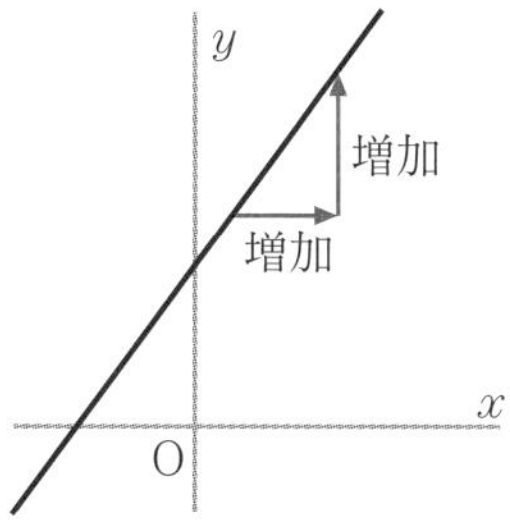 x の値が増加するとき， y の値は常に増加する。	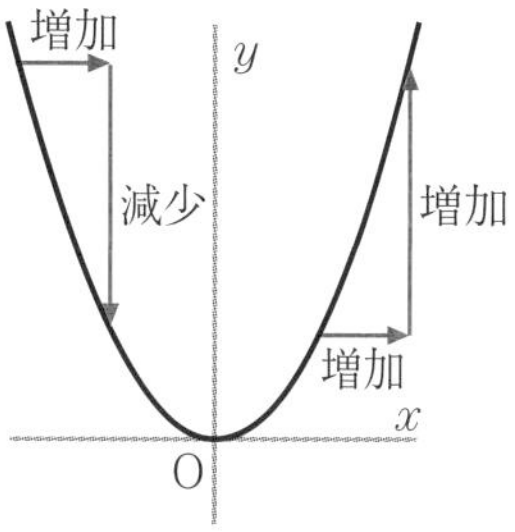 x の値が増加するとき， $x=0$ を境として，y の値は 減少から増加に変わる。
値の変化 $a<0$ のとき	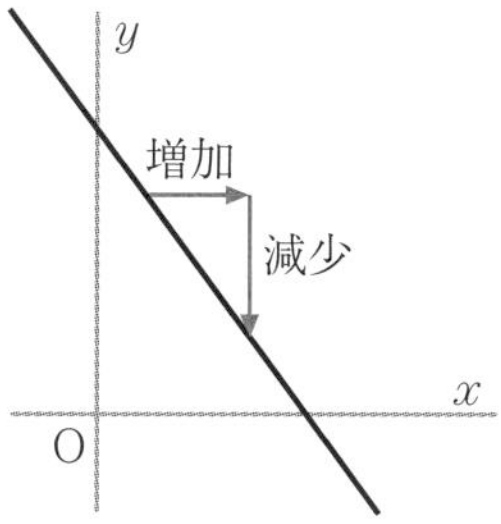 x の値が増加するとき， y の値は常に**減少**する。	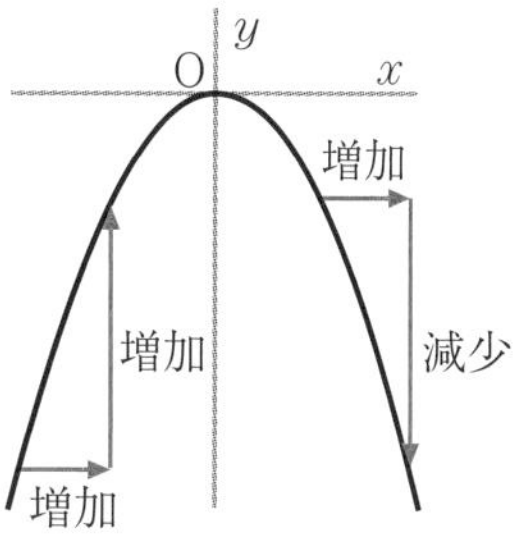 x の値が増加するとき， $x=0$ を境として，y の値は **増加**から**減少**に変わる。
変化の割合	一定で $\boldsymbol{a}$ に等しい。	一定ではない。

基本の問題

1　次の㋐～㋓の関数の中から，y が x の2乗に比例するものをすべて選びなさい。

㋐　$y=4x$　　㋑　$y=-3x^2$　　㋒　$y=-2x+3$　　㋓　$y=\dfrac{x^2}{5}$

▶解答　**㋑，㋓**

2　y が x の2乗に比例し，$x=3$ のとき $y=18$ です。
y を x の式で表しなさい。また，$x=6$ のときの y の値を求めなさい。

▶解答　求める関数を $y=ax^2$ とする。
$x=3$ のとき $y=18$ だから　$18=a\times3^2$
したがって　$a=2$
ゆえに，求める関数は　$y=2x^2$
$x=6$ のとき　$y=2\times6^2=72$　　　答　$\boldsymbol{y=2x^2,\ y=72}$

3　次の㋐～㋕の関数の中から，下の(1)，(2)にあてはまるものをすべて選びなさい。

㋐　$y=-7x^2$　　㋑　$y=x^2$　　㋒　$y=\dfrac{1}{3}x^2$

㋓　$y=\dfrac{2}{5}x^2$　　㋔　$y=-\dfrac{2}{5}x^2$　　㋕　$y=7x^2$

(1)　グラフが上に開いているもの
(2)　グラフが x 軸について対称なものの組

考え方　(1)　関数 $y=ax^2$ のグラフは，$a>0$ のときは上に開き，$a<0$ のときは下に開く。
(2)　$y=ax^2$ のグラフと $y=-ax^2$ のグラフは x 軸について対称である。

▶解答　(1)　**㋑，㋒，㋓，㋕**
(2)　**㋐と㋕，㋓と㋔**

4　次の関数について，下の問いに答えなさい。

$y=\dfrac{1}{4}x^2\ (-2\leqq x\leqq4)$

(1)　グラフを次の図にかきなさい。
(2)　y の変域を求めなさい。

考え方　(1)　$x=-2$ のとき $y=1$，$x=0$ のとき $y=0$，
$x=4$ のとき $y=4$
(2)　グラフから考えるとよい。

▶解答　(1)　右の図
(2)　$\boldsymbol{0\leqq y\leqq4}$

◀気をつけよう▶
y の最小値は0であるから，
y の変域は $1\leqq y\leqq4$ ではない。

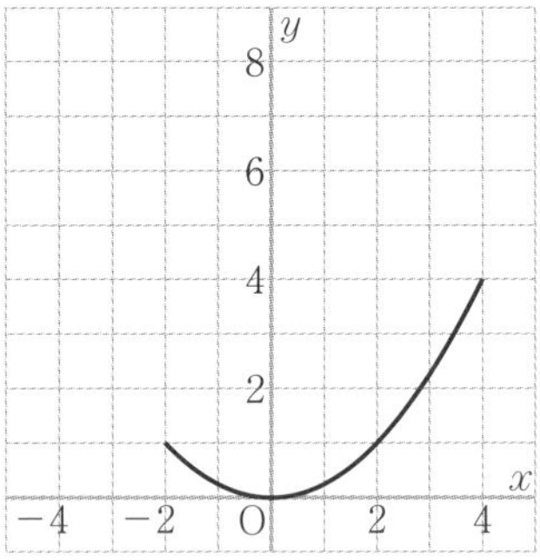

5　関数 $y=3x^2$ について，次の場合の変化の割合を求めなさい。
(1)　x の値が1から3まで増加する。
(2)　x の値が -4 から -1 まで増加する。

▶解答　(1)　$x=1$ のとき $y=3\times1^2=3$
$x=3$ のとき $y=3\times3^2=27$
したがって　(変化の割合) $=\dfrac{27-3}{3-1}=\dfrac{24}{2}=12$　　答　**12**

(2)　$x=-4$ のとき $y=3\times(-4)^2=48$
$x=-1$ のとき $y=3\times(-1)^2=3$
したがって　(変化の割合) $=\dfrac{3-48}{-1-(-4)}=-\dfrac{45}{3}=-15$　　答　**−15**

2節　関数の活用

1　関数 $y=ax^2$ の活用

Q　教科書P.88の斜面を転がるボールでは，転がり始めてから x 秒間に転がった距離を y mとすると，x と y の間には，$y=2x^2$ という関係がありました。このボールの転がる速さは一定であるといえますか。

x	0	1	2	3	4	5	…
y	0	2	8	18	32	50	…

▶解答　**ボールの転がる速さがどんどん速くなっているから一定でない。**

問1　**Q** のボールが転がる平均の速さを，転がり始めてから5秒後まで，1秒きざみで求めなさい。

考え方　(平均の速さ) $=\dfrac{(\text{進んだ道のり})}{(\text{かかった時間})}=\dfrac{(y\text{の増加量})}{(x\text{の増加量})}=$ (変化の割合)
関数 $y=2x^2$ について，x の値が1ずつ増加するときの変化の割合を求める。

▶解答　転がり始めから1秒後まで… $\dfrac{2-0}{1}=2$　　答　**秒速2m**

1秒後から2秒後まで… $\dfrac{8-2}{1}=6$　　答　**秒速6m**

2秒後から3秒後まで… $\dfrac{18-8}{1}=10$　　答　**秒速10m**

3秒後から4秒後まで… $\dfrac{32-18}{1}=14$　　答　**秒速14m**

4秒後から5秒後まで… $\dfrac{50-32}{1}=18$　　答　**秒速18m**

問2 **例2**について，次の問いに答えなさい。

(1) 物が落ち始めてから6秒間に落ちる距離を求めなさい。

(2) 100mの高さから物が落ちたとすると，地面に落ちるまでおよそ何秒かかりますか。四捨五入で小数第1位まで求めなさい。

(3) 物が落ち始めてから3秒後から4秒後までの平均の速さは秒速何mかを求めなさい。

考え方 **例2**より，物が落ち始めてから x 秒間に落ちる距離を y m とすると，$y=5x^2$ の関係が成り立つ。

▶解答

(1) $x=6$ のとき　$y=5\times6^2=180$　　答　**約180m**

(2) $y=100$ のとき　$100=5x^2$　$x^2=20$

$x>0$ だから $x=\sqrt{20}=4.47\cdots$　　答　**約4.5秒**

(3) $x=3$ のとき　$y=5\times3^2=45$，また，**例2**より $x=4$ のとき $y=80$

$\dfrac{80-45}{4-3}=35$　　答　**秒速35m**

問3 1往復するのに x 秒かかる振(ふ)り子の長さを y m とすると，x と y の間には，$y=\dfrac{1}{4}x^2$ という関係があります。
次の問いに答えなさい。

(1) 1往復するのに4秒かかる振り子の長さは何mですか。

(2) 長さが1mの振り子が1往復するのにかかる時間は何秒ですか。

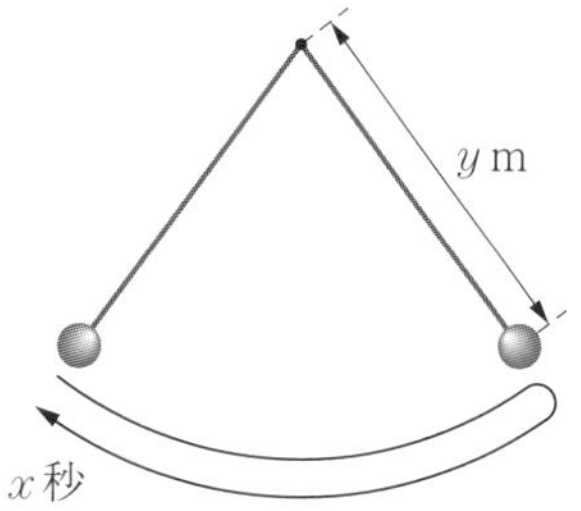

▶解答

(1) $x=4$ のとき　$y=\dfrac{1}{4}\times4^2=4$　　答　**4m**

(2) $y=1$ のとき　$1=\dfrac{1}{4}x^2$　$x^2=4$　$x=\pm2$

$x>0$ だから $x=2$　　答　**2秒**

2 関数のグラフの活用

問1 上の場面で，電車が駅を出発してからx秒間に進む距離(きょり)をymとすると，$0 \leqq x \leqq 60$の範囲(はんい)では，$y=\frac{1}{4}x^2$の関係があるとします。自動車は秒速10mで走っているとすると，電車が自動車に追いつくのは，電車が駅を出発してから何秒後ですか。
右の図を使って求めなさい。

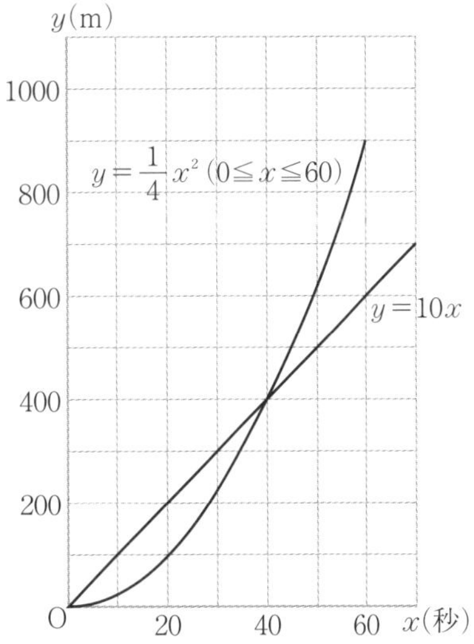

考え方 自動車は秒速10mで走るから，xとyの関係は$y=10x$である。
$y=10x$のグラフと$y=\frac{1}{4}x^2$のグラフの交点のx座標が自動車が電車に追いつかれる時間を表し，y座標が距離を表している。

▶解答 右上の図のグラフより，交点の座標は，(40，400)である。
よって，40秒後にA地点から400mの地点で，自動車が電車に追いつかれる。

答　**40秒後**

やってみよう

1 直線$y=-x+5$と直線$y=2x-4$の交点の座標を求めましょう。

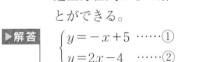

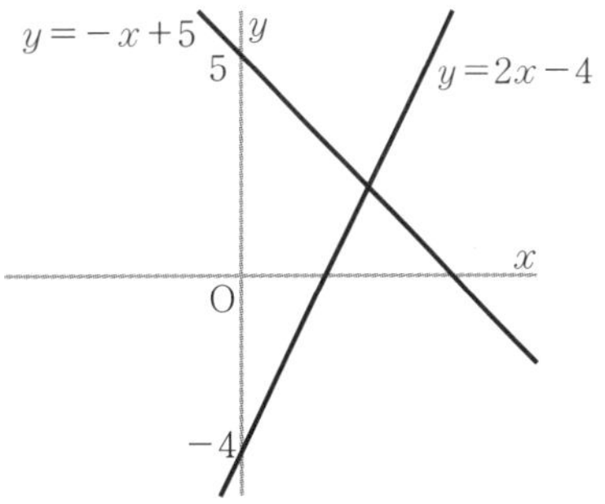

考え方 2つの直線の交点の座標は，その2つの直線の式を連立方程式として解いたときの解として求めることができる。

▶解答
$$\begin{cases} y=-x+5 & \cdots\cdots ① \\ y=2x-4 & \cdots\cdots ② \end{cases}$$
①を②に代入すると　$-x+5=2x-4$
$-3x=-9$
$x=3$
$x=3$を①に代入すると　$y=-3+5=2$
この方程式の解は $\begin{cases} x=3 \\ y=2 \end{cases}$
したがって，交点の座標は(3，2)

答　**(3，2)**

2 上の連立方程式を解いて，その解が，関数$y=\frac{1}{4}x^2$のグラフと関数$y=10x$のグラフの交点のx座標とy座標の値の組と一致(いっち)することを確かめましょう。

▶解答　①を②に代入すると　$\frac{1}{4}x^2=10x$

$x^2=40x$

$x^2-40x=0$

$x(x-40)=0$

$x=0,\ x=40$

$x=0$ を②に代入すると　$y=10\times0=0$

$x=40$ を②に代入すると　$y=10\times40=400$

したがって，連立方程式の解は　$x=0,\ y=0$　$x=40,\ y=400$

これらは，①のグラフと②のグラフの交点の座標と一致する。

3　前ページと同じ場面で，電車が駅を出発すると同時に，電車と同じ方向に秒速4mで走っている自転車が駅を通過しました。電車が自転車に追いつくのは，電車が出発してから何秒後ですか。

考え方　自転車は秒速4mで走るから，x と y の関係は $y=4x$ である。

$y=\frac{1}{4}x^2$…①のグラフと $y=4x$…②のグラフの交点の x 座標が自転車が電車に追いつかれる時間を表し，y 座標が距離を表しているから，①と②の連立方程式を解く。

▶解答　①を②に代入すると　$\frac{1}{4}x^2=4x$

$x^2=16x$

$x^2-16x=0$

$x(x-16)=0$

$x=0,\ x=16$

$x=16$ を②に代入すると　$y=4\times16=64$

$x=0$ は自転車が電車を追いぬくところなので，この問題にあわない。

したがって，16秒後にA地点から64mの地点で，自転車が電車に追いつかれる。

これは問題にあう。

答　**16秒後**

3　放物線と直線のいろいろな問題

例1　答　(上から) **−2，6，6，6，6，$\frac{3}{2}$**

問1　右の図のように，関数 $y=ax^2$ のグラフと直線 $y=\frac{1}{2}x+3$ が，2点A，Bで交わっています。交点Bの x 座標が2であるとき，a の値を求めなさい。

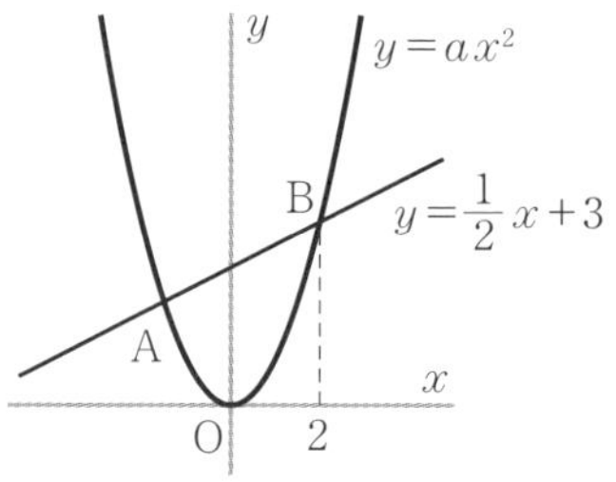

考え方　まず，点Bは$y=\frac{1}{2}x+3$のグラフ上の点であることから，y座標が求められる。次に，点Bが$y=ax^2$のグラフ上の点であることから，aの値を求めればよい。

▶解答　点Bは関数$y=\frac{1}{2}x+3$のグラフ上の点だから，

$x=2$のとき$y=\frac{1}{2}\times2+3=4$

したがって，点Bの座標は(2，4)

点Bは$y=ax^2$のグラフ上の点で，$x=2$のとき$y=4$だから　$4=a\times2^2$

ゆえに$a=1$　　答　$\boldsymbol{a=1}$

問2　右の図のように，関数$y=-x^2$のグラフ上に2点A，Bがあります。それぞれのx座標が-1，2であるとき，次の問いに答えなさい。

(1)　2点A，Bの座標を求めなさい。

(2)　2点A，Bを通る直線の式を求めなさい。

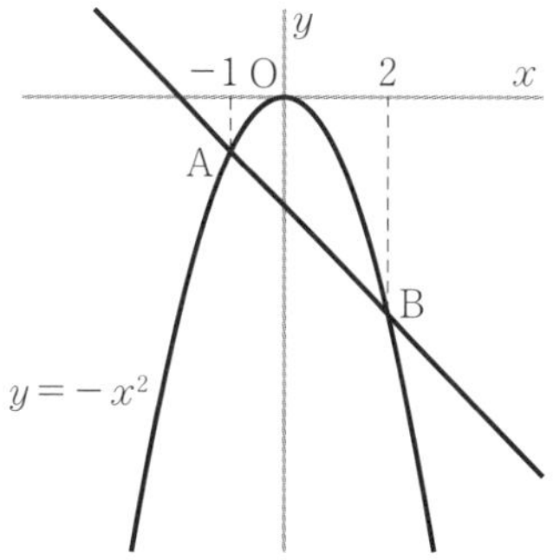

▶解答　(1)　点A，Bは関数$y=-x^2$のグラフ上の点だから，

$x=-1$のとき　$y=-(-1)^2=-1$

$x=2$のとき　$y=-2^2=-4$

したがって，点Aの座標は$(-1，-1)$，

点Bの座標は$(2，-4)$　　答　**点A$(-1，-1)$**

点B$(2，-4)$

(2)　求める式を$y=ax+b$とする。

このグラフの傾きaは　$a=\frac{-4-(-1)}{2-(-1)}=-1$

したがって　$y=-x+b$

グラフは，点B$(2，-4)$を通るから　$-4=-2+b$　$b=-2$

ゆえに，求める直線の式は　$y=-x-2$　　答　$\boldsymbol{y=-x-2}$

▶別解　(2)　直線の式を$y=ax+b$とする。

A$(-1，-1)$，B$(2，-4)$を通るので，それぞれの値を代入すると

$$\begin{cases}-1=a\times(-1)+b\cdots\cdots①\\-4=a\times2+b\quad\cdots\cdots②\end{cases}$$

①と②の式を整理する。

$$\begin{cases}-a+b=-1\cdots\cdots①'\\2a+b=-4\quad\cdots\cdots②'\end{cases}$$

この連立方程式を解くと

$$\begin{cases}a=-1\\b=-2\end{cases}$$

答　$\boldsymbol{y=-x-2}$

4 自動車が止まるまでの距離を考えよう

Q 上の棒グラフの数値をもとに，次の㋐，㋑の数量の間に成り立つ関係をそれぞれ調べましょう。また，この自動車が時速80kmで走っているときの停止距離を予想しましょう。

㋐ 速さと空走距離　　㋑ 速さと制動距離

▶解答 ㋐ **速さが2倍，3倍，…になると，空走距離は2倍，3倍，…となる。**

㋑ **速さが2倍，3倍，…になると，制動距離は 2^2 倍，3^2 倍，…となる。**

時速80kmで走っているときの空想距離と制動距離は，

(空想距離)＝2.8×8＝22.4(m)

(制動距離)＝0.8×8^2＝51.2(m)

だから

(停止距離)＝(空想距離)＋(制動距離)＝22.4＋51.2＝73.6(m)　　答 **73.6m**

1 上の **Q** について，次の㋐，㋑のように x，y を決めます。

㋐ 時速 x kmで走っているときの空走距離(きょり)を y mとする。

㋑ 時速 x kmで走っているときの制動距離を y mとする。

㋐，㋑の x と y の関係をそれぞれ調べるには，どうすればよいですか。

▶解答 (例)　・**x と y の関係を表にして，変化の割合を調べる。変化の割合が一定であれば y は x の1次関数である。変化の割合が一定でないときは，x^2 と y の関係を調べる。**

・**x と y の関係を表にして，グラフをかく。グラフが直線であれば，1次関数であることがわかる。**　　など

2 (1) 上の表(教科書P.114)の対応する x，y の値の組を座標とする点を，次の図にそれぞれかき入れましょう。

(2) 上の表やグラフから，x と y の間にどのような関係があるか考えましょう。

▶解答 (1) 右の図

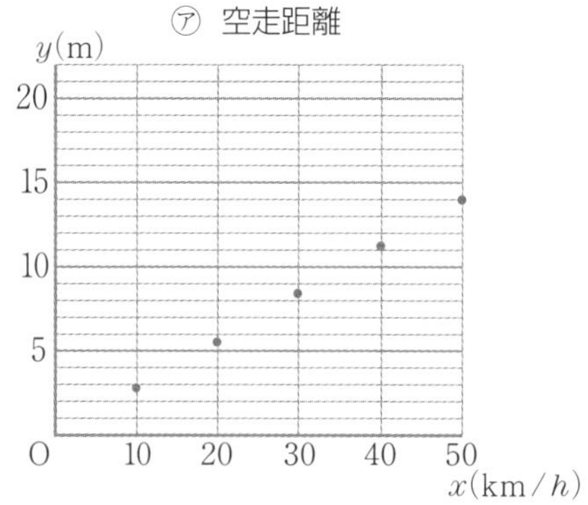

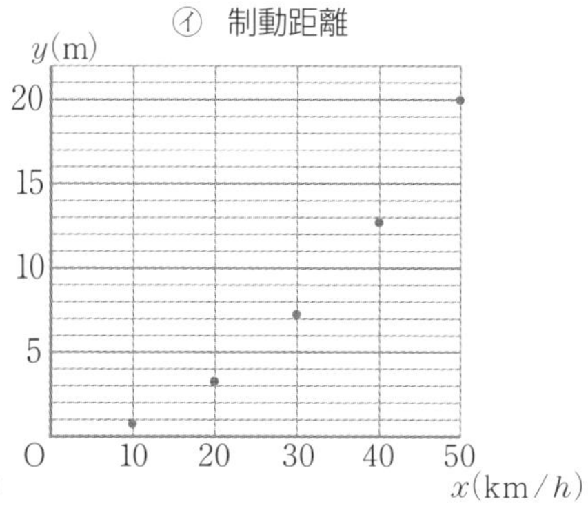

(2) ㋐ **x と y は比例関係がある。**　㋑ **y は x の2乗に比例している。**

3 (1) x と y の間に成り立つ関係について，各自で考えたことを話し合いましょう。
(2) ㋐，㋑の x と y の間に成り立つ関係を，それぞれ式に表しましょう。それらの式から，x と y の間にどのような関係があるといえますか。
(3) この自動車が時速80kmで走っているときの停止距離を求めましょう。

考え方 (3) (停止距離)＝(空走距離)＋(制動距離)だから，空走距離と制動距離をそれぞれ求める。

▶解答 (1) (例)・**2 の㋐の表を縦に見ると，対応する x と y の値の商は一定で，0.28である。このことから，y は x に比例していて，その比例定数は0.28であると考えることができる。**
・**2 の㋐のグラフの5つの点は，すべて原点を通る直線上にある。このことから，y は x に比例していると考えることができる。**
・**2 の㋑のグラフの5つの点は一直線上に並んでいないから，y は x の1次関数ではない。**
・**2 の㋑の表をもとに，x の各値とそれに対応する y の値について，$\frac{y}{x^2}$ の値を求めると，その値は一定で，0.008である。このことから，y は x の2乗に比例していて，その比例定数は0.008であると考えることができる。**

など

(2) ㋐ 表から x の値が10増えると y の値はつねに2.8増えているので，
変化の割合は $\frac{2.8}{10}=0.28$ で一定である。
また，時速0kmのときの空走距離は0mとしてよいから
$x=0$ のとき $y=0$
よって，$y=0.28x$

答 **$y=0.28x$　y は x に比例する。**

㋑ 右の表から y は x の2乗に比例していて，比例定数は0.008である。
また，時速0kmのときの制動距離は0mとしてよいから，
$x=0$ のとき $y=0$
よって，$y=0.008x^2$

x	10	20	30	40	50
x^2	100	400	900	1600	2500
y	0.8	3.2	7.2	12.8	20.0
$\frac{y}{x^2}$	0.008	0.008	0.008	0.008	0.008

答 **$y=0.008x^2$　y は x の2乗に比例する。**

(3) 時速80kmで走っているときの空走距離は
$y=0.28\times80=22.4$(m)
また，制動距離は
$y=0.008\times80^2=51.2$(m)
よって，(停止距離)＝(空走距離)＋(制動距離)
$=22.4+51.2=73.6$(m)

答 **73.6m**

4 **Q** を解決するとき，これまでに学んできたどんな方法や考え方が役に立ちましたか。

▶解答
- **x と y の関係を表にまとめ，変化の割合を求めること。**
- **変化の割合が一定でないときは，x^2 と y の間の関係を調べること。**
- **表をもとにグラフをかき，グラフの特徴を調べること。**　　など

5　この自動車が時速100kmで走っているときの停止距離を求めましょう。

考え方　(停止距離)＝(空走距離)＋(制動距離)だから，空走距離と制動距離をそれぞれ求める。

▶解答　時速100kmで走っているときの空走距離は

$y=0.28\times100=28$(m)

また，制動距離は

$y=0.008\times100^2=80$(m)

よって，(停止距離)＝(空走距離)＋(制動距離)

＝28＋80＝108(m)　　答　**108m**

5　いろいろな関数

Q　1枚の紙を2等分するように切って重ね，その2枚の紙をまた2等分するように切ります。これを続けていくとき，切った回数と紙の枚数の間には，どんな関係があるでしょうか。

x 回切ったときの紙の枚数を y 枚とした次の表を完成し，x と y の関係を調べましょう。

▶解答

x	0	1	2	3	4	5	6	7	8	9	10
y	1	2	4	**8**	**16**	**32**	**64**	**128**	**256**	**512**	**1024**

問1　右の図は，Qの表をもとに，x と y の関係を点で表したグラフです。x と y の関係は，これまでに学んだ比例，反比例，1次関数，2乗に比例する関数のいずれかにあてはまりますか。

上の表や右のグラフの特徴(とくちょう)から考えましょう。

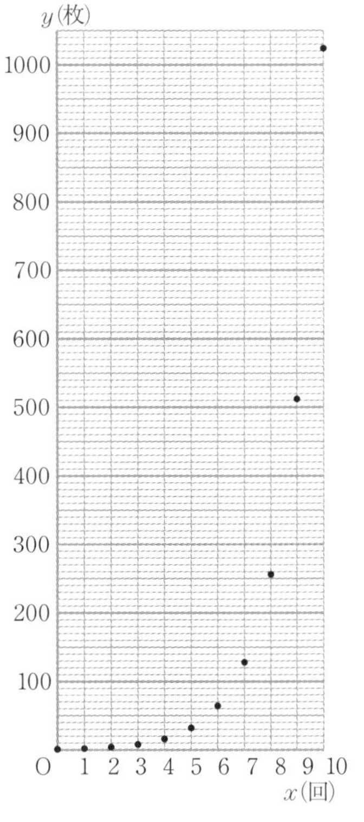

▶解答　(例)　比例や1次関数のグラフは，直線であるが，このグラフは直線でないから，**比例や1次関数ではない。**また，$x=0$ のとき $y=1$ だから，**反比例でも2乗に比例する関数でもない。**

問2　A社の料金について，次の問いに答えなさい。

(1)　荷物の大きさが130cmであるときの料金を求めなさい。

(2)　1500円の予算内で送ることができる荷物の大きさは，最大で何cmですか。

(3)　大きさが160cm以下の荷物を市内に送るときの料金は荷物の大きさの関数といえますか。

考え方　荷物の大きさに対応する料金を表やグラフから読みとる。

▶解答　(1)　**2000円**　　(2)　**90cm**　　(3)　**いえる。**

問3　B社では，市内に荷物を送るときの料金を，100cm以下では900円，100cmより大きく160cm以下では1800円としています。大きさが160cm以下の荷物を送るとき，A社とB社のどちらの料金が安いかを，次の□をうめて説明しなさい。

考え方　A社，B社のグラフからどちらの料金が安いかを読み取る。A社の方が安いのは，大きさが60cm以下のときと，100cmより大きくて120cm以下のときである。

▶解答　荷物の大きさを$x$cmとする。A社の方が安いのは$\mathbf{0<x\leqq 60}$の場合と$\mathbf{100<x\leqq 120}$の場合であり，それ以外の場合はB社の方が安い。

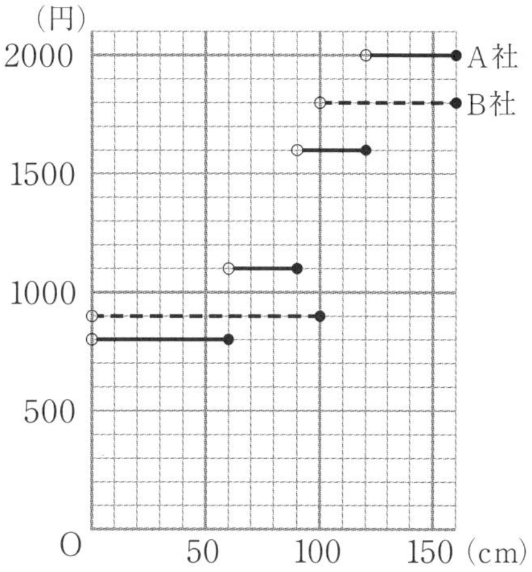

4章の問題

1　次の㋐～㋕の関数の中から，下の(1)～(5)にあてはまるものをすべて選びなさい。

㋐　$y=5x$　　㋑　$y=2x+2$　　㋒　$y=x^2$

㋓　$y=\dfrac{3}{x}$　　㋔　$y=-x-1$　　㋕　$y=-2x^2$

(1)　xの値が3倍になると，それに対応するyの値は9倍になるもの

(2)　変化の割合が一定であるもの

(3)　グラフが原点を通るもの

(4)　$x<0$の範囲で，xの値が増加するとき，yの値が減少するもの

(5)　グラフが曲線になるもの

考え方　(1)　xの値がm倍になると，yの値がm^2倍になるのは，$y=ax^2$である

(2)　変化の割合が一定であるのは，グラフが直線になるものである。

(3)　$x=0$のとき$y=0$となれば原点を通る。

(4)　$y=ax+b$ $(a<0)$，$y=ax^2$ $(a>0)$，$y=\dfrac{a}{x}(a>0)$

(5)　$y=\dfrac{a}{x}$，$y=ax^2$

▶解答　(1)　**㋒，㋕**　(2)　**㋐，㋑，㋔**　(3)　**㋐，㋒，㋕**

(4)　**㋒，㋓，㋔**　(5)　**㋒，㋓，㋕**

2　yがxの2乗に比例し，$x=2$のとき$y=-6$です。yをxの式で表しなさい。また，$x=4$のときのyの値を求めなさい。

▶解答　yがxの2乗に比例するから，$y=ax^2$とする。

$x=2$のとき$y=-6$だから，$y=ax^2$に代入して

$-6=a\times2^2$

$a=-\dfrac{3}{2}$

したがって，求める関数の式は$y=-\dfrac{3}{2}x^2$である。

$x=4$のとき　$y=-\dfrac{3}{2}\times4^2=-24$　　答　$\boldsymbol{y=-\dfrac{3}{2}x^2}$，$x=4$のとき$\boldsymbol{y=-24}$

3　次の(1)，(2)の関数のグラフとしてふさわしい図を，右の㋐～㋓の中から1つずつ選びなさい。また，(1)，(2)のyの変域を求めなさい。

(1)　$y=x^2$　$(-1\leqq x\leqq2)$

(2)　$y=-x^2$　$(-2\leqq x\leqq1)$

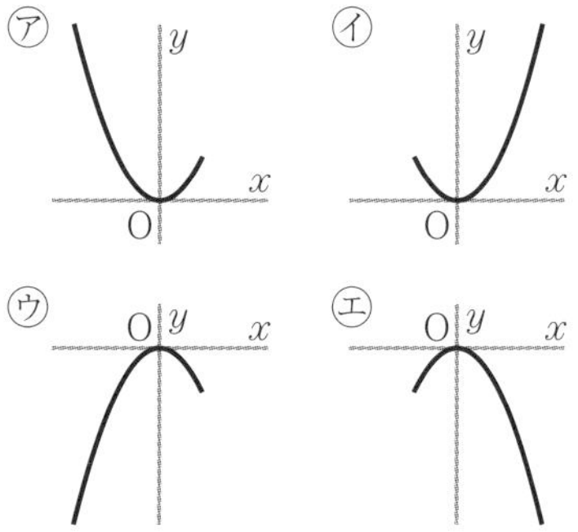

考え方　(1)　関数$y=x^2$のグラフは上に開いているから，㋐または㋑と考えられる。

$x=-1$のとき$y=1$，$x=2$のとき$y=4$

また，$x=0$のとき$y=0$である。

(2)　関数$y=-x^2$のグラフは下に開いているから，㋒または㋓と考えられる。

$x=-2$のとき$y=-4$，$x=1$のとき$y=-1$

また，$x=0$のとき$y=0$である。

▶解答　(1)　グラフ…**㋑**

yの変域…$\boldsymbol{0\leqq y\leqq4}$

(2)　グラフ…**㋒**

yの変域…$\boldsymbol{-4\leqq y\leqq0}$

4　関数$y=2x^2$について，xの値が次のように増加するときの変化の割合を求めなさい。

(1)　5から6まで　(2)　1から4まで

(3)　-4から-2まで

▶解答　(1)　$x=5$ のとき $y=2\times5^2=50$
$x=6$ のとき $y=2\times6^2=72$
したがって(変化の割合) $=\dfrac{72-50}{6-5}=22$　答　**22**

(2)　$x=1$ のとき $y=2\times1^2=2$
$x=4$ のとき $y=2\times4^2=32$
したがって(変化の割合) $=\dfrac{32-2}{4-1}=\dfrac{30}{3}=10$　答　**10**

(3)　$x=-4$ のとき $y=2\times(-4)^2=32$
$x=-2$ のとき $y=2\times(-2)^2=8$
したがって(変化の割合) $=\dfrac{8-32}{-2-(-4)}=\dfrac{-24}{2}=-12$　答　**−12**

とりくんでみよう

1　右の図のように，関数 $y=ax^2$ のグラフ上に2点A，Bがあります。点Aの x 座標が -4 で，点Bの座標が(2, 2)であるとき，次の問いに答えなさい。
(1)　a の値を求めなさい。
(2)　この関数で，x の値が2から3まで増加するときの変化の割合を求めなさい。
(3)　2点A，Bを通る直線の式を求めなさい。

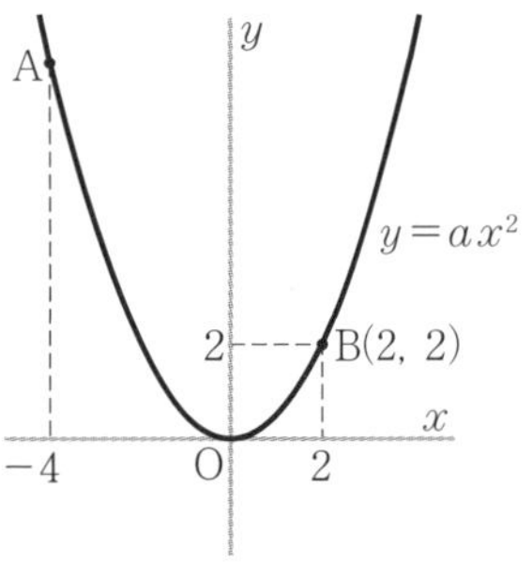

▶解答　(1)　点B(2, 2)は $y=ax^2$ のグラフ上にあるから，
$x=2$，$y=2$ を代入して　$2=a\times2^2$
したがって　$a=\dfrac{1}{2}$　答　$\boldsymbol{a=\dfrac{1}{2}}$

(2)　関数の式は $y=\dfrac{1}{2}x^2$
$x=3$ のとき $y=\dfrac{9}{2}$ だから，(y の増加量) $=\dfrac{9}{2}-2=\dfrac{5}{2}$，($x$ の増加量) $=3-2=1$
(変化の割合) $=\dfrac{5}{2}\div1=\dfrac{5}{2}$　答　$\boldsymbol{\dfrac{5}{2}}$

(3)　点Aは $y=\dfrac{1}{2}x^2$ のグラフ上の点だから $x=-4$ のとき $y=8$
したがって，点Aの座標は $(-4, 8)$
求める直線の式を $y=ax+b$ とすると
傾き a は　$a=\dfrac{2-8}{2-(-4)}=-1$
したがって　$y=-x+b$
グラフは，点B(2, 2)を通るから　$2=-2+b$　$b=4$
ゆえに，求める直線の式は　$y=-x+4$　答　$\boldsymbol{y=-x+4}$

(2) 右の図は，関数$y=\frac{1}{4}x^2$のグラフと，x軸に平行な直線ℓとの交点をA，Bとしたものです。△AOBについて，次の問いに答えなさい。

(1) 線分ABの長さが8のとき，△AOBの面積を求めなさい。

(2) 直線ℓの式が$y=6$であるとき，△AOBの面積を求めなさい。

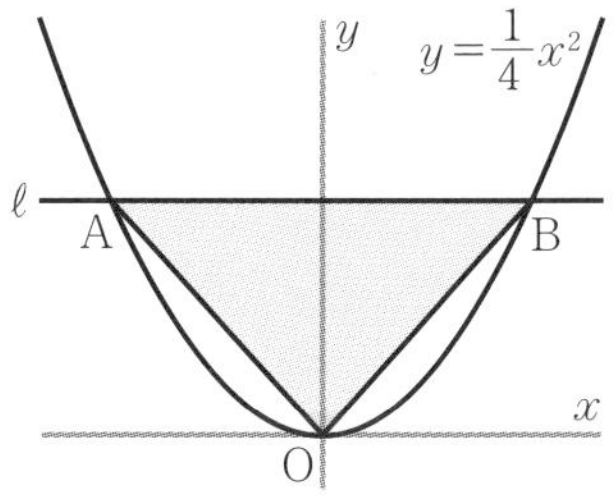

考え方 関数$y=ax^2$のグラフは，y軸について対称である。

▶解答 (1) 線分ABの長さが8のとき，2点A，Bのx座標はそれぞれ-4，4である。

また，$x=4$のとき　$y=\frac{1}{4}\times4^2=4$

したがって，△AOBの底辺を辺ABとみたときの高さは4である。

ゆえに，△AOBの面積は$\frac{1}{2}\times8\times4=16$　　答　**16**

(2) $y=6$のとき　$6=\frac{1}{4}x^2$

$x^2=24$

$x=\pm2\sqrt{6}$

よって，2点A，Bのx座標はそれぞれ$-2\sqrt{6}$，$2\sqrt{6}$である。

したがって，$AB=2\sqrt{6}-(-2\sqrt{6})=4\sqrt{6}$

ゆえに，△AOBの面積は$\frac{1}{2}\times4\sqrt{6}\times6=12\sqrt{6}$　　答　$\mathbf{12\sqrt{6}}$

(3) 右の図の台形ABCDで，2点P，QはAを同時に出発し，それぞれ秒速1cmで，点Pは辺AB，BC上をCまで，点Qは辺AD上をDまで動きます。2点がAを出発してからx秒後に，台形ABCDを線分PQが分けてできる図形のうち，Aをふくむ図形の面積を$y$cm²とします。次の問いに答えなさい。

(1) 点Pが辺AB，BC上を動くとき，それぞれyをxの式で表しなさい。また，xの変域を表しなさい。

(2) Aをふくむ図形の面積が12cm²となるのは何秒後ですか。

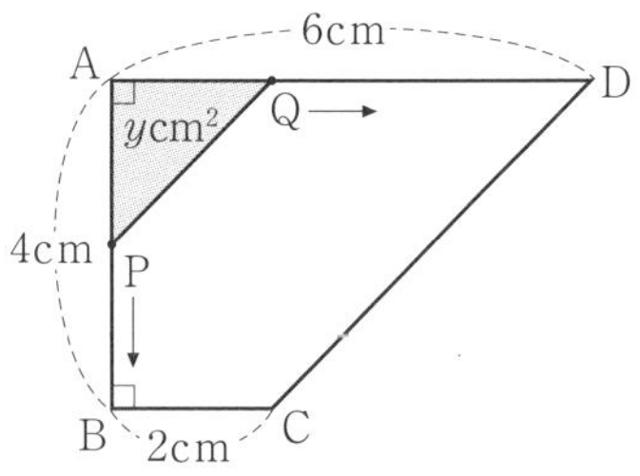

考え方 (2) 点Pが辺AB，BCどちらの上を動くときかを考える。

▶解答 (1) 点Pが辺AB上のとき，

$y=\frac{1}{2}x^2$

AB=4cmよりxの変域は

$0\leqq x\leqq4$

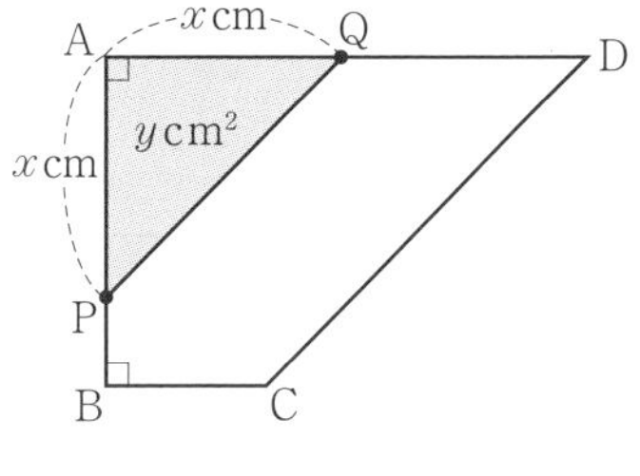

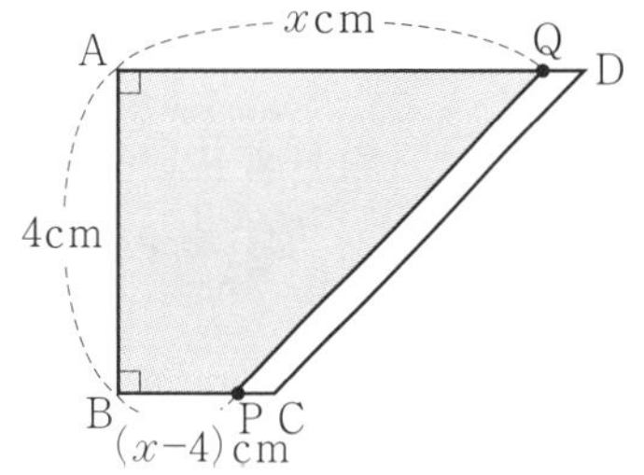

点Pが辺BC上のとき，
AB＋BP＝AQ＝x(cm)，AB＝4cmより
BP＝$(x-4)$cm

よって　$y=\frac{1}{2}\times\{x+(x-4)\}\times4$
$=4x-8$

AB＋BC＝AD＝6(cm)，AB＝4cmより
xの変域は　$4\leqq x\leqq6$

答　**点Pが辺AB上のとき　$y=\frac{1}{2}x^2(0\leqq x\leqq4)$**
点Pが辺BC上のとき　$y=4x-8(4\leqq x\leqq6)$

(2)　点Pが点B上のとき，$x=4$で$y=8$であるから，点Aをふくむ部分の面積が$12cm^2$となるのは，点Pが辺BC上のときである。
したがって　$12=4x-8$
$4x=20$
$x=5$　　これは問題にあう。

答　**5秒後**

④　まっすぐな線路と，その線路に平行な道路があります。電車が駅を出発してからx秒間に進む距離(きょり)をymとすると，$0\leqq x\leqq60$の範囲(はんい)では$y=\frac{1}{5}x^2$の関係があるとします。右の図は，電車が駅を出発してから60秒間のxとyの関係を表したグラフです。電車が駅を出発すると同時に，電車と同じ方向に秒速5mで走っている自転車が駅を通過しました。$x=30$のとき，電車と自転車はどちらが前を走っていますか。そのように判断した理由も説明しなさい。

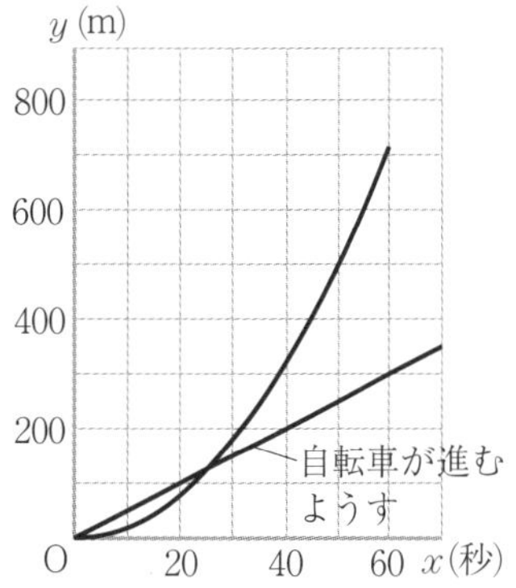

考え方　30秒後の自転車と，電車の駅からの距離を比べる。また，$y=5x$のグラフと$y=\frac{1}{5}x^2$のグラフの交点は，自転車が電車に追いつかれることを表している。

▶解答　**電車**　(理由)　・**自転車が駅を通過してからx秒間に進む距離をymとすると，xとyの関係は$y=5x$と表される。この式で，$x=30$のとき$y=150$である。**
一方，電車は，$y=\frac{1}{5}x^2$で，$x=30$のとき$y=180$である。
したがって，電車が前を走っているとわかる。
・**自転車が進むようすを問題の図にかき入れると，上の図の直線になる。この図で，$x=30$のとき，直線より放物線の方が上側にあるから，電車が前を走っているとわかる。**　など

数学のたんけん――関数 $y=2^x$

右の表は，教科書P.116の Q で調べた関数について，対応する x と y の関係を整理したものです。
この表からわかるように，x が自然数であるとき，x と y の関係は $y=2^x$ という式で表すことができます。
この関数は指数関数という，これまでに学んできたものとはちがう新しい関数です。
1枚の厚さが0.1mmである紙を10回切って，そのすべてを重ねると，高さはどのくらいになるでしょうか。
また，重ねた紙の高さが，右の高さや距離をこえるのは，この紙を何回切って重ねたときでしょうか。

x	y
1	$2=2^1$
2	$2\times2=2^2$
3	$2\times2\times2=2^3$
4	$2\times2\times2\times2=2^4$
5	$2\times2\times2\times2\times2=2^5$
6	$2\times2\times2\times2\times2\times2=2^6$
7	$2\times2\times2\times2\times2\times2\times2=2^7$
⋮	⋮

東京(とうきょう)スカイツリーの高さ	634m
富士山(ふじさん)の高さ	3776m
月までの距離	38万km

▶解答　1枚の紙を10回切ると1024枚になるから，
$0.1\times1024=102.4$(mm)
102.4mm＝10.24cm　　答　**10.24cm**
(東京スカイツリーの高さ)
紙の枚数を x 枚とすると
$0.1\times x=634000$(mm)
$x=6340000$(枚)
紙が6340000枚以上になるとき東京スカイツリーの高さをこえる。
22回切ると4194304枚，23回切ると8388608枚になる。
したがって，23回切ると東京スカイツリーの高さをこえる。　　答　**23回**
(富士山の高さ) 25回切ると33554432枚，26回切ると67108864枚　　答　**26回**
(月までの距離) 41回切ると2199023255552枚，42回切ると4398046511104枚
答　**42回**

次の章を学ぶ前に

1 次の図について，下の問いに答えましょう。

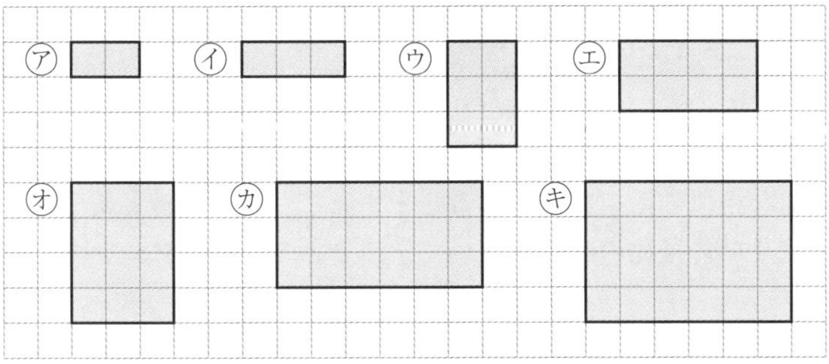

(1) ㋐の長方形の拡大図を，㋑～㋖の中から2つ選びましょう。

(2) ㋖の長方形の縮図を，㋐～㋕の中から1つ選びましょう。

▶解答 (1) **㋓, ㋕**　(2) **㋒**

2 次の図で，合同な三角形の組を，記号≡を使って表しましょう。また，その合同条件を答えましょう。ただし，(1)と(3)で，点Oは線分AB，CDの交点です。

(1) AO＝DO，CO＝BO　(2) AB＝AD，BC＝DC　(3) AO＝BO，∠A＝∠B

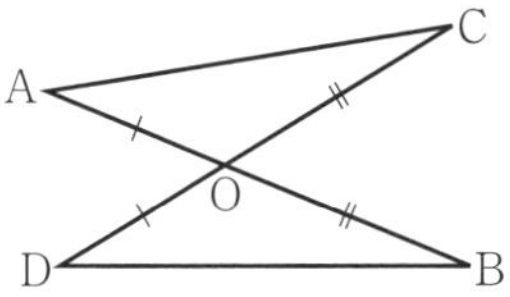

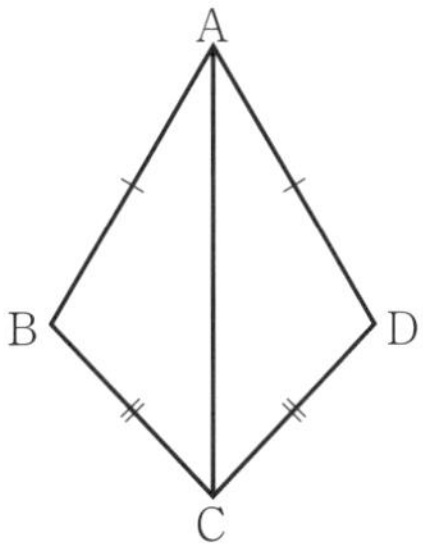

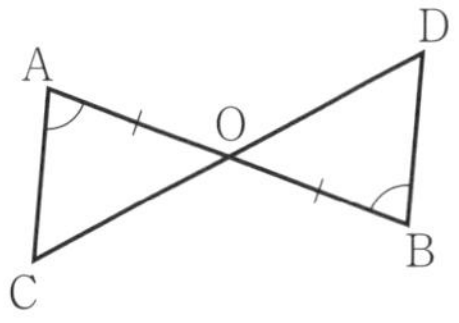

▶解答
(1) **△OAC≡△ODB**　合同条件…**2組の辺とその間の角がそれぞれ等しい。**
(2) **△ABC≡△ADC**　合同条件…**3組の辺がそれぞれ等しい。**
(3) **△OAC≡△OBD**　合同条件…**1組の辺とその両端（りょうたん）の角がそれぞれ等しい。**

5章 相似な図形

この章について

私たちの身のまわりには，実際のものを縮小したり，拡大した図などがたくさんあります。この章では，三角形の相似条件を基本にして，いろいろな形の相似について考え，さらに比の性質を活用して，実際的な相似の活用方法も学習します。また，平行線と線分の比や，相似な図形の相似比と面積比及び体積比の関係について学ぶことで，相似についての理解を深めることができます。

Q 次の㋐～㋒の図を見て，形や大きさのきまりを見つけ，㋐と同じ形の㋓の図を完成しましょう。

考え方 方眼の数を比べると，㋐→㋑は横に2倍，㋐→㋒は縦に2倍になっている。

▶解答 ㋐の図形を，横に2倍，縦に2倍した図形をかく。

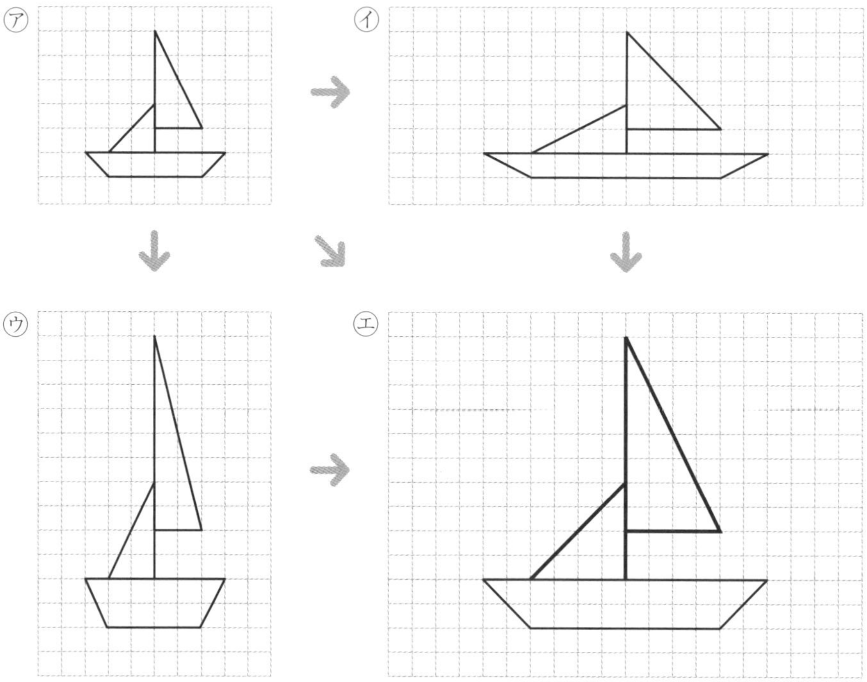

1節　相似な図形

1　図形の相似

基本事項ノート

➔相似の定義

2つの図形があって，一方の図形を拡大または縮小したものと，他方の図形が合同であるとき，この2つの図形は相似であるという。

➔相似を表す記号

四角形ABCDと四角形A′B′C′D′が相似であることを，記号∽を使って，対応する頂点の順に

四角形ABCD∽四角形A′B′C′D′

と表し，「四角形ABCD相似四角形A′B′C′D′」と読む。

➔相似な図形の性質

1　相似な図形では，対応する線分の長さの比は等しい。

2　相似な図形では，対応する角の大きさは等しい。

問1　次の四角形で，㋐を何倍に拡大すれば，㋑にぴったり重ねることができますか。

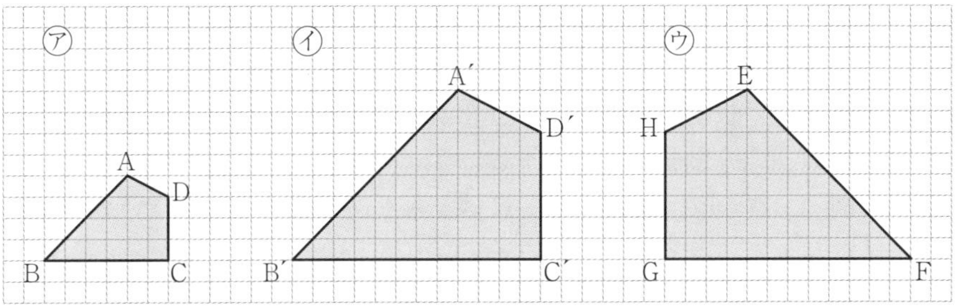

考え方　各辺の方眼の数を比べる。辺BCは6，辺B′C′は12，辺DCは3，辺D′C′は6。

▶解答　**2倍**

問2　問1の図の四角形ABCDと四角形A′B′C′D′で，次の頂点，辺，角に対応するものを答えなさい。

(1)　頂点B′　　(2)　辺A′D′　　(3)　∠C

▶解答　(1)　**頂点B**　　(2)　**辺AD**　　(3)　**∠C′**

問3　右の図の2つの三角形は相似です。このことを，記号∽を使って表しなさい。

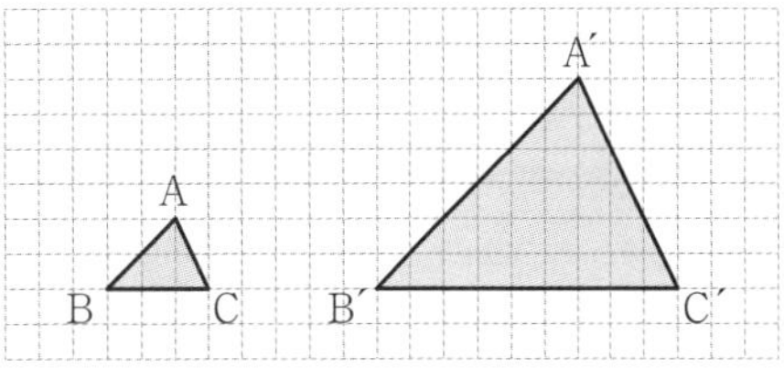

考え方　対応する頂点の順にかくこと。

▶解答　**△ABC∽△A′B′C′**

考えよう　(例)　**B′C′を底辺と見たときの高さは，BCを底辺と見たときの高さの3倍である。**

など

問4　正方形には，いろいろな大きさのものがありますが，それらはすべて相似です。
次の(1)，(2)のことがらについて考えましょう。
(1)　ひし形はすべて相似といえますか。
(2)　円はすべて相似といえますか。

▶解答　(1)　**いえない。**　　(2)　**いえる。**

2　相似の位置と相似比

基本事項ノート

➔相似比

相似な2つの図形で，対応する線分の長さの比を相似比という。

❶注　合同な図形は，相似比が1：1の相似な図形とも考えられる。

➔相似の位置，相似の中心

2つの図形の対応する点がすべて点Oを通る直線上にあり，Oから対応する点までの長さの比がすべて等しいとき，2つの図形は相似の位置にあるといい，点Oを相似の中心という。

❶注　相似の位置にある2つの図形は，相似である。
また，Oから対応する点までの長さの比は，2つの図形の相似比と等しくなる。

Q　次の図①は，半直線OA，OB，OC上に，OA′＝2OA，OB′＝2OB，OC′＝2OCとなるように点A′，B′，C′をとって，△A′B′C′をかいたものです。同じようにして，図②(図は解答欄)に△A′B′C′ををかいてみましょう。
それぞれの図で，△ABCと△A′B′C′にはどんな関係があるでしょうか。

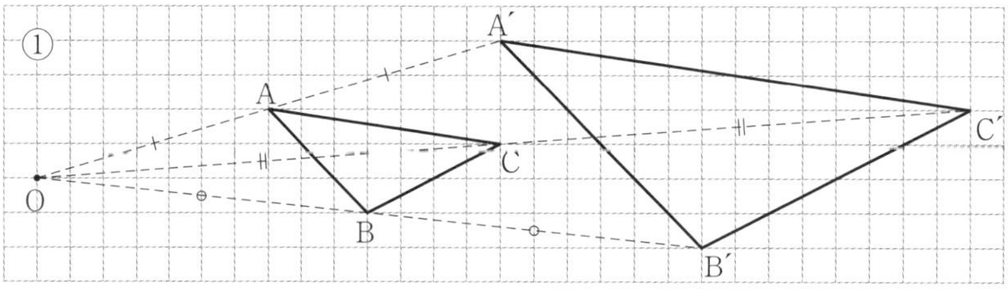

▶解答　右の図
(関係)　**△ABC∽△A′B′C′**

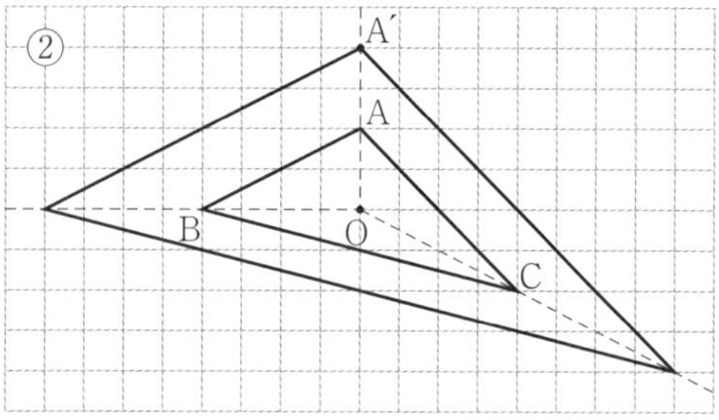

問1　Qの図②(図は解答欄)に，△ABCを，点Oを相似の中心として$\frac{1}{2}$に縮小した△DEFをかきなさい。

考え方　図②の半直線OA，OB，OC上に，OD＝$\frac{1}{2}$OA，OE＝$\frac{1}{2}$OB，OF＝$\frac{1}{2}$OCとなるように点D，E，Fをとり，△DEFをかく。
同じように，図②の半直線をそれぞれ点A，BCと反対側に延長した直線AO，BO，CO上に，OD＝$\frac{1}{2}$OA，OE＝$\frac{1}{2}$OB，OF＝$\frac{1}{2}$OCとなるように点D，E，Fをとり，△DEFをかく。

▶解答　右の図

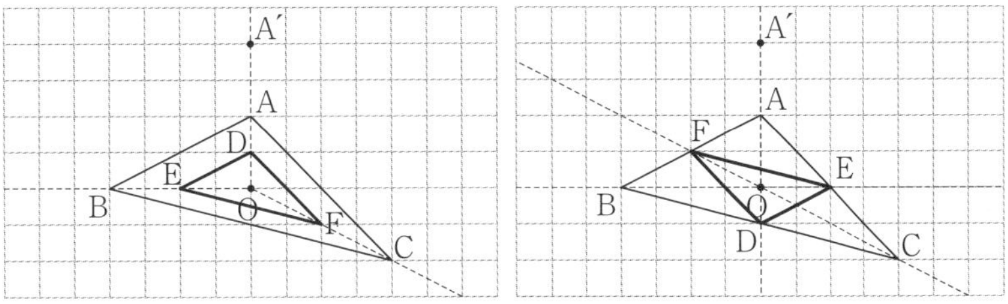

問2　次の図形は，それぞれ相似な図形です。相似比を求めなさい。

(1)　長方形ABCDと長方形A′B′C′D′　(2)　円Oと円O′

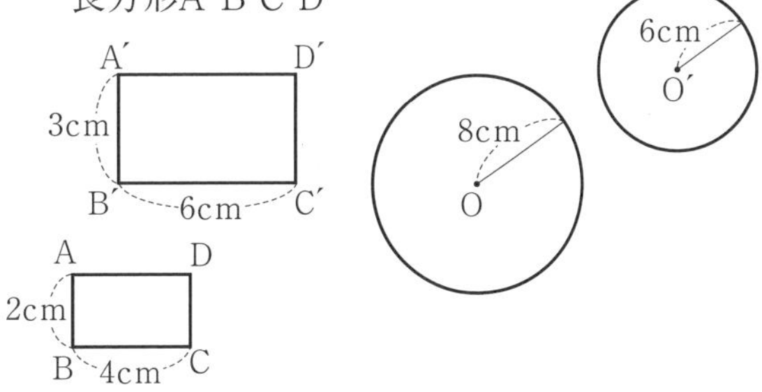

考え方　相似な2つの図形で，対応する線分の長さの比を相似比という。

▶解答　(1)　対応する辺の長さの比は
AB：A′B′＝2：3
BC：B′C′＝4：6＝2：3
したがって，
四角形ABCDと四角形A′B′C′D′の相似比は**2：3**

(2)　円Oと円O′の半径の比は8：6＝4：3
円Oと円O′の相似比は**4：3**

注　相似比として比の値を使う場合もある。
(1)　四角形ABCDの四角形A′B′C′D′に対する相似比は$\frac{2}{3}$
(2)　円Oの円O′に対する相似比は$\frac{4}{3}$

問3　△ABC∽△DEFで，その相似比が1：1であるとき，この2つの三角形はどんな関係にあるといえますか。

▶解答　△ABCと△DEFは**合同**である。

3 相似な図形の性質の活用

基本事項ノート

➔比例式の性質

$a:b=c:d$ ならば　$ad=bc$

$a:b=c:d$ ならば　$a:c=b:d$ である。

➔相似の活用

身近なことがらで，相似を活用することにより，直接測ることが困難なものの高さを求めることができる。

Q 次の比例式が成り立つとき，x の値を求めましょう。

(1)　$x:12=15:36$　　(2)　$20:4=x:6$

▶解答

(1)　$x:12=15:36$

$36x=12\times15$

$x=5$　　答　$\boldsymbol{x=5}$

(2)　$20:4=x:6$

$4x=20\times6$

$x=30$　　答　$\boldsymbol{x=30}$

問1　**例1**の図で，辺FDの長さを求めなさい。

考え方　相似な図形は，対応する辺の長さの比は等しいことを使う。

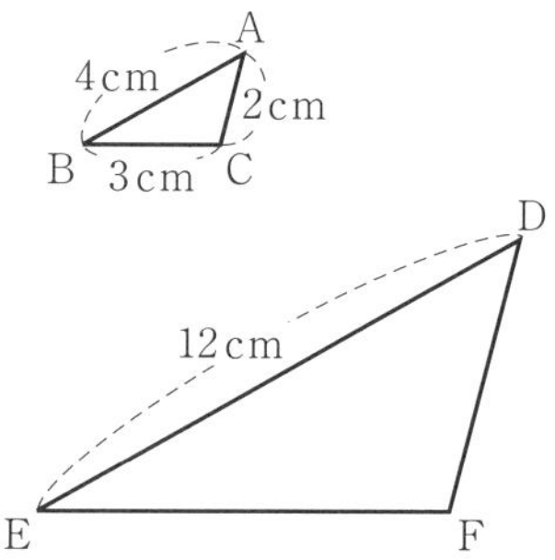

▶解答　AB：DE＝CA：FDより，

FD＝$y$cmとすると

$4:12=2:y$

$4y=12\times2$

$y=6$

答　**6cm**

問2　**例2**の図で，辺CDの長さを求めなさい。

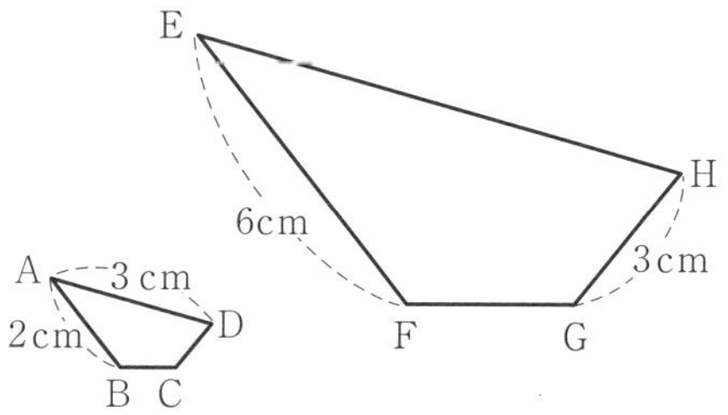

▶解答　AB：EF＝CD：GHより，

CD＝$x$cmとすると

$2:6=x:3$

$6x=2\times3$

$x=1$　　答　**1cm**

▶別解　AB：CD＝EF：GHとして求めることもできる。

問3　**例2**の図で，∠A＝36°のとき，∠Eの大きさを求めなさい。

▶解答　∠E＝**36°**

問4　ある時刻に木の影(かげ)の長さBCを測ったところ，5.6mでした。このとき，高さ2mの鉄棒DEの影の長さEFは1.4mでした。
右の図について，△ABC∽△DEFであるとします。このとき，木の高さABを求めなさい。

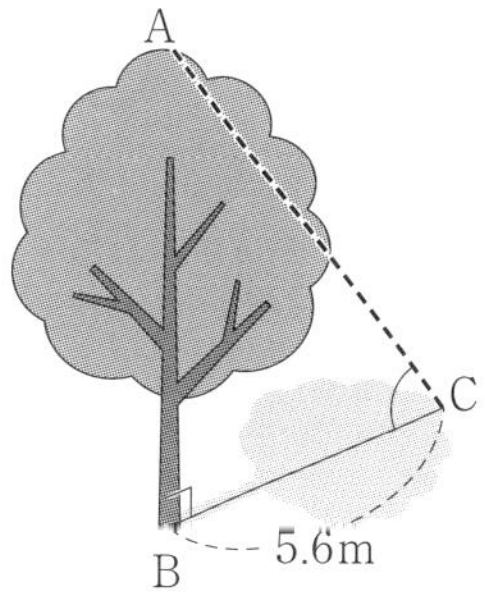

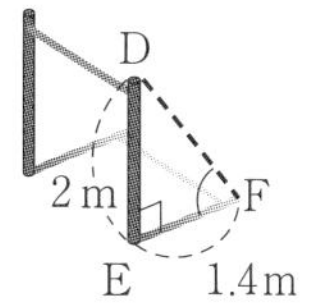

考え方　相似な図形の対応する辺の長さの比は等しいから
AB：DE＝BC：EF

▶解答　△ABC∽△DEFより，
AB：DE＝BC：EF
AB：2＝5.6：1.4
AB×1.4＝2×5.6
AB＝8(m)

答　**約8m**

注　このように，AB＝$x$cmとおかずに，ABのまま計算を進めてもよい。

4　三角形の相似条件

基本事項ノート

三角形の相似条件

2つの三角形は，次のおのおのの場合に，相似である。

1　3組の辺の比がすべて等しい。
$a:a'=b:b'=c:c'$

2　2組の辺の比とその間の角がそれぞれ等しい。
$a:a'=c:c'$
∠B＝∠B′

3　2組の角がそれぞれ等しい。
∠B＝∠B′
∠C＝∠C′

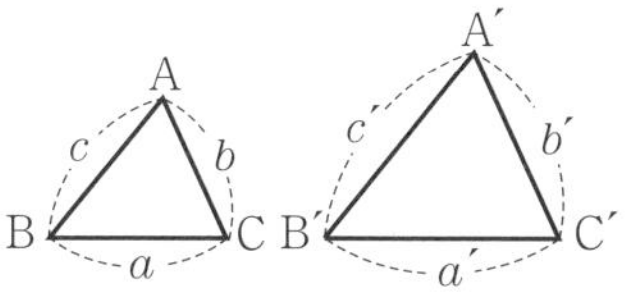

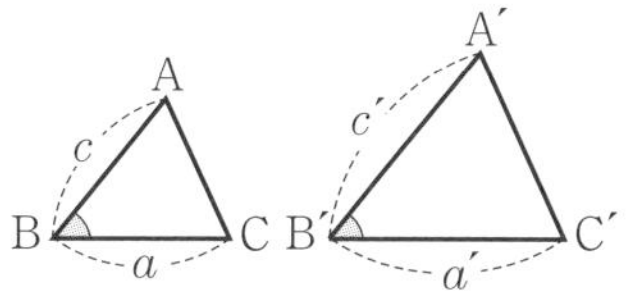

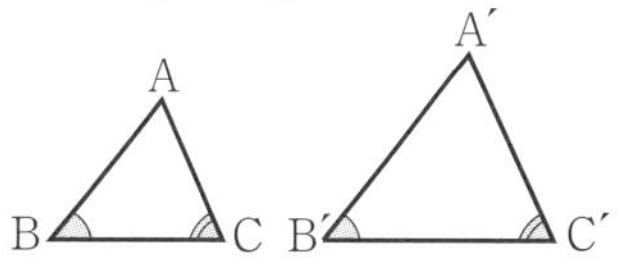

Q　下の図のような△ABCがあります。次の条件にあう△DEFをかきましょう。(図は解答欄)
EF＝2a，FD＝2b，DE＝2c
△ABCと△DEFは相似であるといえるでしょうか。

▶解答　右の図
いえる。

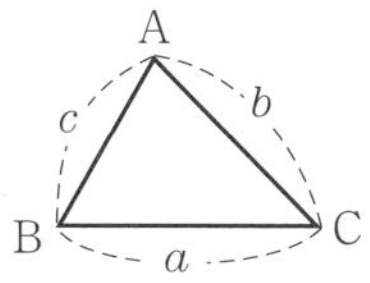

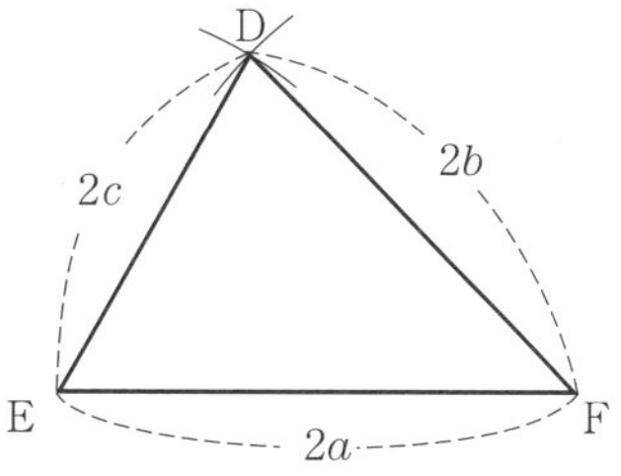

問1　教科書P.130 **Q** の図の△ABCに対して，次の(1)，(2)の条件にあう△DEFを，それぞれかきなさい(図は解答欄)。

(1)　EF＝$2a$，DE＝$2c$，∠E＝∠B　　(2)　EF＝$2a$，∠E＝∠B，∠F＝∠C

▶解答　右の図

(1)

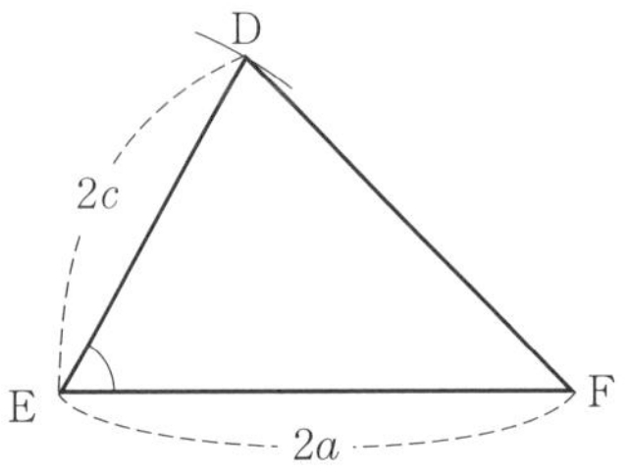

(2)

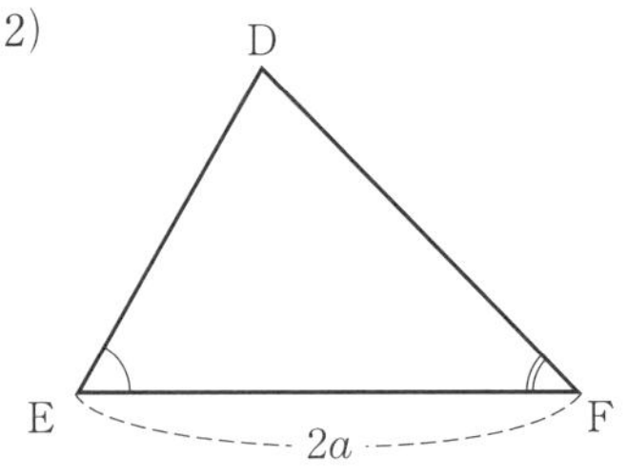

問2　三角形の相似条件と三角形の合同条件の似ているところやちがうところはどこですか。

▶解答　(例)　**1，2は三角形の合同条件と似ている。3は合同条件に比べ，相似条件では辺に関する条件がなく，角だけであることが異なる。**　など

問3　次の図で，相似な三角形の組をすべて選び出し，記号∽を使って表しなさい。また，その相似条件を答えなさい。

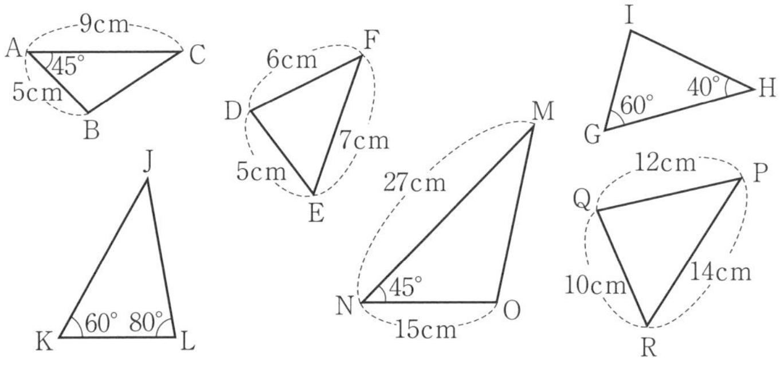

考え方　△GHIや△KJLでは，三角形の内角の和は180°だから，∠I＝80°，∠J＝40°

▶解答　**△DEF∽△QRP　3組の辺の比がすべて等しい。**

△ABC∽△NOM　2組の辺の比とその間の角がそれぞれ等しい。

△GHI∽△KJL　2組の角がそれぞれ等しい。

問4　次の(1)～(4)のそれぞれの図で，相似な三角形を記号∽を使って表しなさい。また，その相似条件を答えなさい。

(1)

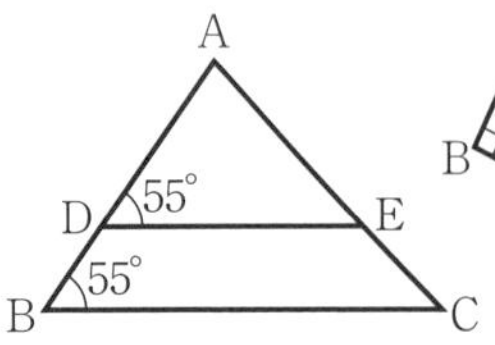

(2)

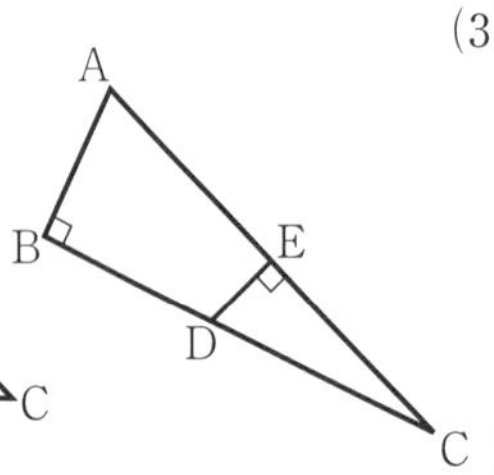

(3)

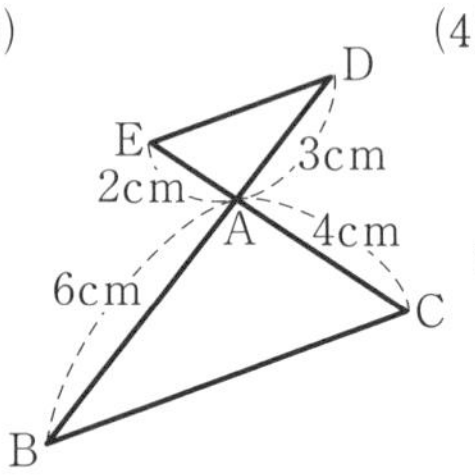

(4)

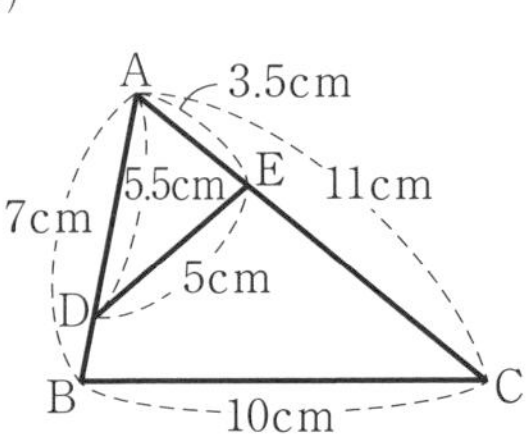

考え方　(1)　∠Aは共通，∠ABC＝∠ADE＝55°
(2)　∠Cは共通，∠ABC＝∠DEC＝90°
(3)　AB：AD＝2：1，AC：AE＝2：1，∠BAC＝∠DAE
(4)　AB：AE＝2：1，BC：ED＝2：1，AC：AD＝2：1
または，AB：AE＝2：1，AC：AD＝2：1，∠Aは共通。

▶解答　(1)　**△ABC∽△ADE　2組の角がそれぞれ等しい。**
(2)　**△ABC∽△DEC　2組の角がそれぞれ等しい。**
(3)　**△ABC∽△ADE　2組の辺の比とその間の角がそれぞれ等しい。**
(4)　**△ABC∽△AED　3組の辺の比がすべて等しい。**
または，2組の辺の比とその間の角がそれぞれ等しい。

5　相似の証明

基本事項ノート

相似の証明の方法

どの2つの三角形について相似の証明をするのか，辺の長さの比や角に注意して調べる。また，このとき使う相似条件を考える。

問1　右の図のように，線分AB，CDが点Oで交わり，
OA：OB＝2：3，OC：OD＝2：3
であるとき
△AOC∽△BOD
であることを証明しなさい。

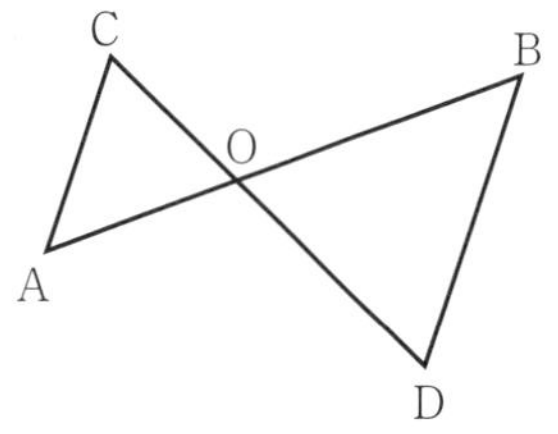

▶解答　**△AOCと△BODにおいて**
仮定から　OA：OB＝OC：OD　……①
対頂角は等しいから　∠AOC＝∠BOD　……②
①，②より，2組の辺の比とその間の角がそれぞれ等しいから
△AOC∽△BOD

注　対応する頂点の順にかくこと。

問2　右の図で，
△ABC∽△BCD
であることを証明しなさい。

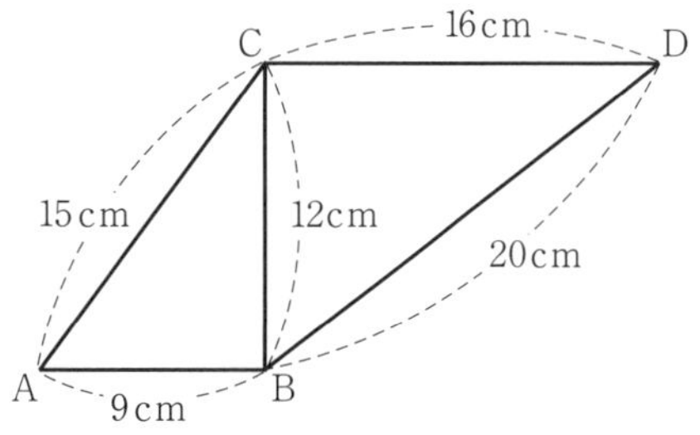

▶解答　**△ABCと△BCDにおいて**

仮定から　AB：BC＝9：12＝3：4　……①

BC：CD＝12：16＝3：4　……②

CA：DB＝15：20＝3：4　……③

①，②，③より，AB：BC＝BC：CD＝CA：DB　……④

④より，3組の辺の比がすべて等しいから

△ABC∽△BCD

問3　右の図のように，∠A＝90°である直角三角形ABCの頂点Aから，斜辺(しゃへん)BCに垂線ADをひきます。このとき，

BC：BA＝AC：DA

であることを証明しなさい。

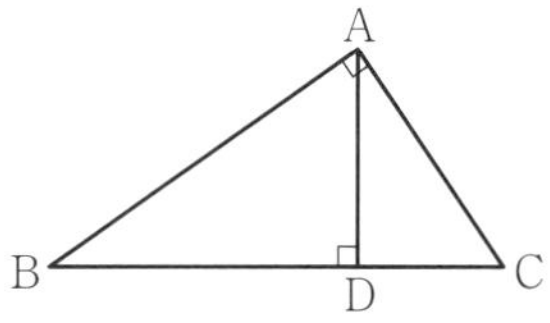

▶解答　**△ABCと△DBAにおいて**

∠Bは共通　……①

仮定から　∠BAC＝∠BDA＝90°　……②

①，②より，2組の角がそれぞれ等しいから

△ABC∽△DBA

したがって　BC：BA＝AC：DA

6　縮図の活用

基本事項ノート

➔縮図の活用

縮図を活用して，直接測ることのできない距離(きょり)や高さを求める。

➔縮尺と比の値

縮尺1：50000は，比の値で $\frac{1}{50000}$ と表すこともある。

Q　次の地図のA地点からB地点までの距離を求めるにはどうすればよいでしょうか。（地図省略）

▶解答　**地図上の2点A，B間の長さを測り，縮尺1：100000を使って求める。**

問1　Qの地図で，3地点A，B，Cの間の距離をそれぞれ求めなさい。

▶解答　地図では，ABの長さは，約8.2cmである。

縮尺が1：100000だから，A地点からB地点までの実際の距離を x cmとすると

$8.2 : x = 1 : 100000$

$x = 8.2 \times 100000$

$= 820000$

◀気をつけよう▶
長さの単位に気をつける。
1mは100cm
1kmは1000m

820000cmは8.2km
地図では，CAの長さは，約8.2cmであるから，
C地点からA地点までの実際の距離は約8.2km
地図では，CB間の長さは，約8.5cmであるから，
C地点からB地点までの実際の距離を$y$cmとすると
$8.5:y=1:100000$
$y=850000$
850000cmは8.5km　　答　AB間　**約8.2km**　CA間　**約8.2km**　CB間　**約8.5km**

問2　校庭から校舎の上を見上げたところ，右の図のような角の大きさがわかりました。校舎までの距離が16m，目の高さが地面から1.5mのとき，縮図をかいて，校舎のおよその高さを求めましょう。

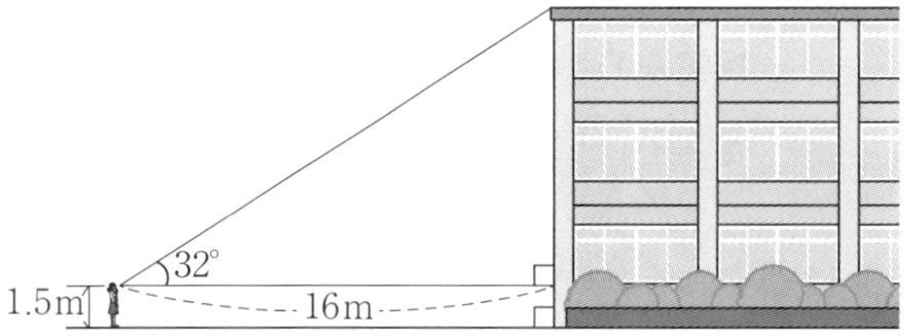

考え方　16mを，かきやすく計算しやすい長さに縮小して，縮図をかく。

▶解答　縮尺$\frac{1}{200}$で縮図をかくと，右の図のようになる。
縮図のACの長さは約5cm
実際の長さを$x$cmとすると
$5:x=1:200$
$x=5\times200$
$=1000$
1000cmは10m
校舎の高さは10mに目の高さ1.5mをたして
$10+1.5=11.5$　　答　**約11.5m**

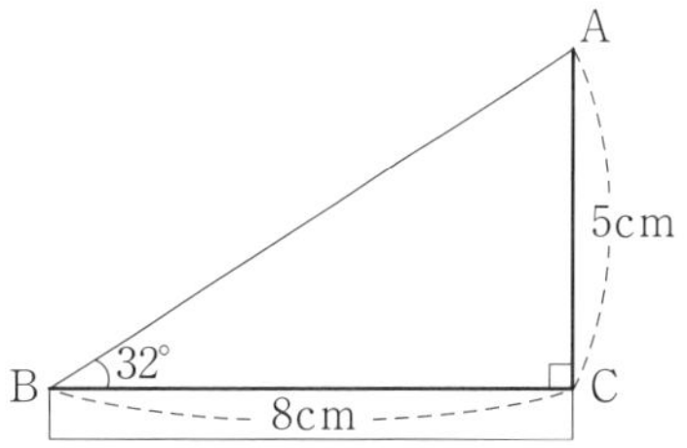

基本の問題

1　次の図で，相似な三角形を記号∽を使って表しなさい。また，その相似条件を答えなさい。

(1)　(2)

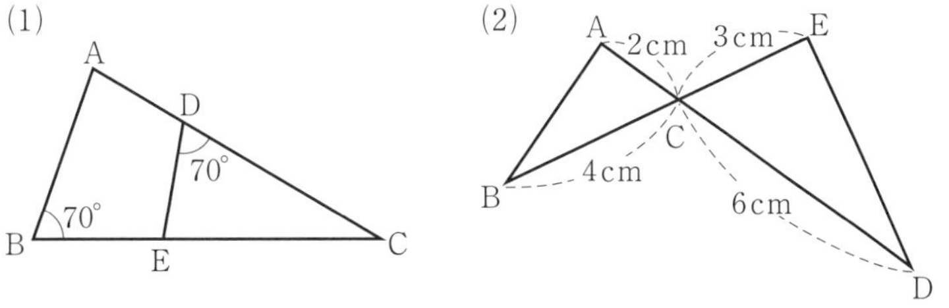

考え方　(1)　∠Cは共通，∠ABC＝∠EDC＝70°
(2)　対頂角は等しいから∠ACB＝∠ECD，
AC：EC＝2：3，BC：DC＝4：6＝2：3より，AC：EC＝BC：DC

▶解答 (1)　**△ABC∽△EDC　2組の角がそれぞれ等しい。**
(2)　**△ACB∽△ECD　2組の辺の比とその間の角がそれぞれ等しい。**

(2) AB＝AC，∠A＝36°である二等辺三角形ABCで，∠Bの二等分線と辺ACとの交点をDとします。このとき，
　　AB：BC＝BC：CD
であることを証明しなさい。

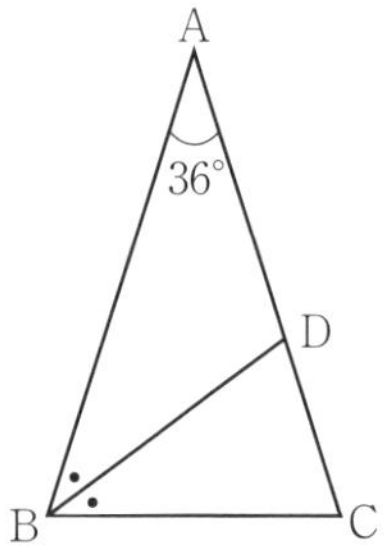

▶解答 **△ABCは二等辺三角形だから　∠ABC＝∠C＝(180°－36°)÷2＝72°**
仮定から，BDは∠Bの二等分線だから　∠CBD＝72°÷2＝36°
△ABCと△BCDにおいて
∠A＝∠CBD＝36°……①
∠ABC＝∠C　　……②
①，②より，2組の角がそれぞれ等しいから
△ABC∽△BCD
したがって　AB：BC＝BC：CD

(3) 次の図のような建物のおよその高さを，縮図をかいて求めなさい。

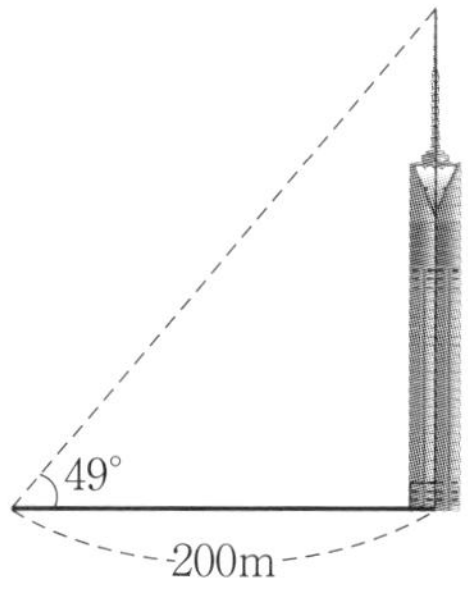

考え方 200mを，かきやすく計算しやすい長さに縮小して，縮図をかく。

▶解答 (例)　縮尺$\frac{1}{2000}$で縮図をかくと，右の図のようになる。
縮図のACの長さは約11.5cm
実際の建物の高さを$x$cmとすると
$11.5:x=1:2000$
$x=11.5\times2000$
$=23000$
23000cmは230m　　　　答　**約230m**

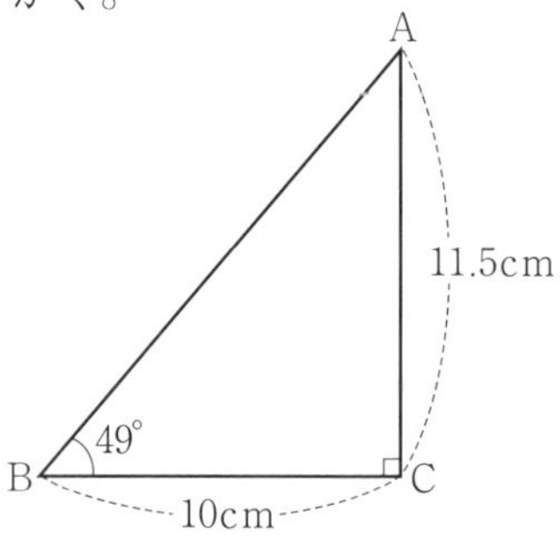

2節 平行線と線分の比

1 三角形と線分の比①

基本事項ノート

➔三角形と線分の比①の定理

△ABCにおいて，点D，Eを辺AB，AC上，または，その延長線上の点とするとき，次のことがいえる。

1　DE∥BCならば　AD：AB＝AE：AC＝DE：BC

2　DE∥BCならば　AD：DB＝AE：EC

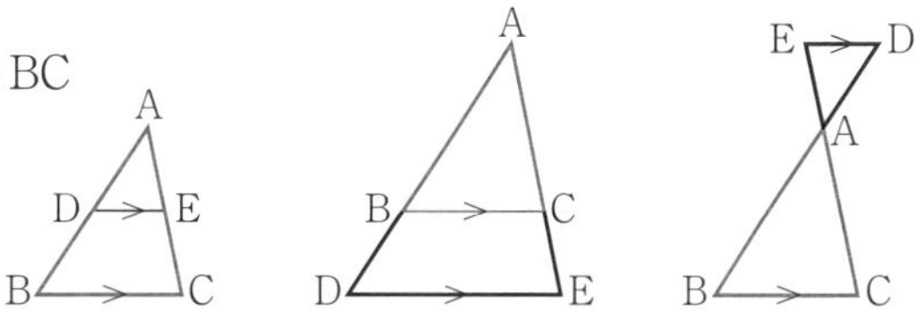

Q　右の図は，△ABCの辺BCに平行な直線をひき，その直線と辺AB，ACとの交点をそれぞれD，Eとしたものです。
点D，Eは辺AB，ACをそれぞれどのような比に分けているか，長さを測って調べましょう。

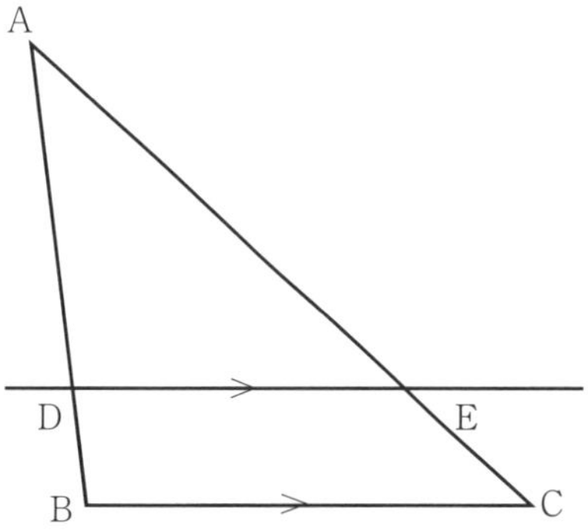

▶解答　AD＝3cm，DB＝1cmだから**AD：DB＝3：1**
AE＝4.5cm，EC＝1.5cmだから**AE：EC＝4.5：1.5＝3：1**

例1　**ABC**

問1　教科書P.138**例1**の図の△ABCにおいて，
DE∥BCならばAD：DB＝AE：EC
であることを証明しなさい。

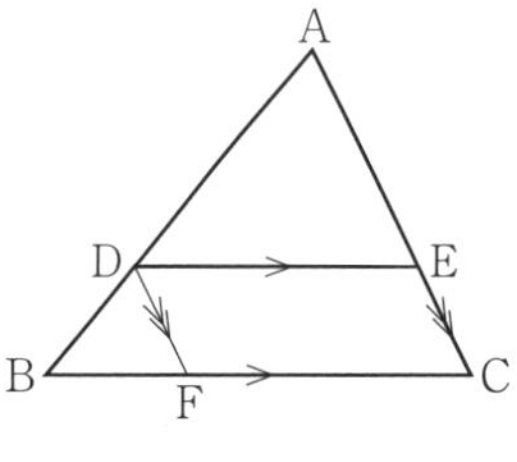

考え方　右の図のように，辺ACに平行な直線を点Dからひき，辺BCとの交点をFとすると，四角形DFCEは平行四辺形になる。このことを使って考える。

▶解答　**点Dから辺ACに平行な直線DFをひく。**

△ADEと△DBFにおいて

平行線の同位角は等しいから，DE∥BCより　∠ADE＝∠DBF……①

DF∥ACより　∠DAE＝∠BDF……②

①，②より，2組の角がそれぞれ等しいから　△ADE∽△DBF

したがって　AD：DB＝AE：DF

また，四角形DFCEは平行四辺形だから　DF＝EC

ゆえに　AD：DB＝AE：EC

問2 **例1**や**問1**で証明したことが，右の図のように，点D，Eが，辺AB，ACの延長線上にあるとき，また，辺BA，CAの延長線上にあるときにも成り立つことを確認(かくにん)しましょう。

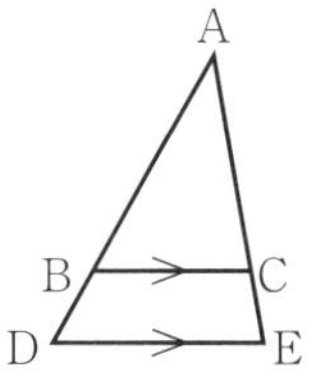

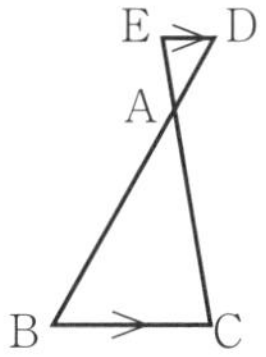

▶解答 （左側の図について）

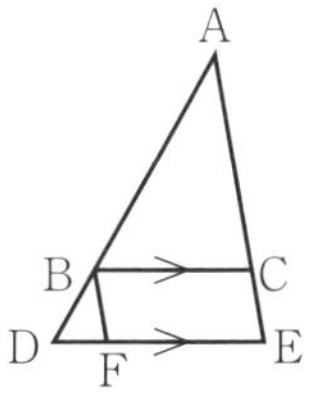

△ADEと△ABCにおいて
∠Aは共通　　　　……①
DE∥BCより，平行線の同位角は等しいから
∠ADE＝∠ABC　……②
①，②より，2組の角がそれぞれ等しいから　△ADE∽△ABC
したがって，AD:AB＝AE:AC＝DE:BC
また，点Bから辺AEに平行な直線をひき，辺DEとの交点をFとする。
△ADEと△BDFにおいて
∠Dは共通　　　　……①
BF∥AEより，平行線の同位角は等しいから
∠AED＝∠BFD　……②
①，②より，2組の角がそれぞれ等しいから　△ADE∽△BDF
したがって，AD:BD＝AE:BF
また，四角形BFECは平行四辺形だから　BF＝CE
ゆえに　AD:BD＝AE:CE

（右側の図について）

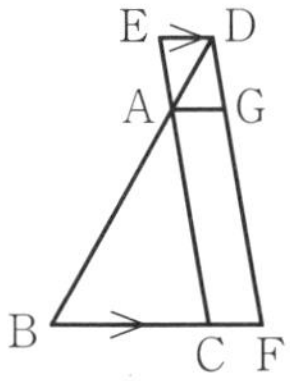

△ADEと△ABCにおいて
対頂角は等しいから　∠DAE＝∠BAC　……①
DE∥BCより，平行線の錯角は等しいから
∠ADE＝∠ABC　……②
①，②より，2組の角がそれぞれ等しいから　△ADE∽△ABC
したがって，AD:AB＝AE:AC＝DE:BC
また，点Dから線分ECに平行な直線をひき直線BCとの交点をFとする。
さらに，点Aから辺BCに平行な直線をひき線分DFとの交点をGとする。
△DAGと△DBFにおいて
共通な角だから　∠ADG＝∠BDF　……①
AG∥BFより，平行線の同位角は等しいから
∠DAG＝∠DBF　……②
①，②より，2組の角がそれぞれ等しいから　△DAG∽△DBF
したがって，DA:DB＝DG:DF
また，四角形EAGD，ECFDはそれぞれ平行四辺形だから
DG＝EA
DF＝EC
ゆえに　DA:DB＝EA:EC
すなわち　AD:BD＝AE:CE

問3　次の図で，DE∥BCのとき，x，yの値を求めなさい。

(1)

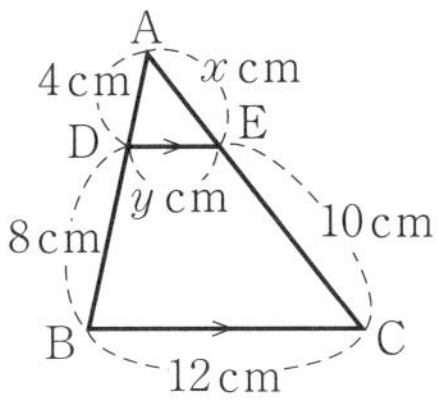

(2)

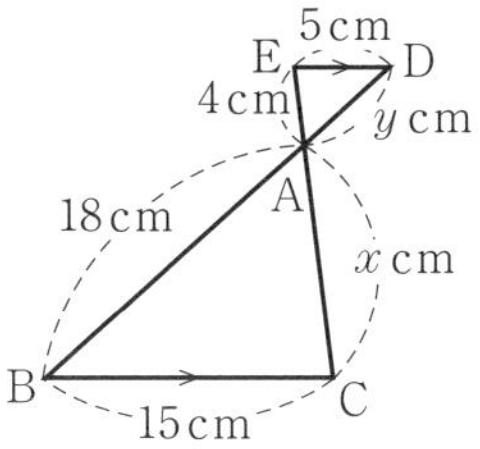

▶解答

(1)　AD：DB＝AE：EC

$4:8=x:10$

$8x=4\times10$

$x=5$

AD：AB＝DE：BC

$4:(4+8)=y:12$

$12y=4\times12$

$y=4$

答　$\boldsymbol{x=5,\ y=4}$

(2)　AE：AC＝ED：CB

$4:x=5:15$

$5x=4\times15$

$x=12$

AD：AB＝ED：CB

$y:18=5:15$

$15y=18\times5$

$y=6$

答　$\boldsymbol{x=12,\ y=6}$

補充問題27　次の図で，DE∥BCのとき，xの値を求めなさい。（教科書P.238 ～ 239）

(1)

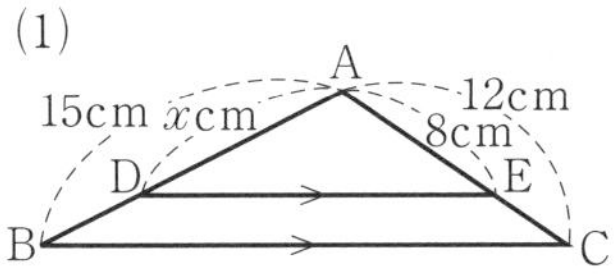

(2)

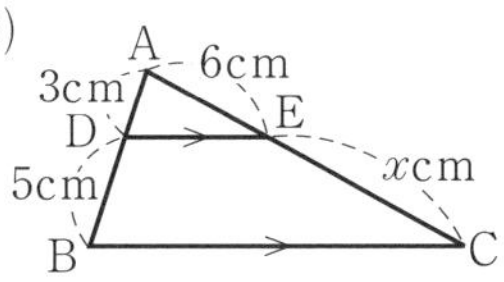

(3)

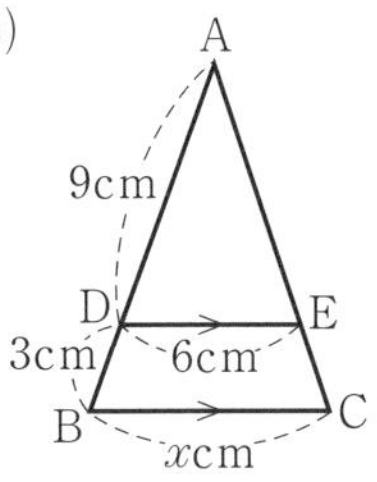

(4)

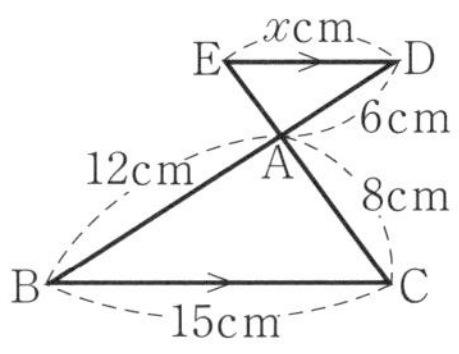

(5)

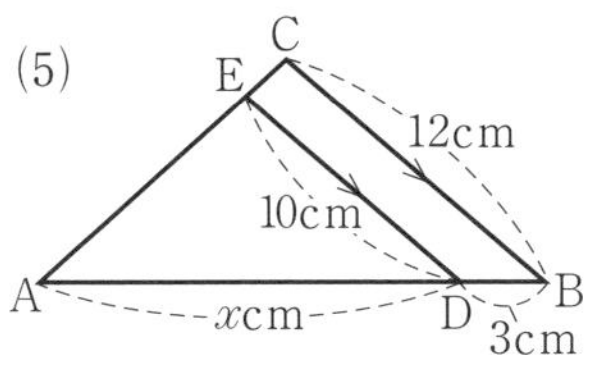

(6)

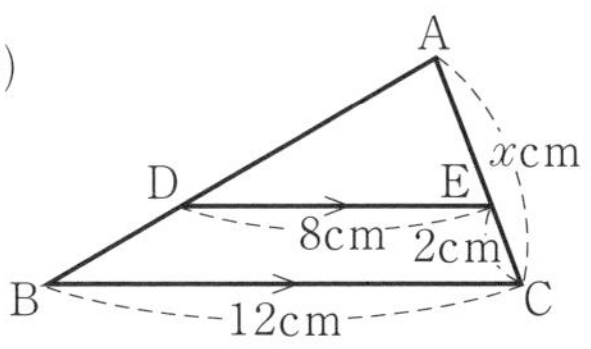

▶解答

(1)　AD：AB＝AE：AC

$x:15=8:12$

$12x=15\times8$

$x=10$

答　$\boldsymbol{x=10}$

(2)　AD：DB＝AE：EC

$3:5=6:x$

$3x=5\times6$

$x=10$

答　$\boldsymbol{x=10}$

(3)　AD：AB＝DE：BC

$9:(9+3)=6:x$

$9x=12\times6$

$x=8$　　　答　$\boldsymbol{x=8}$

(4)　AD：AB＝ED：CB

$6:12=x:15$

$12x=6\times15$

$x=\dfrac{15}{2}$　　答　$\boldsymbol{x=\dfrac{15}{2}}$ **(7.5)**

(5)　AD：AB＝DE：BC

$x:(x+3)=10:12$

$12x=10(x+3)$

$2x=30$

$x=15$　　　答　$\boldsymbol{x=15}$

(6)　AE：AC＝DE：BC

$(x-2):x=8:12$

$12(x-2)=8x$

$4x=24$

$x=6$　　　答　$\boldsymbol{x=6}$

2　三角形と線分の比②

基本事項ノート

➔三角形と線分の比②の定理

△ABCにおいて，点D，Eを辺AB，AC上，または，その延長上の点とするとき，次のことがいえる。

1　AD：AB＝AE：ACならば　DE∥BC

2　AD：DB＝AE：ECならば　DE∥BC

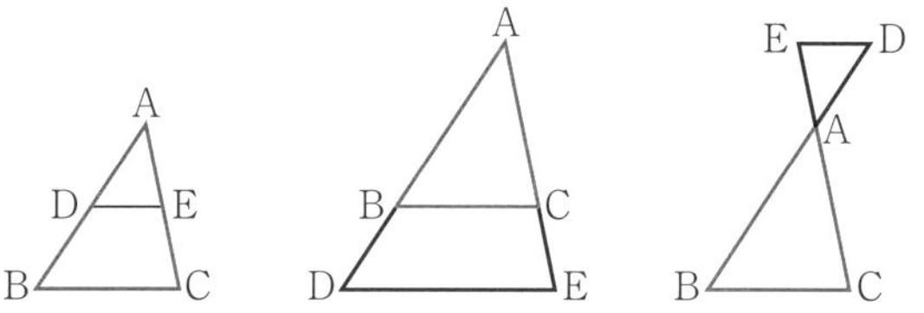

Q　右の図のように，△ABCの辺AB，ACをそれぞれ3等分します。
この2辺の等分点を上から順に組にして直線で結びましょう。
そのとき，それらの直線と辺BCとの間に成り立つ関係について予想しましょう。

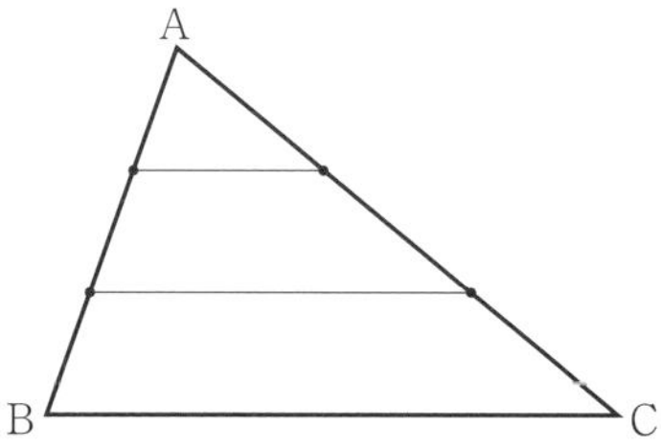

▶解答　右上の図。**それぞれ辺BCと平行になる。**

問1　**例1**の図で，AD：DB＝AE：EC＝2：1のとき，
AD：AB，AE：ACを求め，
DE∥BCであることを証明しなさい。

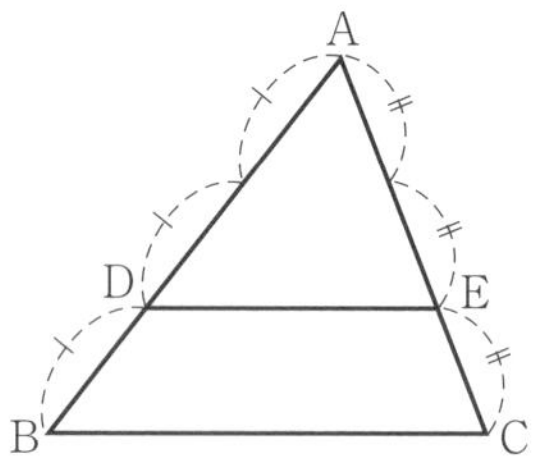

▶解答　**△ADEと△ABCにおいて**

仮定から，AD：DB＝2：1だから　AD：AB＝2：3

AE：EC＝2：1だから　AE：AC＝2：3

よって　AD：AB＝AE：EC……①

また，　∠Aは共通　　……②

①，②より，2組の辺の比とその間の角がそれぞれ等しいから

△ADE∽△ABC

したがって　∠ADE＝∠ABC

同位角が等しいから　DE∥BC

問2　右の図で，線分DE，EF，FDのうち，△ABCの辺に平行なものはどれですか。平行な辺の組を選び，記号∥を使って表しなさい。また，そのことがいえる理由を説明しなさい。

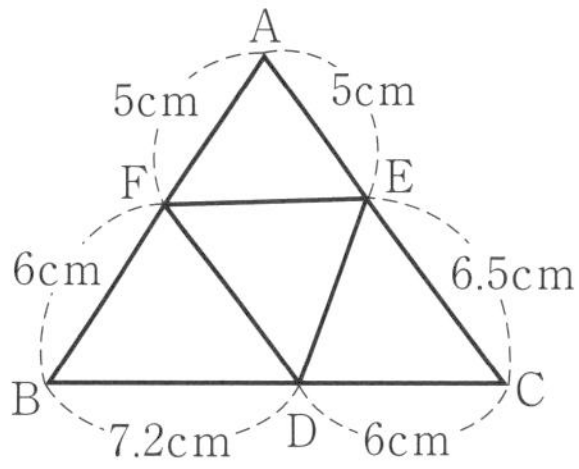

考え方　点D，E，Fが，△ABCの3辺をどのような比に分けるかを求めて，その分ける比が等しくなる点を結ぶ線分が平行であることを使ってさがす。

▶解答　**AC∥FD**

（理由）　**△ABCにおいて**

AF：FB＝5：6

AE：EC＝5：6.5＝10：13

CD：DB＝6：7.2＝5：6

AF：FB＝CD：DB＝5：6だから　AC∥FD

問3　右の図で，点P，Q，Rは，それぞれ辺AD，BD，BC上にあります。
AP：PD＝BQ：QD＝BR：RC，∠ABD＝28°，
∠BDC＝60°のとき，
∠PQRの大きさを求めなさい。

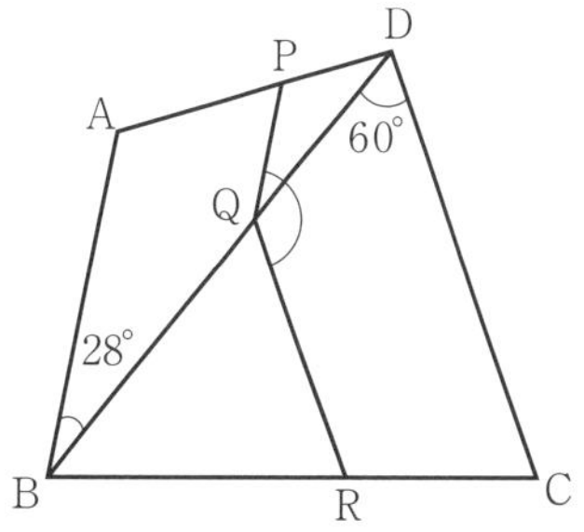

考え方　△DABにおいて，AP：PD＝BQ：QDから
AB∥PQ，△BCDにおいて，
BQ：QD＝BR：RCだからRQ∥CDである。

▶解答　△DABにおいて

AP：PD＝BQ：QDだから　PQ∥AB

同位角は等しいから　∠DQP＝∠DBA＝28°

同じように，△BCDにおいて

BQ：QD＝BR：RCだから　RQ∥CD

同位角は等しいから　∠BQR＝∠BDC＝60°

ゆえに∠PQR＝∠DQP＋∠DQR＝28°＋(180°－60°)＝148°

答　**148°**

3　平行線と線分の比

基本事項ノート

➔平行線と線分の比の定理

いくつかの平行線に，2直線が交わるとき，対応する線分の比は等しい。

$p:q=p':q'$

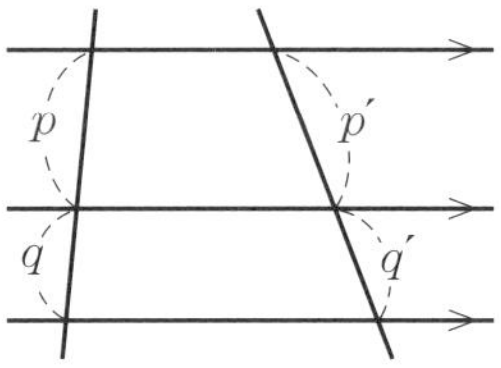

問1　次の図で，直線a，b，cは平行です。xの値を求めなさい。

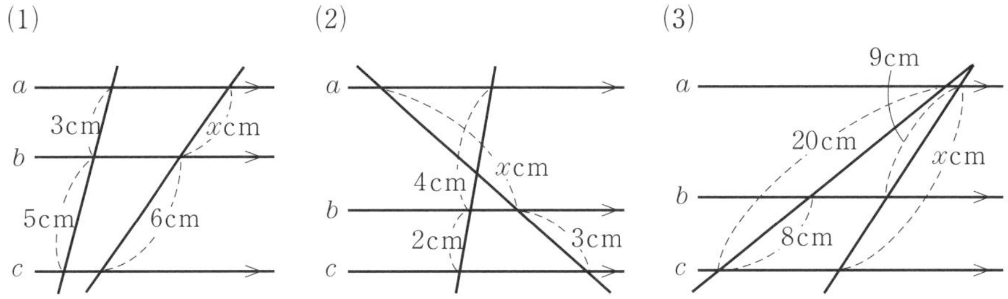

▶解答

(1)　$3:5=x:6$

$5x=3\times6$

$x=\dfrac{18}{5}$

答　$\boldsymbol{x=\dfrac{18}{5}\ (3.6)}$

(2)　$4:2=x:3$

$2x=4\times3$

$x=6$

答　$\boldsymbol{x=6}$

(3)　$(20-8):8=9:(x-9)$

$12(x-9)=8\times9$

$12x=180$

$x=15$

答　$\boldsymbol{x=15}$

▶別解　(3)　$20:(20-8)=x:9$や$20:8=x:(x-9)$として求めてもよい。

問2　△ABCの∠Aの二等分線と辺BCとの交点をDとするとき，

AB：AC＝BD：DC

であることを証明しなさい。

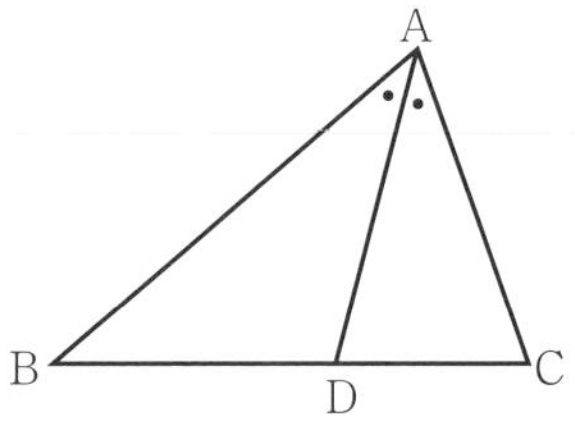

考え方　右の図のように，点Cを通り，線分DAに平行な直線と辺BAの延長線との交点をEとする。

この図で，まず，AC＝AEを示し，それを使ってAB：AC＝BD：DCであることを証明する。

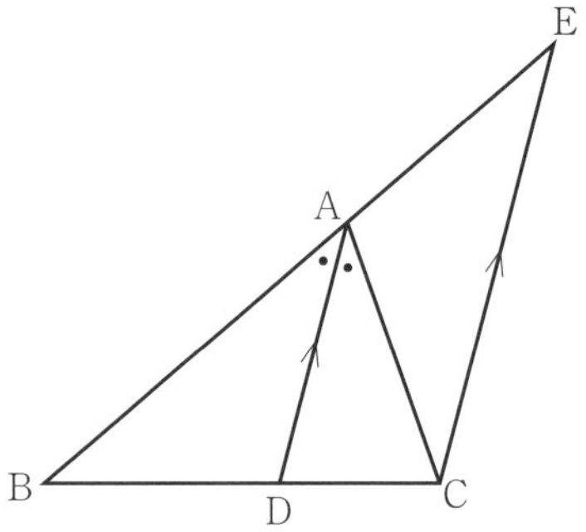

▶解答　**点Cを通り，線分DAに平行な直線と辺BAの延長線との交点をEとする。**
平行線の同位角，錯角はそれぞれ等しいから，
AD∥ECより　∠BAD＝∠AEC……①
∠CAD＝∠ACE……②
仮定から　∠BAD＝∠CAD……③
①，②，③より　∠AEC＝∠ACE
2つの角が等しいから，△ACEは二等辺三角形である。
ゆえに　AE＝AC……④
△BCEにおいて
AD∥ECだから　AB：AE＝BD：DC……⑤
④，⑤より　AB：AC＝BD：DC

補充問題28　次の図で，直線a，b，cは平行です。xの値を求めなさい。（教科書P.239）

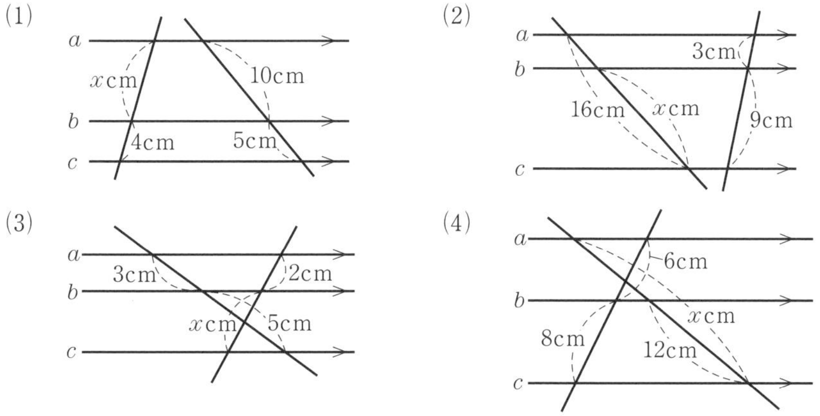

▶解答
(1)　$x:4=10:5$
$5x=4\times10$
$x=8$
答　$\boldsymbol{x=8}$

(2)　$x:(16-x)=9:3$
$9(16-x)=3x$
$12x=144$
$x=12$
答　$\boldsymbol{x=12}$

(3)　$x:2=5:3$
$3x=2\times5$
$x=\dfrac{10}{3}$
答　$\boldsymbol{x=\dfrac{10}{3}}$

(4)　$6:8=(x-12):12$
$8(x-12)=6\times12$
$8x=168$
$x=21$
答　$\boldsymbol{x=21}$

▶別解
(2)　$x:16=9:(9+3)$として求めてもよい。
(4)　$x:12=(6+8):8$として求めてもよい。

やってみよう

問2のことがらを，いろいろな方法で証明しましょう。

1　㋐〜㋒の図のいずれか１つを使って，証明しましょう。

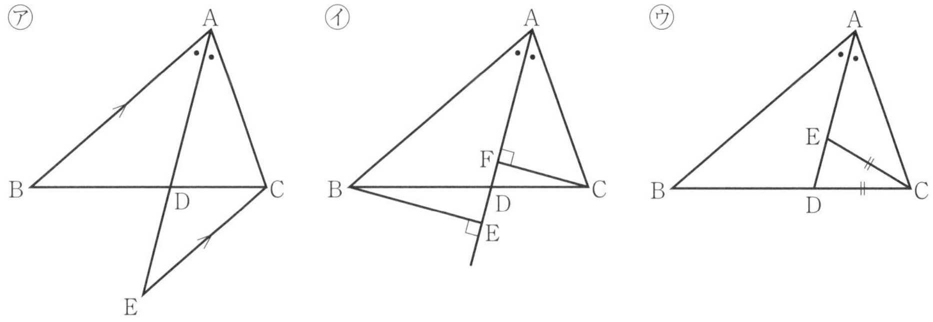

▶解答　（㋐の図を使った証明の例）

仮定から　∠BAD＝∠CAD ……①

平行線の錯角は等しいから，AB∥CE より　∠BAD＝∠CED ……②

①，②より　∠CAD＝∠CED

2つの角が等しいから，△CEA は二等辺三角形である。

ゆえに　AC＝EC ……③

△ABD と △ECD において

対頂角は等しいから　∠ADB＝∠EDC ……④

②，④より，2組の角がそれぞれ等しいから　△ABD∽△ECD

したがって　AB：EC＝BD：CD……⑤

③，⑤より　AB：AC＝BD：DC

（㋑の図を使った証明の例）

△ABE と △ACF において

∠BAE＝∠CAF ……①

∠AEB＝∠AFC＝90° ……②

①，②より，2組の角がそれぞれ等しいから　△ABE∽△ACF

したがって　AB：AC＝BE：CF ……③

また，△DBE と △DCF において

∠DEB＝∠DFC＝90° ……④

対頂角は等しいから　∠BDE＝∠CDF ……⑤

④，⑤より，2組の角がそれぞれ等しいから　△DBE∽△DCF

したがって　BE：CF＝BD：CD……⑥

③，⑥より，AB：AC＝BD：DC

(ⓤの図を使った証明の例)

△ABDと△ACEにおいて

△CDEより　CD＝CEだから　∠CDE＝∠CED　……①

∠ADB＝180°－∠CDE，∠AEC＝180°－∠CED　……②

①，②より，∠ADB＝∠AEC　……③

仮定から　∠BAD＝∠CAD　……④

③，④より，2組の角がそれぞれ等しいから　△ABD∽△ACE

したがって　AB：AC＝BD：CE

よって　AB：AC＝BD：DC

やってみよう

2　△ABDと△ADCの面積の比に着目して，次の(1)，(2)の順に証明しましょう。

(1)　△ABD：△ADC＝BD：DC　　(2)　△ABD：△ADC＝AB：AC

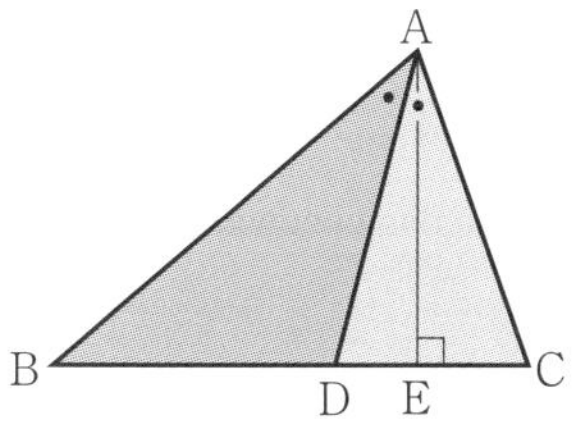

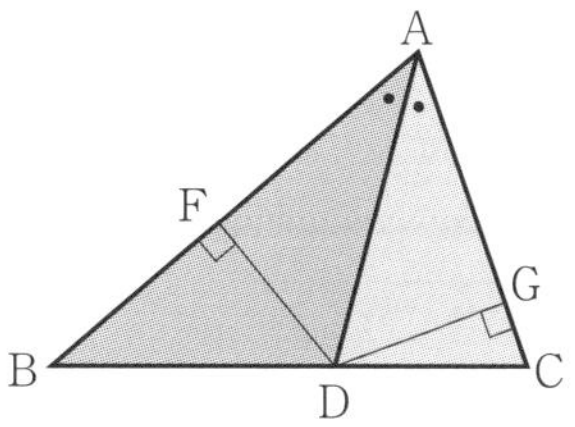

▶解答

(1)　**△ABD＝$\frac{1}{2}$×BD×AE……①**

△ADC＝$\frac{1}{2}$×DC×AE……②

①，②より　△ABD：△ADC＝BD：DC

(2)　**△ADFと△ADGにおいて**

ADは共通　……①

仮定から　∠FAD＝∠GAD　……②

∠DFA＝∠DGA＝90°……③

①，②，③より，直角三角形の斜辺と1つの鋭角がそれぞれ等しいから

△ADF≡△ADG

よって　DF＝DG　……④

△ABD＝$\frac{1}{2}$×AB×DF……⑤

△ADC＝$\frac{1}{2}$×AC×DG……⑥

④，⑤，⑥より　△ABD：△ADC＝AB：AC

(1)，(2)より　AB：AC＝BD：DC

4 中点連結定理

基本事項ノート

➔中点連結定理

三角形の2辺の中点を結ぶ線分は，残りの辺に平行で，長さはその半分である。

$$\left.\begin{array}{l}AM=MB\\AN=NC\end{array}\right\}\ \text{ならば}\ \left\{\begin{array}{l}MN /\!/ BC\\MN=\dfrac{1}{2}BC\end{array}\right.$$

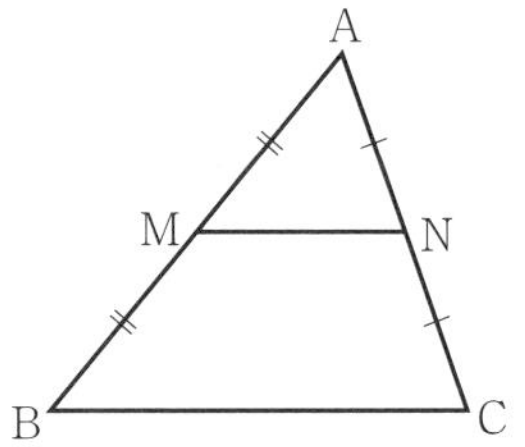

Q

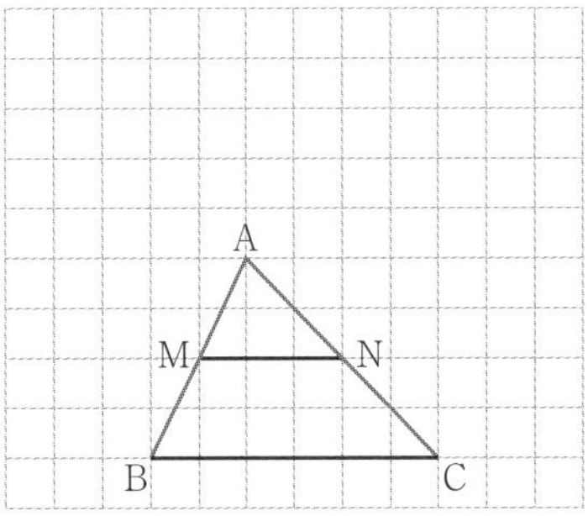

左の図(図は解答欄)で，点Aの位置を変えて，△ABCをいくつかかきましょう。そのとき，辺AB，ACの中点をそれぞれM，Nとして，線分MNと辺BCの間に成り立つ関係について予想しましょう。

▶解答　右の図

点Aをどの位置にとっても，MN∥BC，MN＝$\frac{1}{2}$BCが成り立つ。

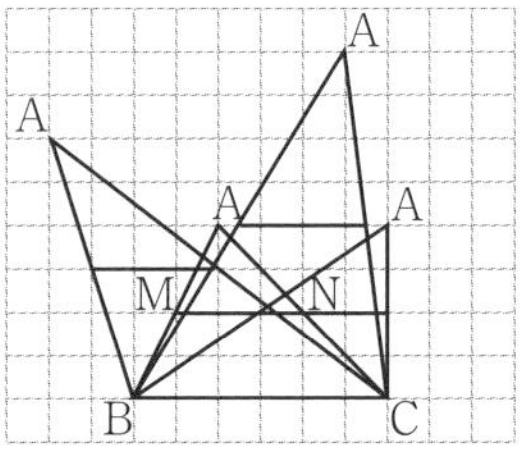

問1　△ABCの辺AB，BC，CAの中点をそれぞれD，E，Fとするとき，線分DE，EF，FDの長さをそれぞれ求めなさい。

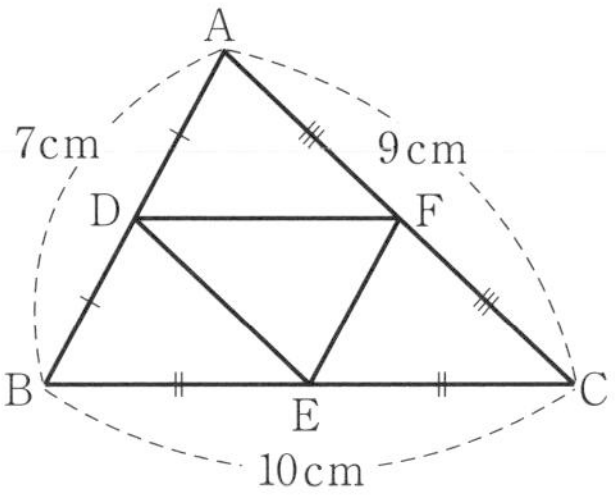

▶解答　△ABCにおいて　BD＝DA，BE＝EC

中点連結定理より　DE＝$\frac{1}{2}$AC＝$\frac{1}{2}$×9＝$\frac{9}{2}$(cm)

BE＝EC，CF＝FA

中点連結定理より　EF＝$\frac{1}{2}$BA＝$\frac{1}{2}$×7＝$\frac{7}{2}$(cm)

AF＝FC，AD＝DB

中点連結定理より　FD＝$\frac{1}{2}$CB＝$\frac{1}{2}$×10＝5(cm)

答　**DE＝$\frac{9}{2}$cm，EF＝$\frac{7}{2}$cm，FD＝5cm**

問2　**例1**の四角形ABCDでAC＝BDのとき，四角形PQRSはどんな四角形になりますか。

▶解答　中点連結定理より　$PQ=\frac{1}{2}AC$，$SR=\frac{1}{2}AC$，$PS=\frac{1}{2}BD$，$QR=\frac{1}{2}BD$……①

仮定より　AC＝BD……②

①，②より，PQ＝SR＝PS＝QR

よって，四角形PQRSは**ひし形**である。

問3　△ABCで，点Mが辺ABの中点であり，MN∥BCならば，点Nは辺ACの中点であることを証明しなさい。

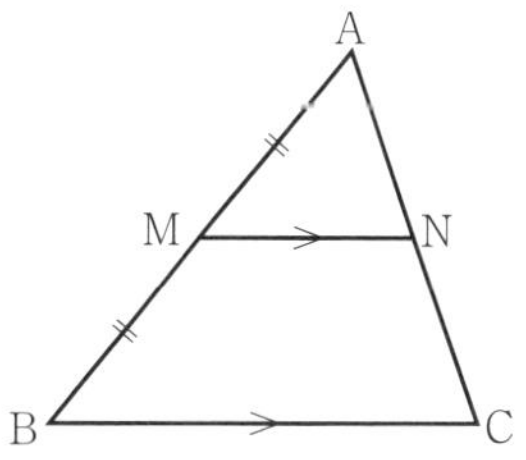

▶解答　**△ABCにおいて**

MN∥BCから　AM：MB＝AN：NC

また，仮定から　AM＝MB

したがって　AN＝NC

ゆえに，点Nは辺ACの中点である。

やってみよう

右の図の四角形ABCDは，AD∥BCの台形です。AE＝EB，EF∥BCのとき，線分EFの長さを求めましょう。

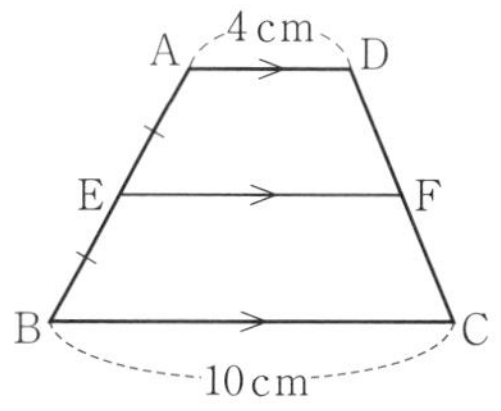

考え方　対角線ACをひく場合と，点Aから辺DCに平行な直線をひく場合(別解)の2通りの考え方がある。

▶解答　対角線ACとEFとの交点をGとする。

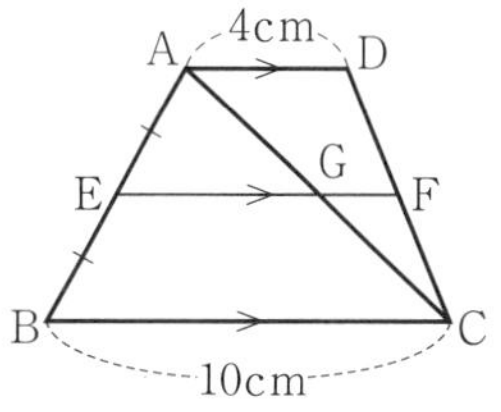

△ABCにおいて

EG∥BC，AE＝EBだから　AG＝GC

中点連結定理より　$EG=\frac{1}{2}BC=5$(cm)

同じように，△CADで　$GF=\frac{1}{2}AD=2$(cm)

したがって　EF＝EG＋GF＝5＋2＝7(cm)　　答　**7cm**

▶別解　右の図のように点Aから辺DCに平行な直線をひき，EF，BCとの交点をそれぞれH，Gとする。

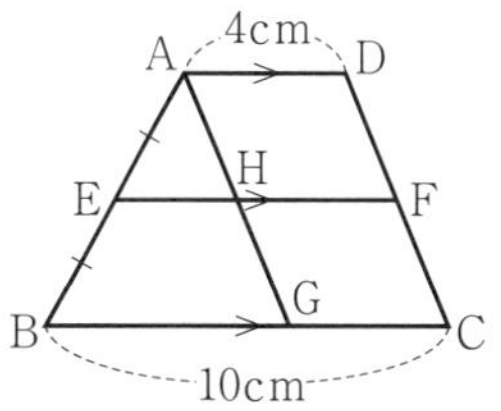

四角形AGCDは平行四辺形だから　GC＝AD＝4(cm)

したがって，BG＝6cm

△ABGにおいて

EH∥BG，AE＝EBだから　AH＝HG

中点連結定理より　$EH=\frac{1}{2}BG=3$(cm)

四角形AHFDは平行四辺形だから　HF＝AD＝4(cm)

したがって　EF＝EH＋HF＝3＋4＝7(cm)

基本の問題

1　右の図の△ABCにおいて，点D，Eは，それぞれ辺AB，AC上の点です。
DE∥BCであるとき，□にあてはまる辺や数をかき入れなさい。

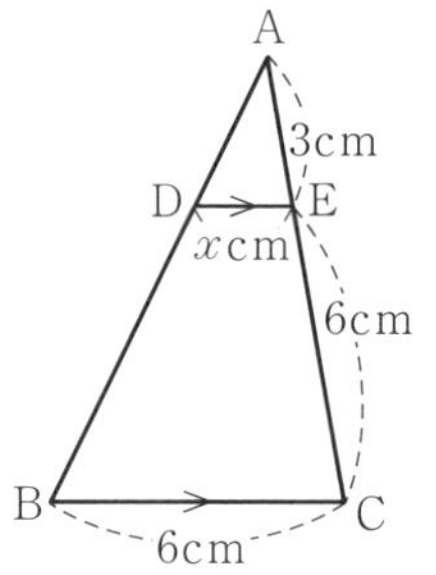

▶解答　AE：**AC**＝DE：BC
3：**9**＝x：6
9×x＝3×6
x＝**2**

2　右の図で，平行な線分の組を見つけ，記号∥を使って表しなさい。

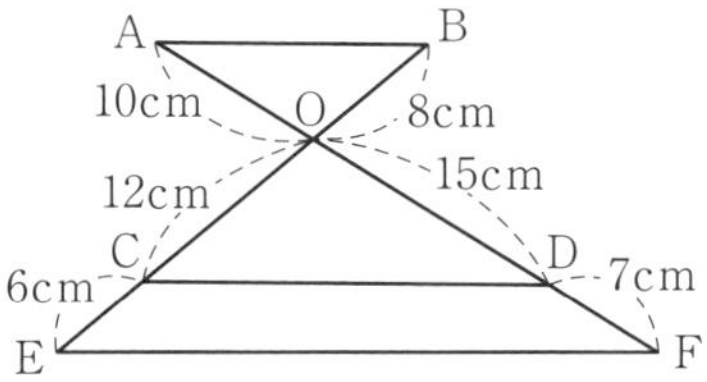

考え方　OA：OD＝OB：OC，OC：OE＝OD：OF，
OA：OF＝OB：OEとなるかどうかを調べる。

▶解答　OA：OD＝2：3，OB：OC＝2：3
OA：OD＝OB：OC
したがって　AB∥CD
OC：OE＝12：(12＋6)＝12：18＝2：3
OD：OF＝15：(15＋7)＝15：22
OC：OEとOD：OFは等しくないので，CDとEFは平行ではない。
同じように，ABとEFも平行ではない。　　答　**AB∥CD**

3　右の図で，直線a，b，cは平行です。
xの値を求めなさい。

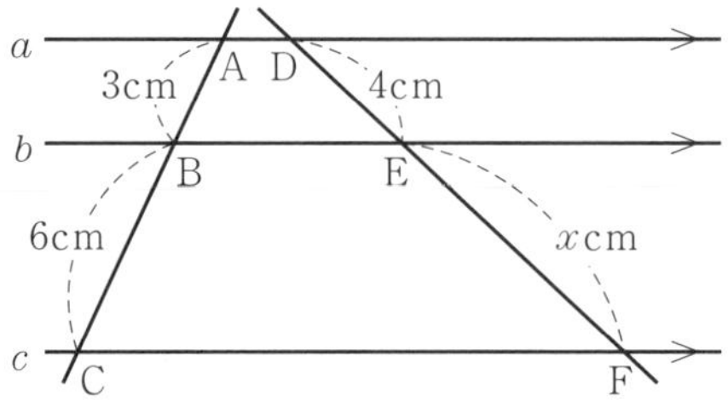

▶解答　AB：BC＝DE：EF
3：6＝4：x
3x＝6×4
x＝8　　答　$\boldsymbol{x=8}$

4　四角形ABCDで，辺AD，BC，対角線BD，ACの中点を，それぞれP，Q，M，Nとします。このとき，四角形PMQNはどんな四角形ですか。

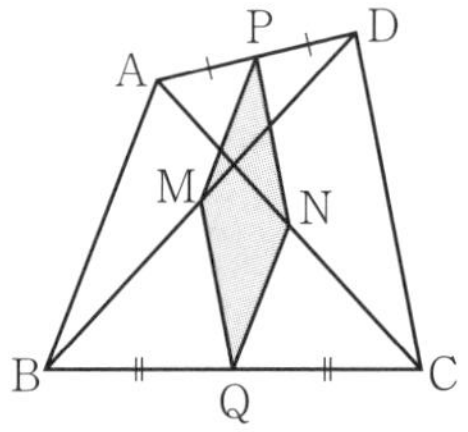

▶解答　△ABDにおいて　AP＝PD，BM＝MD

中点連結定理より　PM∥AB，$PM=\frac{1}{2}AB$……①

同じように，△ABCで　NQ∥AB，$NQ=\frac{1}{2}AB$……②

①，②より　PM∥NQ，PM＝NQ

1組の対辺が平行で，その長さが等しいから，四角形PMQNは**平行四辺形**である。

3節　相似な図形の面積比と体積比

1　相似な図形の面積比

基本事項ノート

➔相似な図形の面積比

相似な図形の面積比は，相似比の2乗に等しい。

相似比が$m:n$ならば，面積比は$m^2:n^2$である。

このことは，すべての相似な多角形についていえる。

Q　右の図に，△ABC∽△A′B′C′で，その相似比が1:2である△A′B′C′をかきましょう。このとき，△A′B′C′の面積は，△ABCの面積の何倍になるでしょうか。

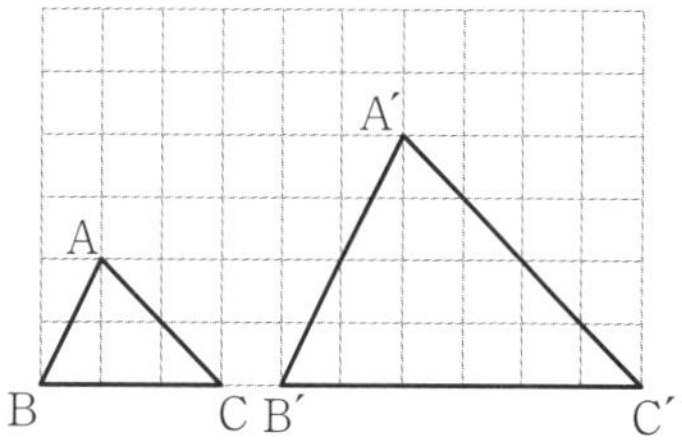

考え方　相似比が1:2であるから，△A′B′C′の底辺や高さの方眼の数は，△ABCの底辺や高さの方眼の数のそれぞれ2倍になる。

▶解答　右上の図

△ABCの面積は　$\frac{1}{2}\times3\times2=3$　　△A′B′C′の面積は　$\frac{1}{2}\times6\times4=12$

したがって　**4倍**である。

!注　対応する頂点の順にかくこと。

問1　△ABC∽△A′B′C′で，BC＝6cm，B′C′＝3cmであるとき，次の問いに答えなさい。

(1)　△ABCと△A′B′C′の相似比を求めなさい。

(2)　△ABCと△A′B′C′の面積比を求めなさい。

(3)　△ABCの面積が48cm^{2}のとき，△A′B′C′の面積を求めなさい。

考え方　(1)　相似比は辺の長さの比に等しい。

(2)　相似な図形の面積比は，相似比の2乗に等しい。

▶解答　(1)　△ABC∽△A′B′C′で，その相似比は6:3＝**2：1**

(2)　(1)より，相似比は2:1だから，面積比は$2^2:1^2$＝**4：1**

(3)　(2)より，$\triangle A'B'C'$ の面積を $x\text{cm}^2$ とすると

$4:1=48:x$

$4x=48$

$x=12$

答　**12cm^2**

問2　半径が3cmの円と4cmの円について，次の比を求めなさい。

(1)　円周の長さの比

(2)　面積比

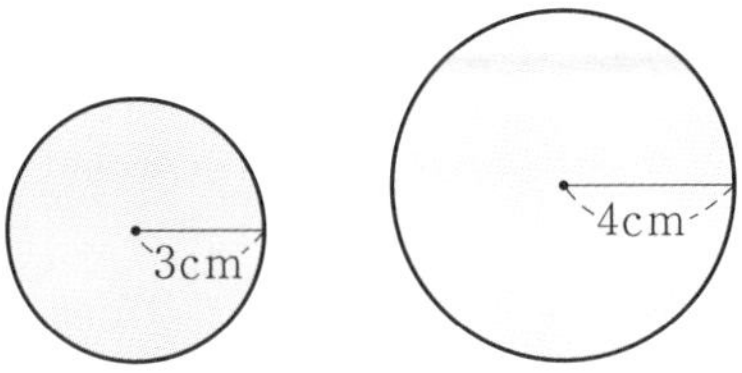

考え方　(1)　円周の長さの比は相似比に等しい。

▶解答　(1)　2つの円は相似でその相似比は　**3：4**

(2)　(1)より　相似比は3：4だから，面積比は　$3^2:4^2=$**9：16**

問3　四角形ABCD∽四角形EFGHで，AB＝4cm，EF＝10cmです。四角形ABCDの面積が 16cm^2 であるとき，四角形EFGHの面積は何 cm^2 ですか。

考え方　まず，辺の長さの比から相似比を求める。

▶解答　四角形ABCD∽四角形EFGHで，その相似比は　4：10＝2：5

面積比は　$2^2:5^2=4:25$

四角形EFGHの面積を $x\text{cm}^2$ とすると

$4:25=16:x$

$4x=25\times16$

$x=100$

答　**100cm^2**

チャレンジ　相似比が1：100の2つの図形の面積比を求めなさい。

▶解答　$1^2:100^2=$**1：10000**

問4　**例2**で，$S_1=16\text{cm}^2$ のときの S_2 の面積を求めなさい。

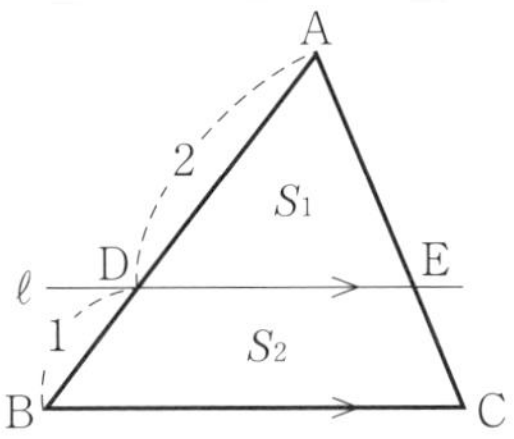

考え方　**例2**より，△ADE：△ABC＝4：9，

$S_1:S_2=4:5$ であることを使う。

▶解答　S_2 の面積を $x\text{cm}^2$ とすると

$S_1:S_2=4:5=16:x$

$4x=5\times16$

$x=20$

答　**20cm^2**

問5　右の図で，DE∥BCです。
△ADEと台形DBCEの面積比を求めなさい。

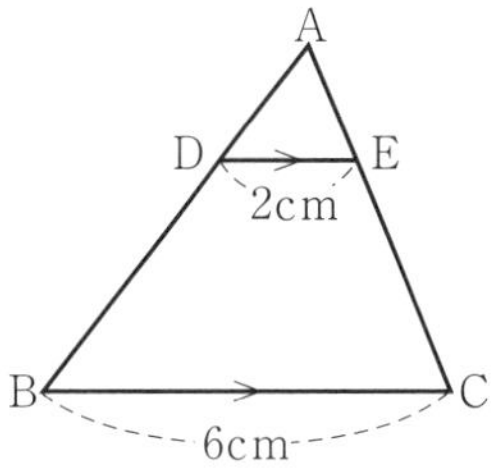

考え方　まず，△ADEと△ABCが相似であることから相似比を求める。

▶解答　△ADEと△ABCは相似で，その相似比は　2:6=1:3
△ADE:△ABC$=1^2:3^2=1:9$
△ADE: 台形DBCE=1:(9−1)=**1:8**

2　相似な立体の表面積の比と体積比

基本事項ノート

➜相似な立体の表面積の比と体積比
一般に，相似な立体の表面積と体積について次のことがいえる。
1　相似な立体の表面積の比は，相似比の2乗に等しい。
相似比が$m:n$ならば，表面積の比は$m^2:n^2$である。
2　相似な立体の体積比は，相似比の3乗に等しい。
相似比が$m:n$ならば，体積比は$m^3:n^3$である。
注　体積の比のことを体積比という。

Q　縦がa，横がb，高さがcの直方体があります。この直方体の縦，横，高さをすべて2倍にした直方体の表面積と体積は，それぞれもとの直方体の何倍になるでしょうか。

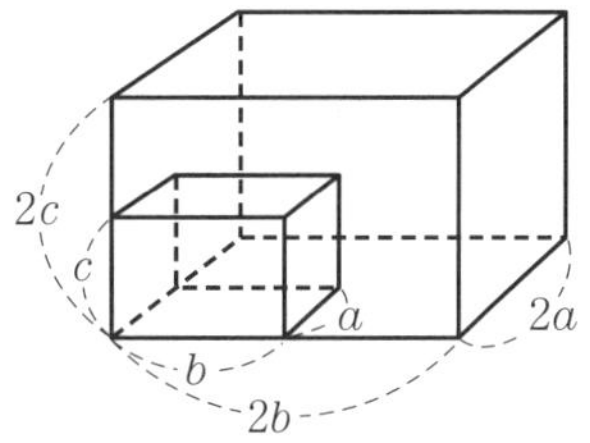

▶解答　もとの直方体の表面積は
$ab\times2+bc\times2+ca\times2=2(ab+bc+ca)$
もとの直方体の体積は　abc
縦，横，高さをすべて2倍にした直方体の表面積は
$4ab\times2+4bc\times2+4ca\times2=8(ab+bc+ca)$
縦，横，高さをすべて2倍にした直方体の体積は
$2a\times2b\times2c=8abc$
したがって，**表面積は4倍，体積は8倍**である。

問1　右の図の2つの三角錐で，△B′C′D′の面積S'は，△BCDの面積Sの何倍ですか。
また，三角錐A′B′C′D′の表面積は，三角錐ABCDの表面積の何倍ですか。

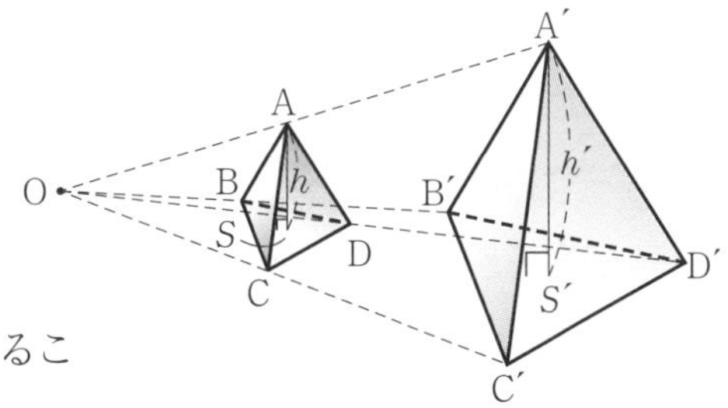

考え方　2つの三角錐は相似で，その相似比が$1:k$であることから，底面積の比，表面積の比を求める。

▶解答　2つの三角錐は相似で，その相似比は$1:k$だから，面積比は$1^2:k^2$
したがって，△B′C′D′の面積S'は，△BCDの面積Sの$\boldsymbol{k^2}$**倍**
また，表面積の比は　$1^2:k^2$
ゆえに，三角錐A′B′C′D′の表面積は，三角錐ABCDの表面積の$\boldsymbol{k^2}$**倍**

問2　相似な2つの正四角錐があります。その相似比が1：2であるとき，次の比を求めなさい。
(1)　対応する辺の長さの比　　(2)　表面積の比
(3)　底面の正方形の周の長さの比　　(4)　体積比

▶解答　(1)　2つの正四角錐は相似で，その相似比が1:2だから，
対応する辺の長さの比は　**1:2**
(2)　相似比が1:2だから，表面積の比は　$1^2:2^2=\mathbf{1:4}$
(3)　相似比が1:2だから，底面の正方形の周の長さの比は　**1:2**
(4)　相似比が1:2だから，体積比は　$1^3:2^3=\mathbf{1:8}$

問3　右の図の円柱㋐と㋑は相似で，その相似比は2:3です。
㋐の体積が56cm^{3}であるとき，㋑の体積を求めなさい。

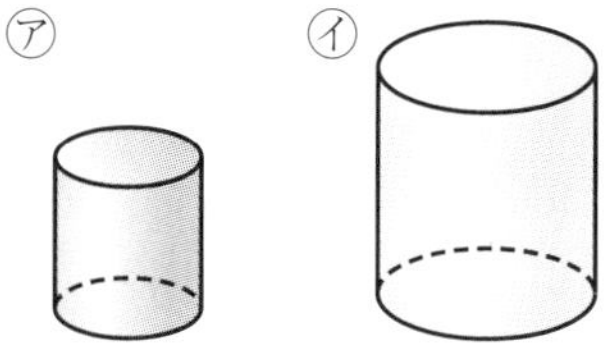

▶解答　円柱㋐と㋑は相似で，その相似比は2:3だから，
体積比は　$2^3:3^3=8:27$
㋑の体積を$x$cm^{3}とすると
$8:27=56:x$
$8x=27\times56$
$x=189$　　　答　**189 cm^3**

問4　2つの球があります。半径がそれぞれ2cm，8cmのとき，2つの球の表面積の比と体積比を求めなさい。

▶解答　2つの球は相似で，その相似比は2:8＝1:4だから，
表面積の比は　$1^2:4^2=\mathbf{1:16}$
体積比は　$1^3:4^3=\mathbf{1:64}$

問5　円錐の形をした容器に，コップ1ぱいの水を入れたところ，容器の高さの$\frac{1}{2}$の所まで水がはいりました。この容器を満水にするには，同じコップで，水をあと何ばい入れるとよいですか。

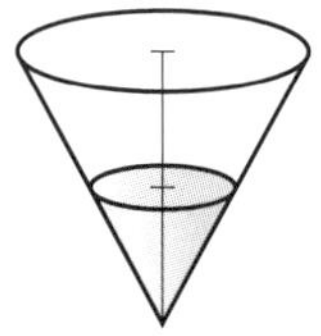

考え方　容器の水がはいっている部分と容器は相似な円錐であることから，体積比を求める。水がはいっていない部分の容積が，水の体積の何倍になっているかを考える。

▶解答　容器の水がはいっている部分と容器は相似な円錐で，その相似比は1:2だから，
体積比は　$1^3:2^3=1:8$
水の体積と，水がはいっていない部分の容積の比は　$1:(8-1)=1:7$

答　**7はい**

数学のたんけん――天体の体積

右の表の相似比は，地球といくつかの天体の相似比を，それらの半径の比の値で表したものです。

1　相似比から，地球と他の天体の体積比を比の値で表しましょう。

	半径(km)	相似比	体積比
太陽	696000	109	**1295029**
水星	2440	0.383	**0.056**
金星	6052	0.949	**0.855**
地球	6378	1	1
火星	3396	0.532	**0.151**
月	1737	0.272	**0.020**

▶解答
$1^3:109^3=1:1295029$
$1^3:0.383^3=1:0.056181887$
$1^3:0.949^3=1:0.854670349$
$1^3:0.532^3=1:0.150568768$
$1^3:0.272^3=1:0.020123648$

3　相似な図形の面積比と体積比の活用

あるピザ屋ではMサイズとLサイズのピザを売っていて，大きさと値段は右のようになっています。

Mサイズ：直径20cm　2000円
Lサイズ：直径30cm　4000円

このピザを4000円分買うとき，Mサイズのピザを2枚買うのと，Lサイズのピザを1枚買うのとでは，どちらが得といえますか。
ピザは円形で，厚さや具材は均等になっていると考えます。

問1　上の真央さんの考えをもとに，右の□にあてはまる数やことばをかきなさい。

同じ金額なら，多くの量を買える方が得だと考えます。
この場合，
Mサイズのピザ2枚の面積とLサイズのピザ1枚の面積を比べて，大きい方が得と考えればいいかな。

▶解答　**[真央さんのノート]**

ピザの形を円とみると，
Mサイズのピザとしサイズのピザの
相似比は　20 : 30＝ 2 : 3
面積比は　**4** : **9**
Mサイズのピザ2枚分とLサイズの
ピザ1枚分の面積比は　**8** : **9**
したがって，**L** サイズのピザを
1 枚買う方が得である。

問2 円柱の形をした普通サイズのチーズと，直径が2倍で高さも2倍のビッグサイズのチーズがあります。ビッグサイズのチーズを1個買うのと，普通サイズのチーズを6個買うのとでは，どちらが得といえますか。
その理由を説明しなさい。

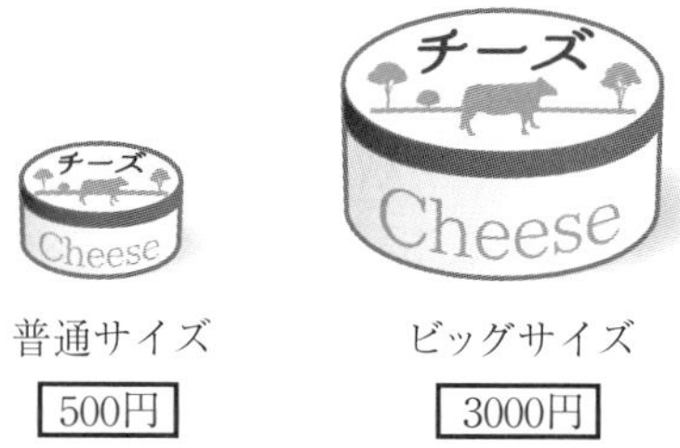

▶解答 **ビッグサイズを1個買う方が得といえる。**
（理由）
2つの円柱は相似で，相似比は1：2だから，体積比は
（普通サイズ）：（ビッグサイズ）＝1：8
普通サイズのチーズ6個分とビッグサイズのチーズ1個分の体積比は
1×6：8×1＝6：8＝3：4
つまり，ビッグサイズ1個分の体積の方が，普通サイズ6個分の体積より大きい。
したがって，値段は同じだから，ビッグサイズのチーズを1個買う方が得である。

基本の問題

1 △ABC∽△DEFで，AB＝3cm，DE＝12cmです。△DEF＝64cm^{2}であるとき，△ABCの面積は何cm^{2}ですか。

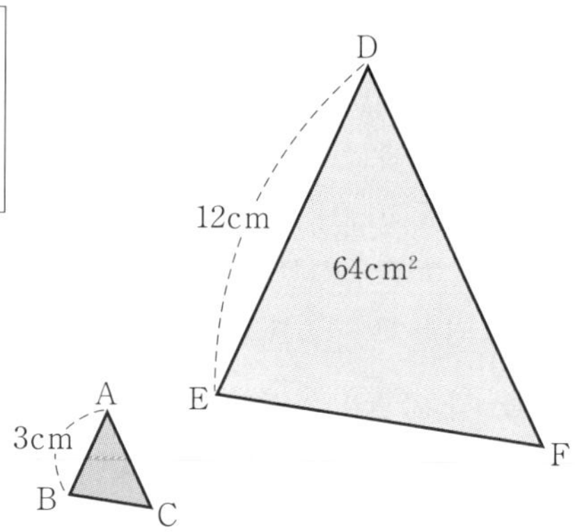

考え方 △ABCと△DEFの面積比を求める。

▶解答 △ABC∽△DEFで，その相似比は　3：12＝1：4
面積比は　$1^2:4^2=1:16$
△ABCの面積を$x$cm^{2}とすると
$1:16=x:64$
$16x=64$
$x=4$

答　**4cm^2**

2 相似な2つの円錐A，Bがあります。A，Bの底面積の比が25：4であるとき，次の比を求めなさい。
(1)　高さの比　　(2)　表面積の比　　(3)　体積比

考え方 2つの円錐A，Bの底面積の比から，相似比を求める。

▶解答 (1)　2つの円錐A，Bは相似で，その底面積の比は　$25:4=5^2:2^2$
相似比は　5：2
高さの比は相似比に等しいから　**5：2**
(2)　相似比は5：2だから，表面積の比は　$5^2:2^2=$**25：4**
(3)　相似比は5：2だから，体積比は　$5^3:2^3=$**125：8**

3 右の図で，三角錐ABCDと三角錐EFGHは相似です。対応する面である△BCDと△FGHの面積が，それぞれ$27cm^2$と$3cm^2$のとき，次の問いに答えなさい。

(1) FG＝2cmのとき，BCの長さを求めなさい。

(2) △EFG＝$5cm^2$のとき，△ABCの面積を求めなさい。

(3) 三角錐ABCDの体積が$108cm^3$のとき，三角錐EFGHの体積を求めなさい。

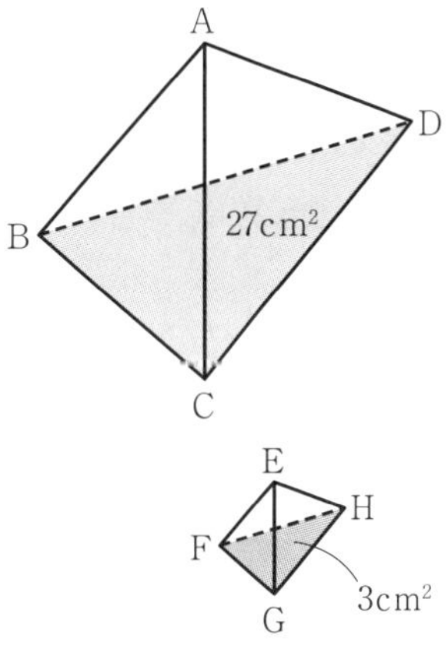

考え方 対応する2つの面△BCDと△FGHの面積比から相似比を求める。

▶解答 (1) 三角錐ABCDと三角錐EFGHは相似で，

2つの面△BCDと△FGHの面積比は　$27:3=9:1=3^2:1^2$

相似比は　3:1

△BCD∽△FGHだから　BC:2＝3:1

BC＝6　　　答　**6cm**

(2) △ABC∽△EFGだから　△ABCの面積を$x$cm²とすると

$x:5=9:1$

$x=45$　　　答　**45cm²**

(3) 相似比が3:1だから，三角錐ABCDと三角錐EFGHの体積比は　$3^3:1^3=27:1$

三角錐EFGHの体積を$y$cm³とすると

$108:y=27:1$

$27y=108$

$y=4$　　　答　**4cm³**

5章の問題

1 次の(1)，(2)のそれぞれの図で，相似な三角形を記号∽を使って表しなさい。また，その相似条件を答えなさい。

(1)

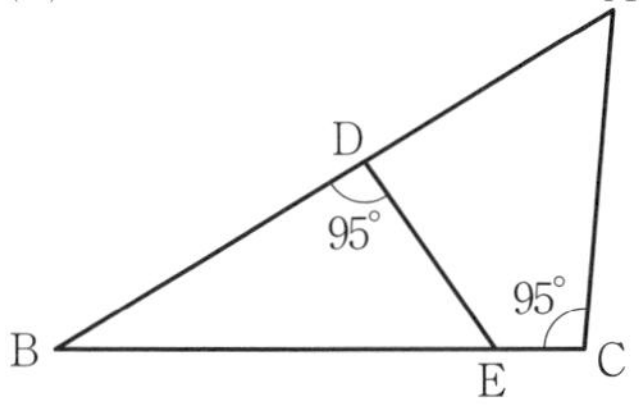

(2)

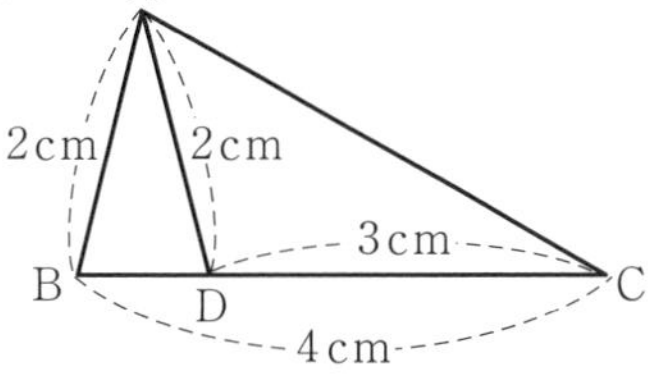

考え方 (1) ∠Bは共通

(2) ∠Bは共通，AB:DB＝2:(4−3)＝2:1，BC:BA＝4:2＝2:1

▶解答　(1)　**△ABC∽△EBD　2組の角がそれぞれ等しい。**

(2)　**△ABC∽△DBA　2組の辺の比とその間の角がそれぞれ等しい。**

2　次の図で，x，y の値を求めなさい。

(1)　DE∥AC

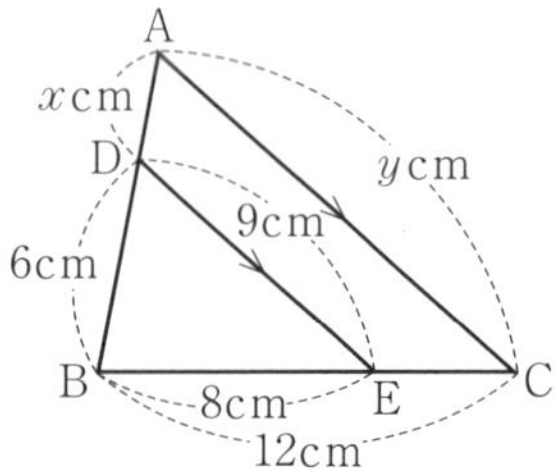

(2)　直線 a，b，c は平行

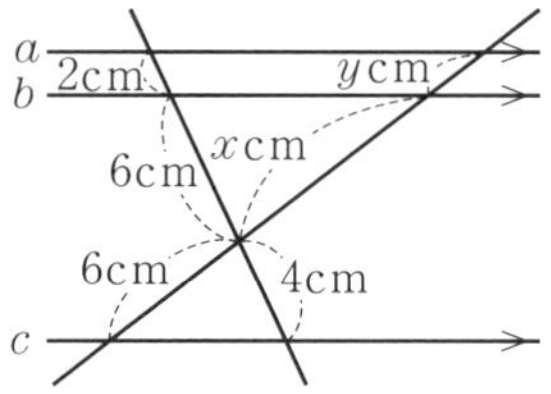

▶解答　(1)　BD : DA＝BE : EC

$6 : x = 8 : (12-8)$

$8x = 6\times4$

$x = 3$

BE : BC＝DE : AC

$8 : 12 = 9 : y$

$8y = 12\times9$

$y = \dfrac{27}{2}$

答　**$x=3$，$y=\dfrac{27}{2}$ (13.5)**

(2)　$6 : x = 4 : 6$

$4x = 6\times6$

$x = 9$

$6 : 2 = x : y$

$6y = 2\times x$

$x = 9$ より

$6y = 2\times9$

$y = 3$

答　**$x=9$，$y=3$**

3　右の図の△ABCにおいて，頂点Bから辺ACへ垂線をひき，その交点をDとします。同じように，頂点Cから辺ABへ垂線をひき，その交点をEとします。

BDとCEの交点をPとするとき，

BP : CP＝EP : DP

であることを証明しなさい。

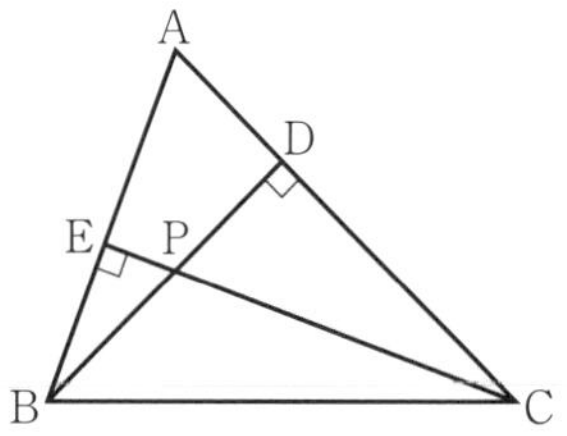

考え方　△BEP∽△CDPを示す。

▶解答　**△BEPと△CDPにおいて**

仮定から　∠BEP＝∠CDP＝90°……①

対頂角は等しいから　∠BPE＝∠CPD　……②

①，②より，2組の角がそれぞれ等しいから　△BEP∽△CDP

したがって　BP : CP＝EP : DP

4　立体AとBは相似で，相似比は1 : 2です。Bの表面積が96cm²で体積が64cm³のとき，Aの表面積と体積を求めなさい。

▶解答　立体AとBは相似で，相似比は1:2だから，表面積の比は　$1^2:2^2=1:4$

Aの表面積を$x$cm²とすると

$1:4=x:96$

$4x=96$

$x=24$

また，体積比は　$1^3:2^3=1:8$

Aの体積を$y$cm³とすると

$1:8=y:64$

$8y=64$

$y=8$

答　**表面積24cm²，体積8cm³**

とりくんでみよう

(1) 右の図で，点PはACとBDの交点であり，AB，PQ，DCは平行です。
AB=10cm，CD=15cmのとき，PQの長さを求めなさい。

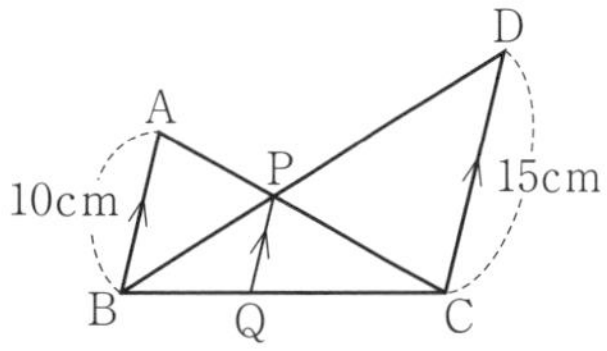

考え方　△ABPと△CDPにおいてBP:DPを求め，次に
△BCDにおいてPQ:DC=BP:BDになることから，PQの長さを求める。

▶解答　(求め方)　△ABPと△CDPにおいて

平行線の錯角は等しいから，AB∥DCより　∠ABP=∠CDP，∠BAP=∠DCP

2組の角がそれぞれ等しいから　△ABP∽△CDP

よって　BP：DP=AB：CD=2：3

したがって，△BCDにおいて，PQ∥DCより

PQ：DC=BP：BD=2：5

PQ：15=2：5

5PQ=15×2

PQ=6

答　**PQ=6cm**

(2) 右の図のような▱ABCDで，辺AB上に，AE:EB=1:2となる点Eをとります。また，点Eを通り辺ADに平行な直線をひき，辺CDとの交点をFとします。
対角線ACとEF，BFとの交点をそれぞれG，Hとするとき，GH:CHを求めなさい。

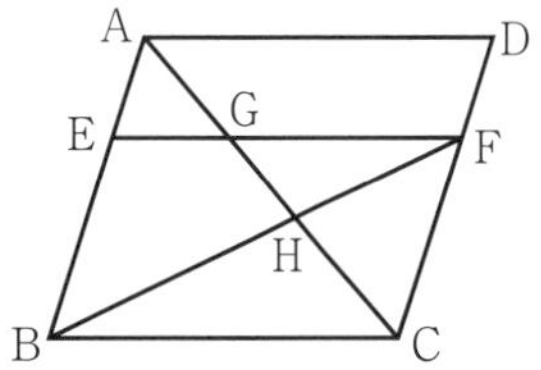

▶解答　△ABCにおいて
EF∥BCより　EG：BC＝AE：AB＝1：3……①
△HGFと△HCBにおいて
平行線の錯角は等しいから，EF∥BCより　∠HFG＝∠HBC，∠HGF＝∠HCB
2組の角がそれぞれ等しいから　△HGF∽△HCB
ところで，EF∥BC，EB∥FCより，四角形EBCFは平行四辺形である。
すなわち　EF＝BC……②
①，②より　FG：BC＝2：3
△HGF∽△HCBだから　GH：CH＝FG：BC＝2：3　　答　**GH：CH＝2：3**

(3) 右の図のように，円錐(すい)の母線OA上に
OB：BA＝4：1となる点Bがあります。
この円錐を，点Bを通り，底面に平行な平面で
切り分けます。
このときできる2つの立体のうち，円錐の形の
方をP，もう一方をQとします。
PとQの体積は，どちらが大きいですか。
また，そのようにいえる理由を説明しなさい。

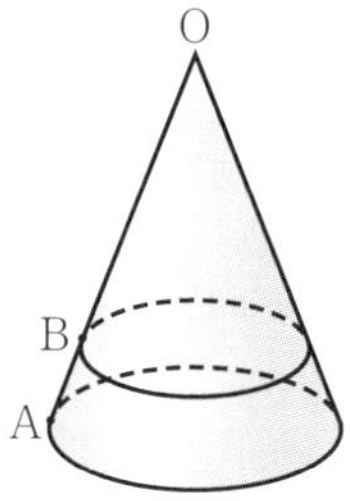

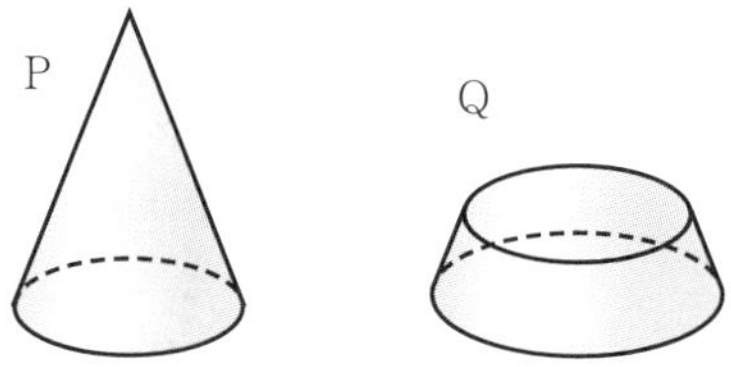

▶解答　**Pの方が大きい。**
(理由)
OB：BA＝4：1よりOB：OA＝4：5
Pの円錐ともとの円錐は相似で，
相似比は4：5だから，
Pともとの円錐の体積比は
$4^3:5^3=64:125$
PとQの体積比は
64：(125−64)＝64：61
したがって，Pの方が大きい。

次の章を学ぶ前に

1　次の□にあてはまることがらをかき入れましょう。

▶解答
(1)　円周の一部分を［㋐**弧**］という。
(2)　円周上の2点を結ぶ線分を［㋑**弦**］という。
(3)　直線と円Oが1点だけを共有するとき，その直線は円Oに接するといい，その直線を円Oの［㋒**接線**］，共有する点を［㋓**接点**］という。
(4)　円の［㋒**接線**］は，［㋓**接点**］を通る［㋔**半径**］に垂直である。

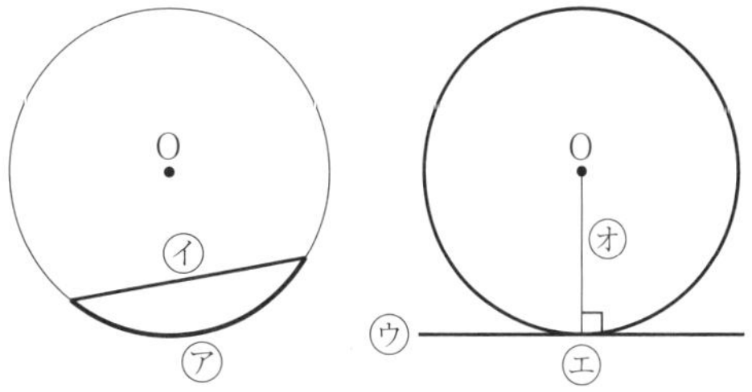

2　次の□にあてはまることがらをかき入れましょう。

▶解答
おうぎ形の両端(りょうたん)の2つの半径がつくる角を，おうぎ形の［㋕**中心角**］という。
1つの円でおうぎ形の弧の長さは［㋕**中心角**］に比例する。

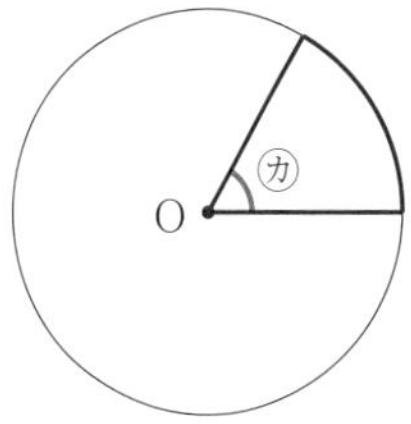

3　右の図で，$\angle AOB=120^\circ$ のとき，$\overset{\frown}{AB}$の長さを求めましょう。

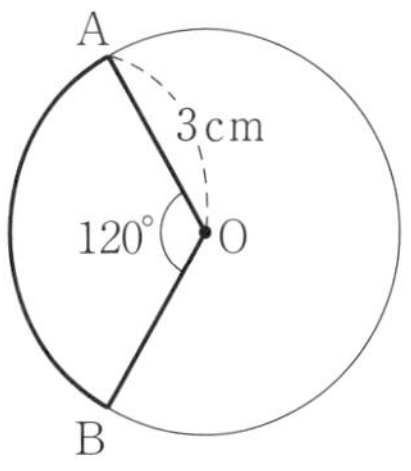

考え方　1つの円でおうぎ形の弧の長さは，中心角に比例する。

▶解答
円周の長さは　6π(cm)
したがって，$\overset{\frown}{AB}$の長さは　$6\pi\times\frac{120}{360}=2\pi$(cm)

答　$\mathbf{2\pi}$**cm**

6章 円

この章について

これまで，三角形や四角形などに関するいろいろな定理や性質を学習しました。この章では，それをもとに，円に関する定理や性質を学習します。円周角の定理を基本にして，角の大きさを求めたり，それを活用していろいろなことがらを証明できるようになったりすることが，ここでの学習のポイントです。中学校での図形学習の重要な単元です。しっかりと学習しましょう。

1節 円周角と中心角

1 円周角の定理

基本事項ノート

➡円周角

円Oにおいて，$\overset{\frown}{AB}$を除いた円周上に点Pをとるとき，∠APBを$\overset{\frown}{AB}$に対する円周角（えんしゅうかく）といい，$\overset{\frown}{AB}$を円周角∠APBに対する弧（こ）という。

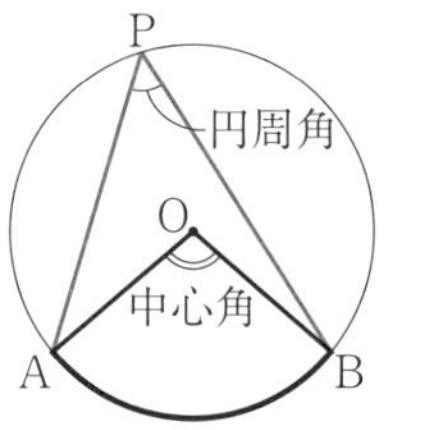

➡円周角の定理

1 1つの弧に対する円周角の大きさは，その弧に対する中心角の大きさの半分である。

2 同じ弧に対する円周角の大きさはすべて等しい。

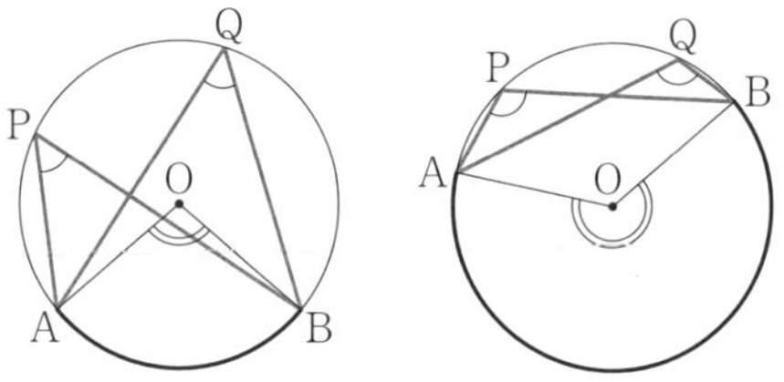

$$\angle APB = \angle AQB = \frac{1}{2}\angle AOB$$

➡半円の弧に対する円周角

1 半円の弧に対する円周角は直角である。

2 $\overset{\frown}{AB}$に対する円周角の大きさが90°ならば，弦（げん）ABはその円の直径である。

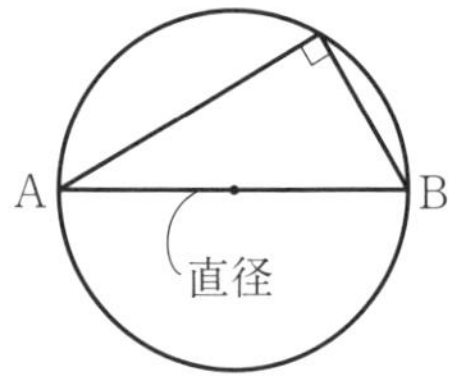

問1　㋐の場合について，次の(1)，(2)のことを調べ，調べたことをもとに，$\angle APB=\frac{1}{2}\angle AOB$を証明しましょう。

(1)　△OBPはどんな三角形ですか。

(2)　∠OBP＋∠OPBと大きさの等しい角は，どの角ですか。

㋐　中心Oが∠APBの辺上にある。

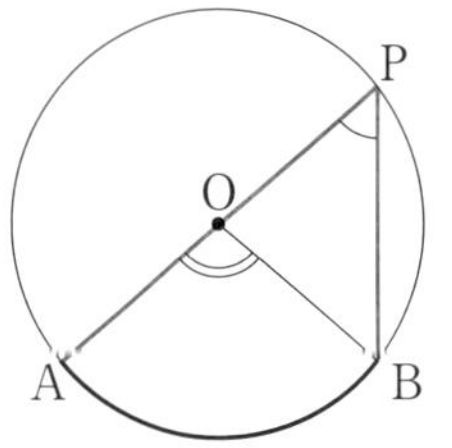

考え方　(2)　三角形の外角は，それととなり合わない2つの内角の和に等しい。

▶解答　(1)　△OBPは，**OB＝OPの二等辺三角形**

(2)　三角形の内角と外角の性質から　∠OBP＋∠OPB＝**∠AOB**

（証明）

二等辺三角形の底角は等しいから　∠OPB＝∠OBP

∠OBP＋∠OPB＝∠AOBだから　2∠OPB＝∠AOB

∠OPBと∠APBは同じ角なので　2∠APB＝∠AOB

したがって　$\angle APB=\frac{1}{2}\angle AOB$

問2　次の図で，$\angle x$の大きさを求めなさい。

(1)

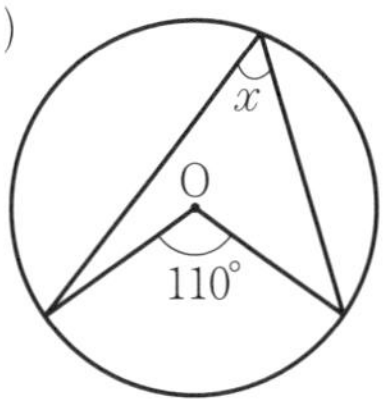

(2)

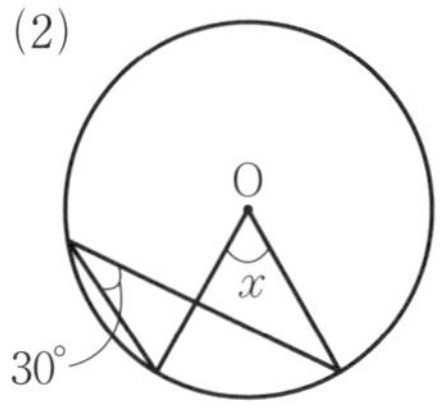

(3)

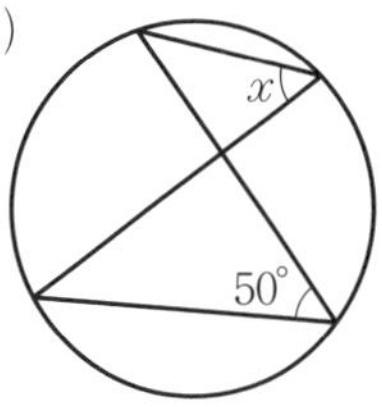

(4)

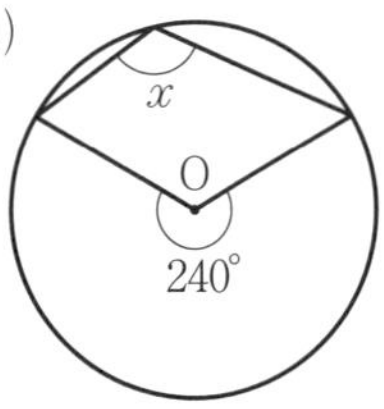

(5)

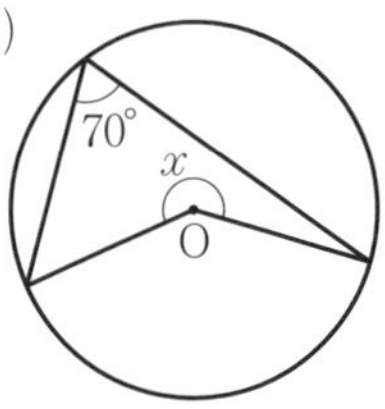

(6)

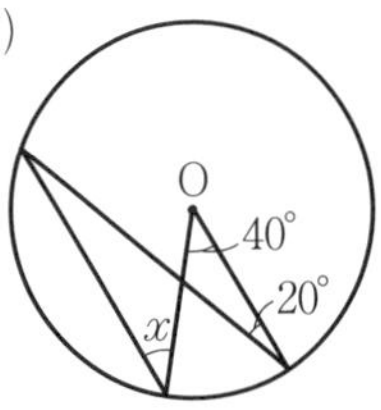

考え方　中心角が180°を超えた場合も円周角が成り立つ。

▶解答

(1)　$\angle x=\frac{1}{2}\times 110°$
　$=$**55°**

(2)　$\angle x=2\times 30°$
　$=$**60°**

(3)　$\angle x=$**50°**

(4)　$\angle x=\frac{1}{2}\times 240°$
　$=$**120°**

(5)　$2\times 70°=140°$
　$\angle x=360°-140°$
　$=$**220°**

(6)　$\angle x+20°=40°+20°$
　$\angle x=$**40°**

◀気をつけよう▶
(5)中心角$\angle x$に対する円周角は70°ではない。

問3　右の図で，$\angle x$ の大きさを求めなさい。

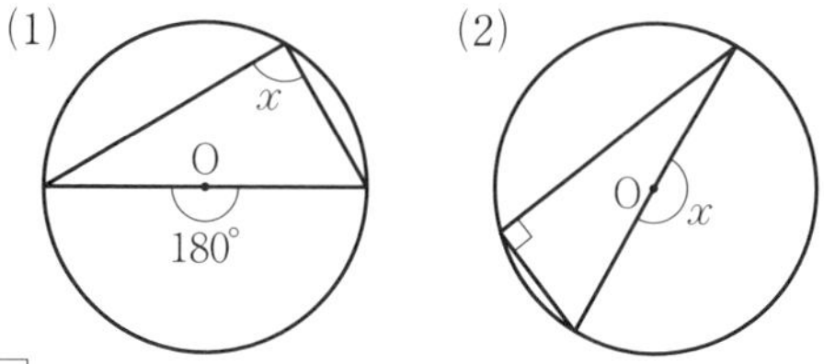

▶解答　(1)　$\angle x = \dfrac{1}{2} \times 180^\circ = \mathbf{90^\circ}$

(2)　$\angle x = 2 \times 90^\circ = \mathbf{180^\circ}$

問4　三角定規などの直角を使って，右の円の中心を求めましょう。

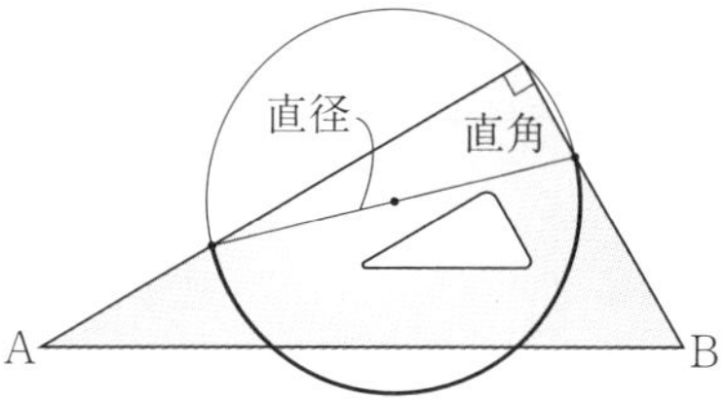

▶解答　**三角定規の直角の頂点を，円の内側から円に接するように置く。このとき，直角をはさむ2辺と円が交わる2点を結ぶと直径になる。**
これと同じことをもう一度して，別の直径をひく。
2つの直径の交点が円の中心である。

補充問題29　次の図で，$\angle x$，$\angle y$ の大きさを求めなさい。（教科書P.239～240）

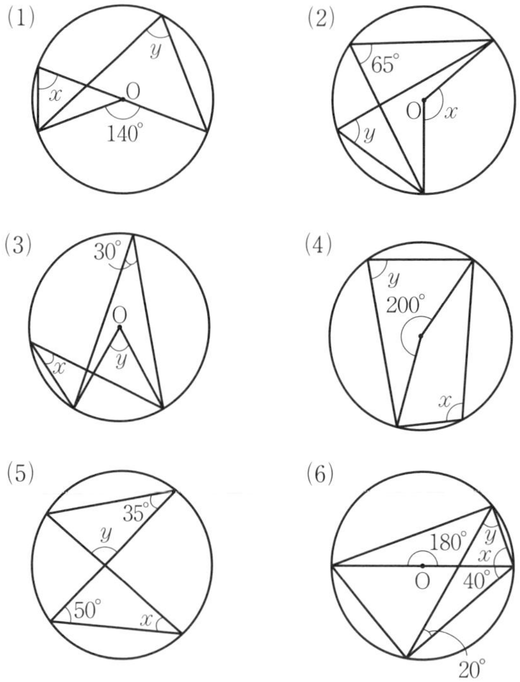

▶解答　(1)　$\angle x = \dfrac{1}{2} \times 140^\circ$

$= \mathbf{70^\circ}$

$\angle y = \angle x = \mathbf{70^\circ}$

(2)　$\angle x = 2 \times 65^\circ$

$= \mathbf{130^\circ}$

$\angle y = \mathbf{65^\circ}$

(3)　$\angle x = \mathbf{30^\circ}$

$\angle y = 2 \times 30^\circ$

$= \mathbf{60^\circ}$

(4)　$\angle x = \dfrac{1}{2} \times 200^\circ$

$= \mathbf{100^\circ}$

$\angle y = \dfrac{1}{2} \times (360^\circ - 200^\circ)$

$= \mathbf{80^\circ}$

(5) $\angle x = \mathbf{35°}$
$\angle y = 180° - 50° - 35°$
$= \mathbf{95°}$

(6) $\angle x = 180° - 90° - 20°$
$= \mathbf{70°}$
$\angle y = 90° - 40°$
$= \mathbf{50°}$

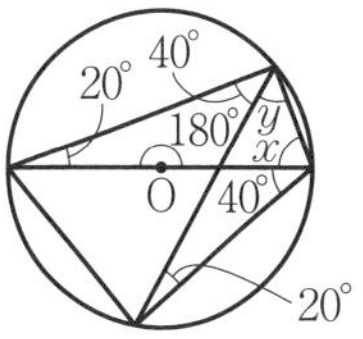

やってみよう

右の図で，$\overset{\frown}{AB}$の長さを求めましょう。

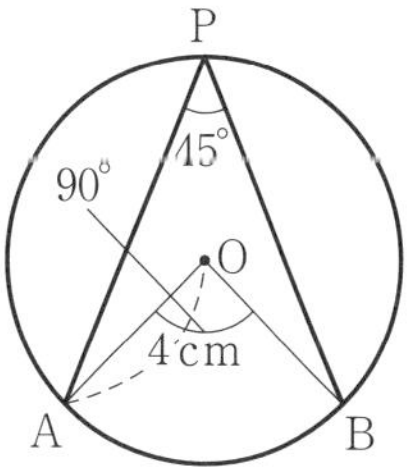

考え方 半径OBをひく。

▶解答 右の図のように半径OBをひくと
$\angle AOB = 2\angle APB = 2 \times 45° = 90°$
半径が4cm，中心角が90°のおうぎ形OABの$\overset{\frown}{AB}$の長さをℓとすると
$\ell = 2\pi \times 4 \times \dfrac{90}{360} = 2\pi$(cm)　　答　$\mathbf{2\pi}$**cm**

2 弧と中心角，円周角

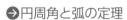

基本事項ノート

➔中心角と弧

[1] 1つの円で，等しい中心角に対する弧は等しい。

[2] 1つの円で，等しい弧に対する中心角は等しい。

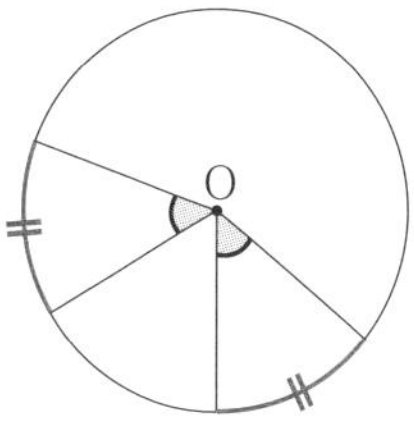

➔等しい弧に対する弦

1つの円で，等しい弧に対する弦は等しい。

➔円周角と弧の定理

[1] 1つの円で，等しい弧に対する円周角は等しい。

[2] 1つの円で，等しい円周角に対する弧は等しい。

この定理は，半径が等しい2つ以上の円でも成り立つ。

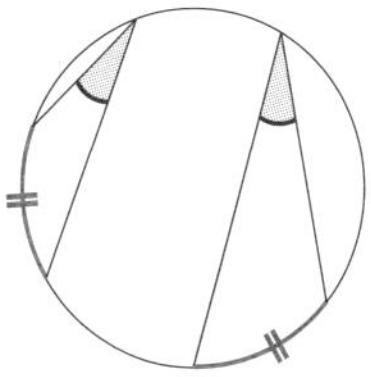

Q 右の図の円Oで，∠AOB＝∠CODであるとき，$\overset{\frown}{AB}$と$\overset{\frown}{CD}$の長さは等しいといえますか。
また，$\overset{\frown}{AB}$と$\overset{\frown}{CD}$の長さが等しいとき，弦(げん)ABとCDの長さや，∠APBと∠CQDの大きさについて，どんな関係が成り立つと予想できますか。

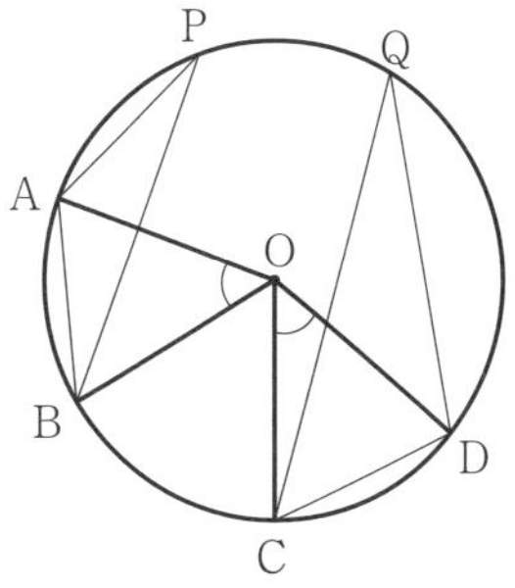

考え方 中心角が等しいおうぎ形は，点Oを中心とした回転移動によってぴったり重ね合わせることができる。(合同)

▶解答 ∠AOB＝∠CODであるとき，$\overset{\frown}{AB}$と$\overset{\frown}{CD}$の長さは等しいと**いえる。**
$\overset{\frown}{AB}$と$\overset{\frown}{CD}$の長さが等しいとき，**AB＝CD，∠APB＝∠CQD**と予想できる。

問1　右の図の円Oで，$\overset{\frown}{AB}=\overset{\frown}{CD}$であるとき，
AB＝CDであることを証明しましょう。

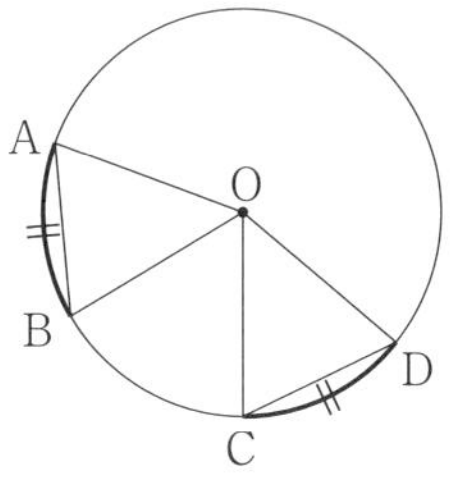

▶解答　**△OABと△OCDにおいて，**
$\overset{\frown}{AB}=\overset{\frown}{CD}$だから，∠AOB＝∠COD……①
また，円Oの半径だから，OA＝OB＝OC＝OD……②
①，②より，2組の辺とその間の角がそれぞれ等しいから
△OAB≡△OCD
したがって，AB＝CD

例1　(上から)**AOB，COD**

問2　1つの円で，等しい円周角に対する弧は等しいことを証明しなさい。

▶解答　**円Oの等しい円周角を∠APB，∠CQDとする。**
∠APB＝∠CQD
∠AOB＝2∠APB
∠COD＝2∠CQD
したがって　∠AOB＝∠COD
1つの円で，等しい中心角に対する弧は等しいから
$\overset{\frown}{AB}=\overset{\frown}{CD}$
ゆえに，1つの円では，等しい円周角に対する弧は等しい。

問3　右の図で，$\overset{\frown}{AB}=\overset{\frown}{BC}=\overset{\frown}{CD}$です。
∠AFB＝20°であるとき，
∠BFC，∠AFC，∠AEDの大きさをそれぞれ求めなさい。

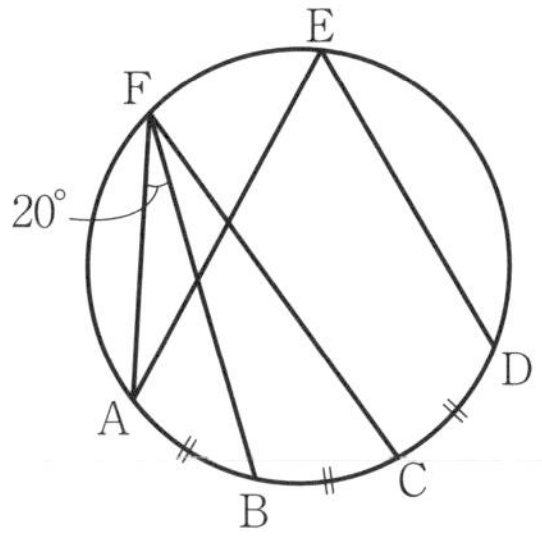

▶解答　1つの円で，等しい弧に対する円周角は等しいから
$\overset{\frown}{AB}=\overset{\frown}{BC}=\overset{\frown}{CD}$より，∠AFB＝∠BFC＝∠CED＝20°……①
また，∠AFC＝∠AFB＋∠BFC＝2∠AFB＝40°
したがって　　　　∠AFC＝40°……②
円周角の定理より　∠AEB＝∠AFB，∠BEC＝∠BFC……③
①，②，③より，
∠AED＝∠AEB＋∠BEC＋∠CED＝3∠AFB＝3×20°＝60°

答　**∠BFC＝20°，∠AFC＝40°，∠AED＝60°**

補充問題30　次の図で，$\angle x$の大きさを求めなさい。（教科書P.240）

(1)
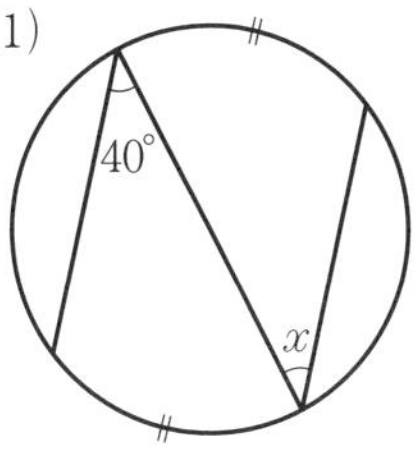

(2)
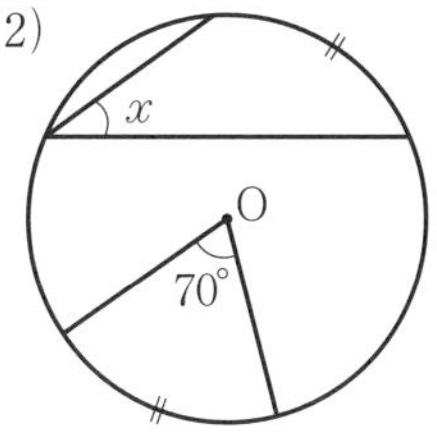

(3)
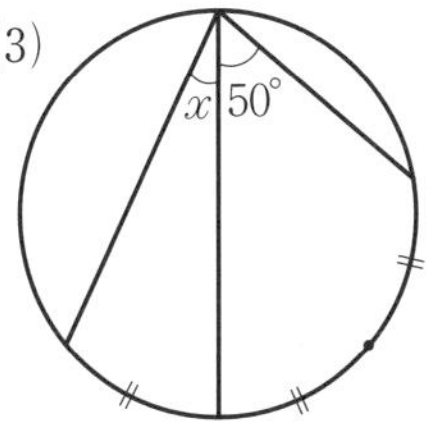

(4)
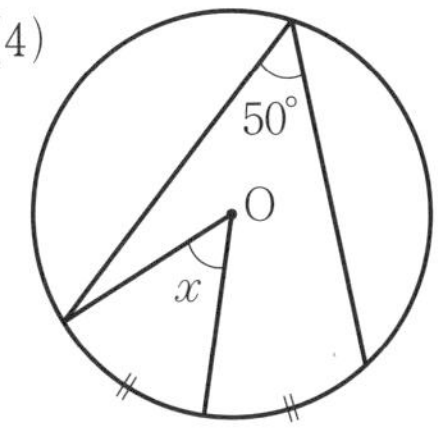

考え方　(1)　1つの円で，等しい弧に対する円周角は等しいことを使う。

(2)　1つの円で，等しい弧に対する中心角は等しいことを使うと，$\angle x$に対する中心角の大きさがわかる。

(4)　1つの円で，等しい弧に対する円周角は等しいことを使うと，$\angle x$に対する円周角の大きさがわかる。

▶解答　(1)　$\angle x = \mathbf{40^\circ}$

(2)　$\angle x = \dfrac{1}{2} \times 70^\circ = \mathbf{35^\circ}$

(3)　$\angle x = \dfrac{1}{2} \times 50^\circ = \mathbf{25^\circ}$

(4)　$\dfrac{1}{2} \times 50^\circ = 25^\circ$

$\angle x = 2 \times 25^\circ$

$= \mathbf{50^\circ}$

(2)
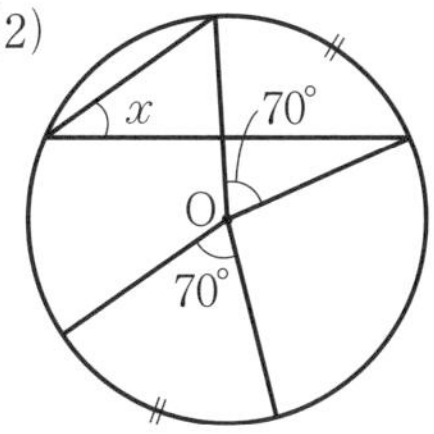

(4)
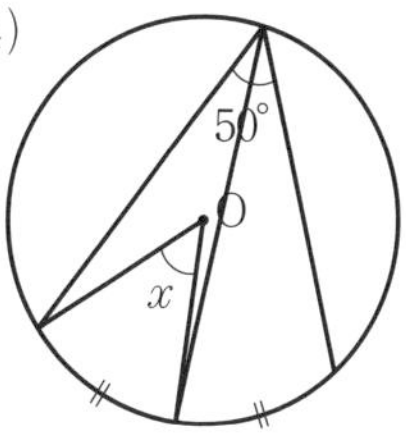

3　円周角の定理の逆

基本事項ノート

➔円周角の定理の逆

2点C，Pが直線ABについて同じ側にあって

$\angle ACB = \angle APB$

ならば，4点A，B，C，Pは1つの円周上にある。

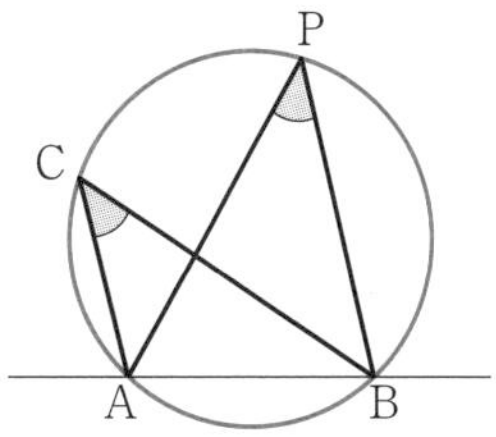

Q 円周角の定理と，三角形の内角と外角の性質を使って，右の図の$\angle x$，$\angle y$，$\angle z$の大きさを求めましょう。また，$\angle x$，$\angle y$，$\angle z$の大きさを比べて，どのようなことがいえそうか考えましょう。

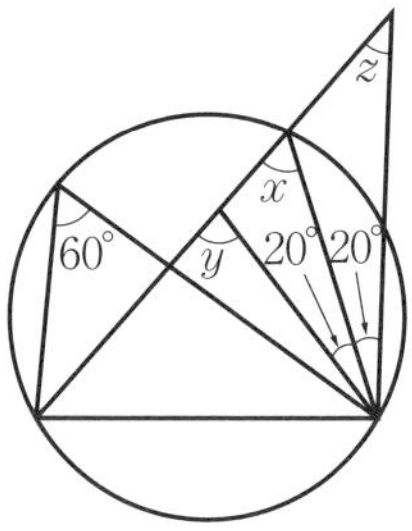

▶解答 円周角の定理より，$\angle x=60°$
三角形の内角と外角の性質より　$\angle y=\angle x+20°=80°$
$\angle z+20°=\angle x$だから　$\angle z+20°=60°$　$\angle z=40°$

答　$\angle \boldsymbol{x}=\mathbf{60°}$，$\angle \boldsymbol{y}=\mathbf{80°}$，$\angle \boldsymbol{z}=\mathbf{40°}$

問1 次の図で，4点A，B，C，Dは1つの円周上にありますか。

(1)

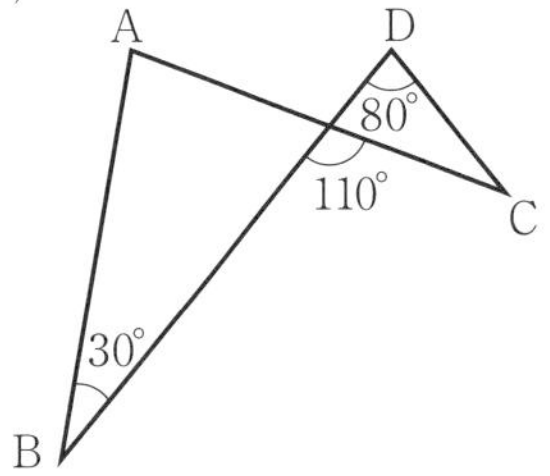

(2)

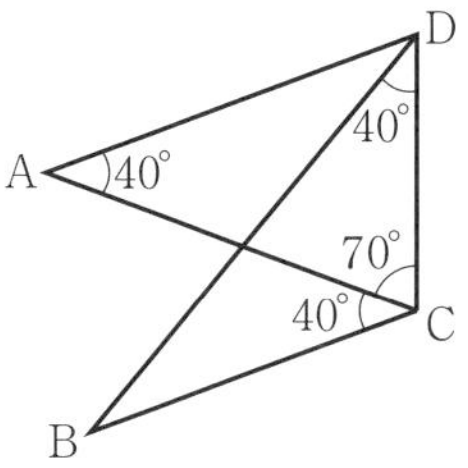

(3)

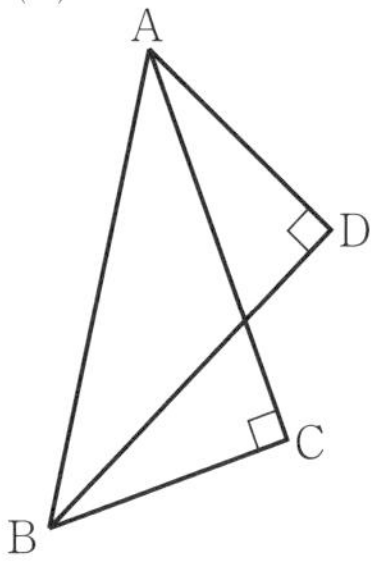

▶解答 (1)　$\angle ACD=110°-80°=30°$
$\angle ACD=\angle DBA$だから，1つの円周上に**ある。**
(2)　$\angle CBD=30°$，$\angle DAC=40°$
1つの円周上に**ない。**
(3)　$\angle ADB=\angle ACB=90°$だから，1つの円周上に**ある。**

◀気をつけよう▶
(2)　3つの40°の角から，円周角の定理の逆が成り立つとはいえない。

問2 ▱ABCDの紙を，対角線ACで折ります。折ったあとの頂点Bが移動した点の位置をB′としたとき，4点A，B′，C，Dは1つの円周上にあることを証明しなさい。

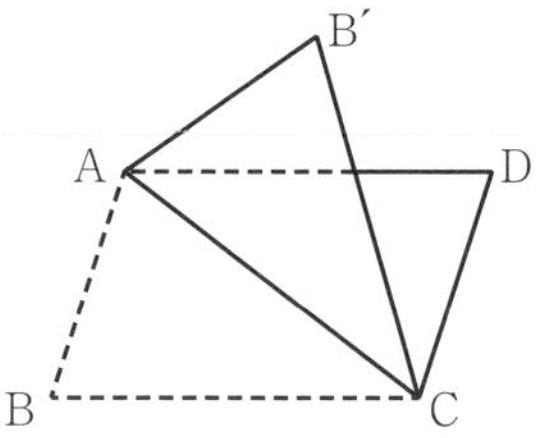

▶解答 **折り返した図形だから　∠B＝∠B′……①**
また，平行四辺形の向かい合う角だから　∠B＝∠D……②
①，②より，∠B′＝∠D
円周角の定理の逆より，4点A，B′，C，Dは1つの円周上にある。

4　円の接線

基本事項ノート

➔円の接線の長さ

円の外部にある1点から，その円にひいた2本の接線の長さは等しい。

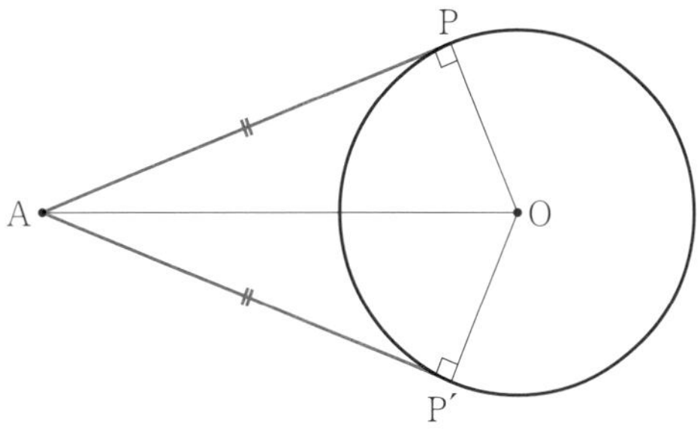

Q

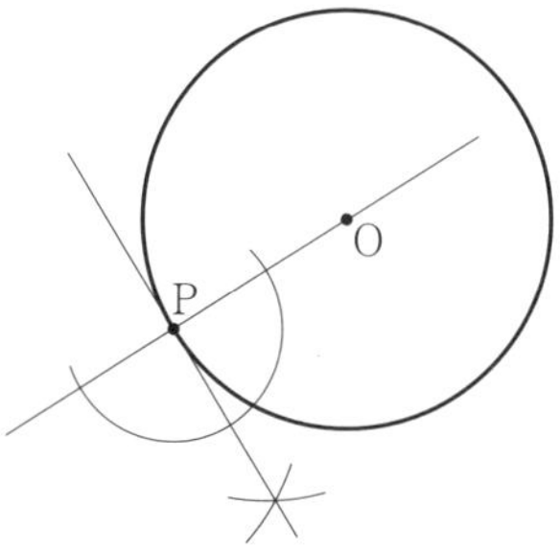

左の図で，円Oの周上の点Pを通る接線を作図しましょう。

▶解答　上の図

問1　前ページの手順でひいた直線APが，円Oの接線であることを説明しなさい。

▶解答　**AOは円Mの直径だから，∠APOは半円の弧に対する円周角であり，∠APO＝90°となる。**
したがって，AP⊥OPだから，直線APは円Oの接線である。

問2　右の図で，点Aを通る円Oの接線を作図しなさい。

▶解答　右の図

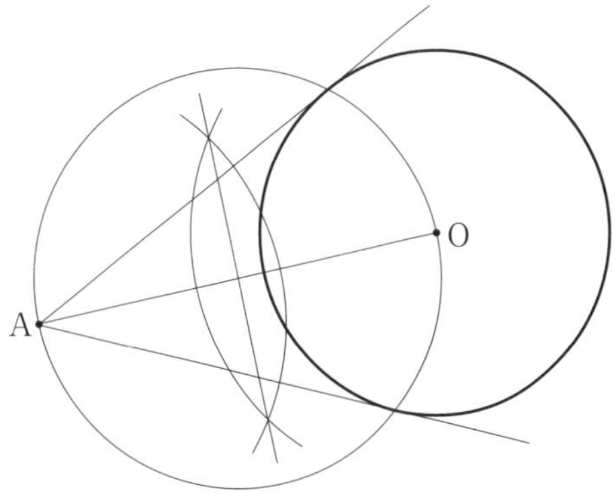

問3　**問2**でひいた接線の接点をそれぞれP，P′としたとき，AP＝AP′であることを証明しなさい。

▶解答
△APOと△AP′Oにおいて
円Oの半径だから　OP＝OP′……①
円の接線は接点を通る半径に垂直だから∠APO＝∠AP′O＝90°……②
また　AOは共通……③
①，②，③より，直角三角形の斜辺と他の1辺がそれぞれ等しいから
△APO≡△AP′O
したがって　AP＝AP′

やってみよう
右の図のように，四角形ABCDの各辺に，円Oが点P，Q，R，Sで接しているとき，
AB＋CD＝AD＋BC
であることを証明しましょう。

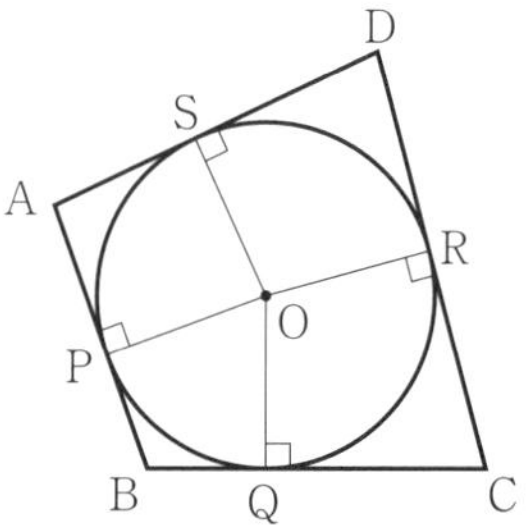

▶解答
円の接線の長さの定理より
AP＝AS，BP＝BQ，CQ＝CR，DR＝DS
AB＋CD＝(AP＋BP)＋(CR＋DR)
＝(AS＋BQ)＋(CQ＋DS)
＝(AS＋DS)＋(BQ＋CQ)
＝AD＋BC
したがって　AB＋CD＝AD＋BC

5 円周角のいろいろな問題

Q 右の図のように，円に2つの弦AB，CDを交わるようにひき，その交点をPとします。
この図について，次の(1)～(3)の□にあてはまる角や，その根拠（こんきょ）となることがらをかき入れましょう。

(1) $\overset{\frown}{CB}$に対する円周角は等しいから　∠CAB＝∠□
(2) □に対する円周角は等しいから　∠ACD＝∠□
(3) □は等しいから　∠APC＝∠□

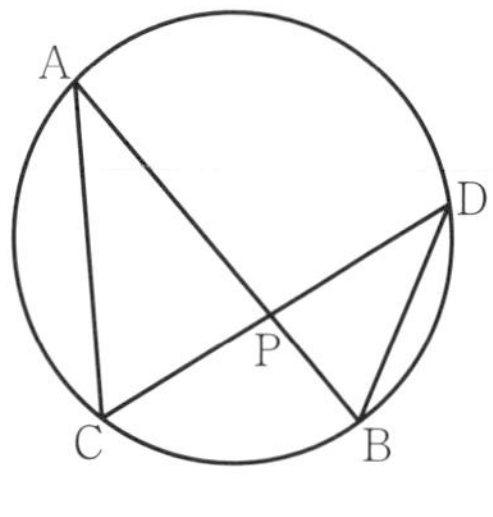

▶解答　(1) **CDB**　(2) (順に)**$\overset{\frown}{AD}$，ABD**　(3) (順に)**対頂角，DPB**

問1 右の図のように，円に2つの弦AB，CDを交わるようにひき，その交点をPとします。
AC＝5cm，AP＝3cm，DB＝3cmのとき，DPの長さを求めなさい。

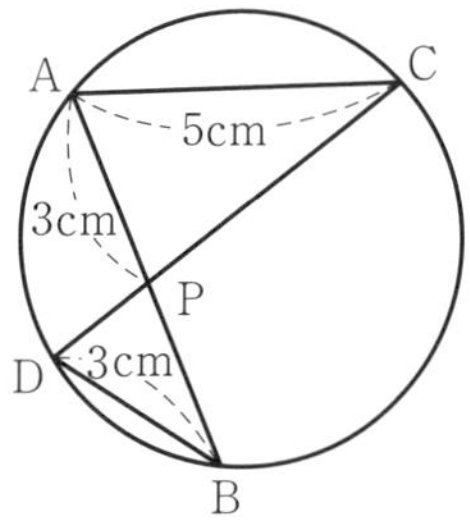

▶解答　△ACPと△DBPにおいて

$\overset{\frown}{CB}$に対する円周角は等しいから　∠CAP＝∠BDP……①

対頂角は等しいから　∠APC＝∠DPB……②

①，②より，2組の角がそれぞれ等しいから

△ACP∽△DBP

したがって　AC：DB＝AP：DP

よって　5：3＝3：DP

5DP＝3×3

$DP=\frac{9}{5}$

答　$\boldsymbol{\frac{9}{5}}$ **cm**

問2　右の図のように，円に2つの弦AB，CDをひき，2つの弦を延長した直線の交点をPとします。

このとき，

AD：CB＝AP：CP

であることを証明しなさい。

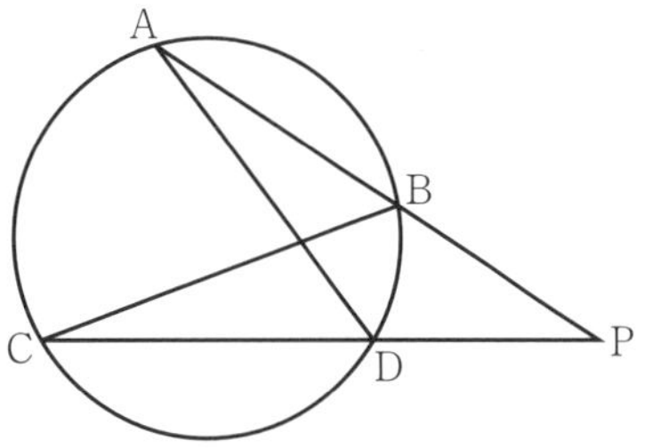

▶解答　**△APDと△CPBにおいて**

$\overset{\frown}{BD}$に対する円周角は等しいから　∠PAD＝∠PCB……①

また　∠Pは共通……②

①，②より，2組の角がそれぞれ等しいから　△APD∽△CPB

したがって　AD：CB＝AP：CP

例2　(順に)**BCD，BCD**

問3　**例2**の図で，AD，CBをそれぞれ延長した直線の交点をQとします。

このとき，∠AQCは$\overset{\frown}{AC}$に対する円周角と$\overset{\frown}{BD}$に対する円周角の差に等しいことを証明しなさい。

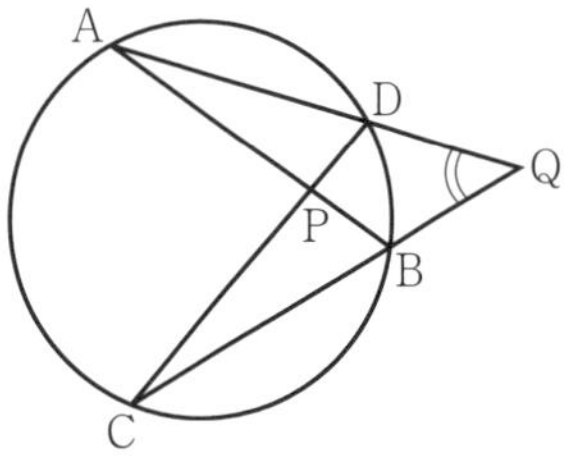

▶解答　**△ABQにおいて，**

三角形の内角と外角の性質より　∠AQC＝∠ABC－∠BAD

∠ABCは$\overset{\frown}{AC}$，∠BADは$\overset{\frown}{BD}$に対する円周角だから，

∠AQCは$\overset{\frown}{AC}$に対する円周角と$\overset{\frown}{BD}$に対する円周角の差に等しい。

やってみよう

右の図で，点A，B，C，Dは，それぞれ1つの円周上にあります。

このとき，それぞれの図で

AP×BP＝CP×DP

が成り立つことを証明しましょう。

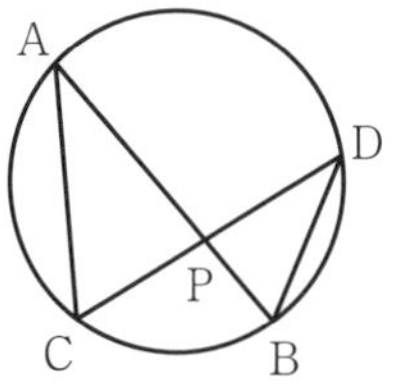

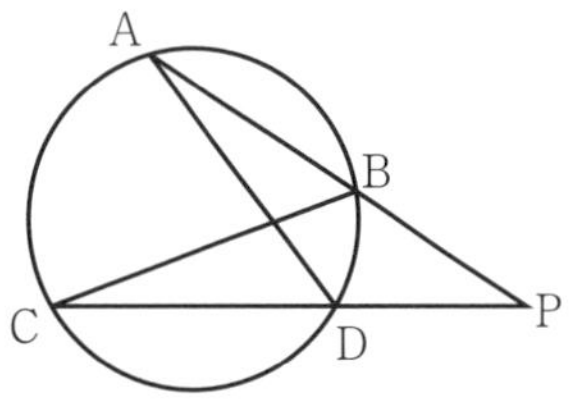

▶解答　（左図の証明）

教科書P.170の例1より　CP：BP＝AP：DP

したがって　AP×BP＝CP×DP

（右図の証明）

教科書P.171の問2より　△APD∽△CPB

したがって　AP：CP＝DP：BP

よって　AP×BP＝CP×DP

基本の問題

1　次の図で，$\angle x$，$\angle y$ の大きさを求めなさい。

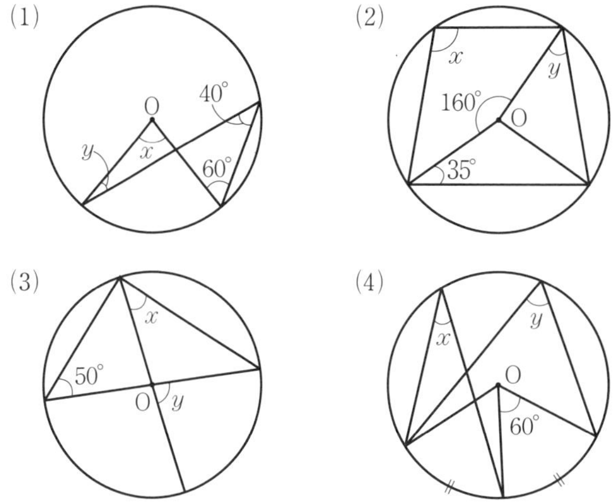

▶解答

(1)　$\angle x=2\times40^\circ=\mathbf{80^\circ}$

$\angle x+\angle y=40^\circ+60^\circ$ より $80^\circ+\angle y=40^\circ+60^\circ$

$\angle y=\mathbf{20^\circ}$

(2)　$\angle x=\dfrac{1}{2}\times(360^\circ-160^\circ)=\mathbf{100^\circ}$

$\angle y=\dfrac{1}{2}\times160^\circ-35^\circ=\mathbf{45^\circ}$

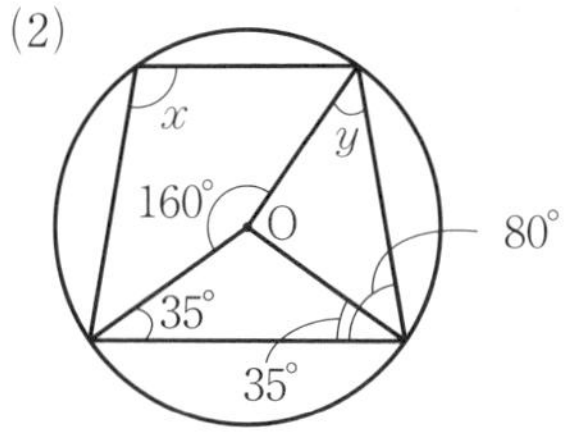

(3)　$\angle x=90^\circ-50^\circ=\mathbf{40^\circ}$

$\angle y=180^\circ-50^\circ\times2=\mathbf{80^\circ}$

(4)　1つの円で，等しい弧に対する中心角は等しいから，$\angle x$ に対する中心角は60°

したがって　$\angle x=\dfrac{1}{2}\times60^\circ=\mathbf{30^\circ}$

1つの円で，等しい弧に対する中心角は等しいから

$\angle y=2\angle x=2\times30^\circ=\mathbf{60^\circ}$

2　次の図で，4点A，B，C，Dは1つの円周上にありますか。

(1)

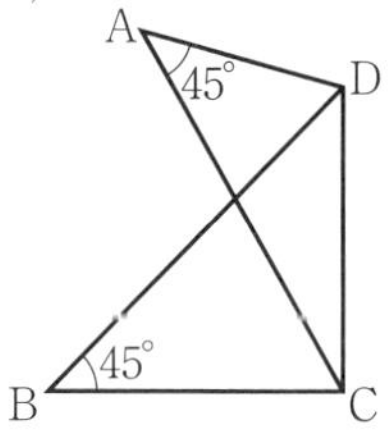

(2)

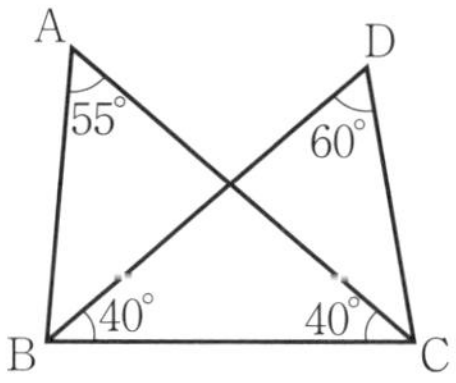

▶解答　(1)　∠DAC＝∠DBC＝45°だから，1つの円周上に**ある。**

(2)　1つの円周上に**ない。**

3　右の図で，3点A，B，Cは円Oの周上の点です。
この図で，∠OBC＝50°，∠ACB＝25°ならばAO∥BC
であることを証明しなさい。

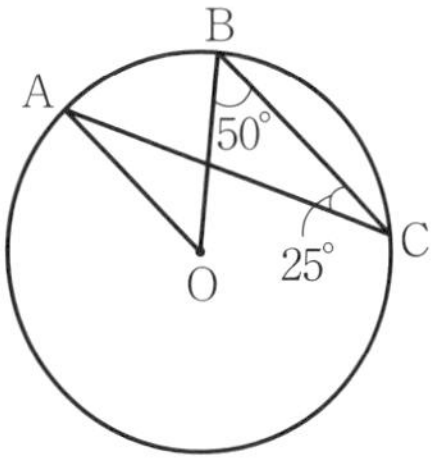

▶解答　**$\overset{\frown}{AB}$に対する円周角と中心角の関係より**

∠AOB＝2∠ACB＝2×25°＝50°

したがって　∠AOB＝∠CBO

錯角が等しいから　AO∥BC

6章の問題

1　次の図で，∠xの大きさを求めなさい。

(1)

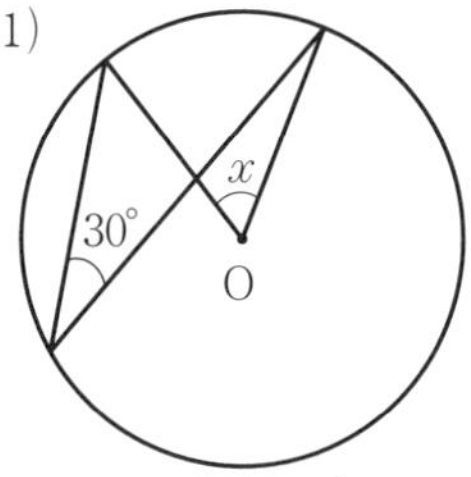

(2)

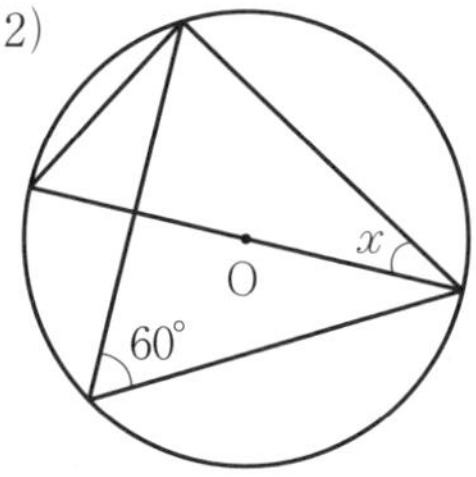

(3)

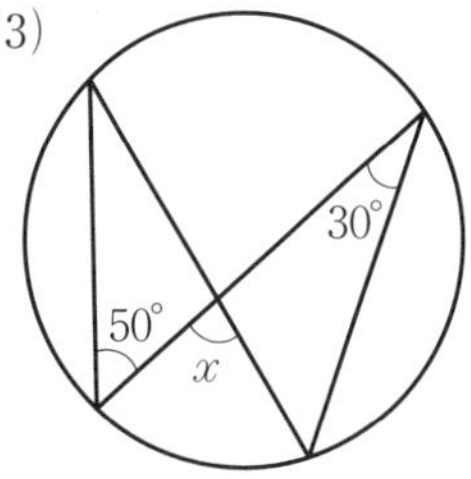

▶解答　(1)　∠x＝2×30°＝**60°**

(2)　∠x＝180°－90°－60°＝**30°**

(3)　三角形の内角と外角の性質より　∠x＝50°＋30°＝**80°**

2　右の図で，どの角とどの角の大きさが等しいとき，4点A，B，C，Dが1つの円周上にあるといえますか。次の□にあてはまる角をかき入れなさい。

(1)　∠BDC＝∠□

(2)　∠ABD＝∠□

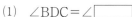

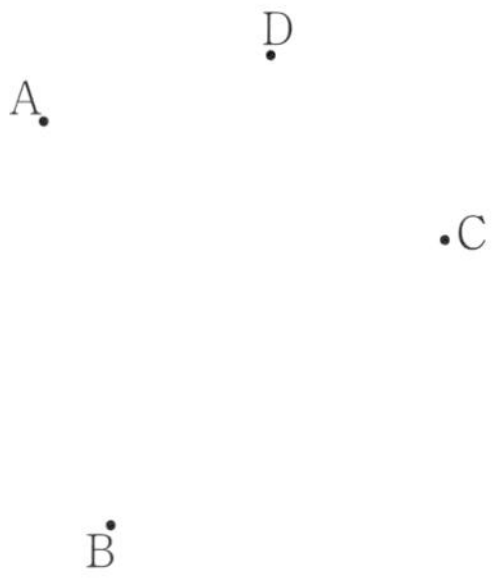

▶解答　(1)　**BAC**　　(2)　**ACD**

3 円において，右の図のように平行な2つの弦をAB, CDとするとき，

$\overset{\frown}{AC}=\overset{\frown}{BD}$

であることを証明しなさい。

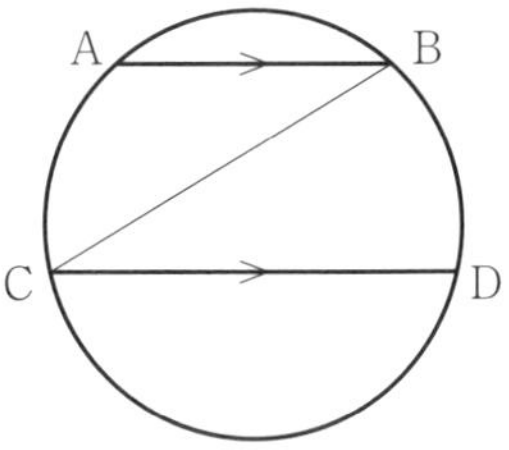

▶解答 **線分BCをひくと，AB∥CDより，錯角は等しいから**

∠ABC＝∠BCD

1つの円で，等しい円周角に対する弧は等しいから

$\overset{\frown}{AC}=\overset{\frown}{BD}$

4 右の図のように，円に2つの弦AC，BDを交わるようにひき，その交点をEとします。
ACが∠BADの二等分線であるとき，

△ABC∽△AED

であることを証明しなさい。

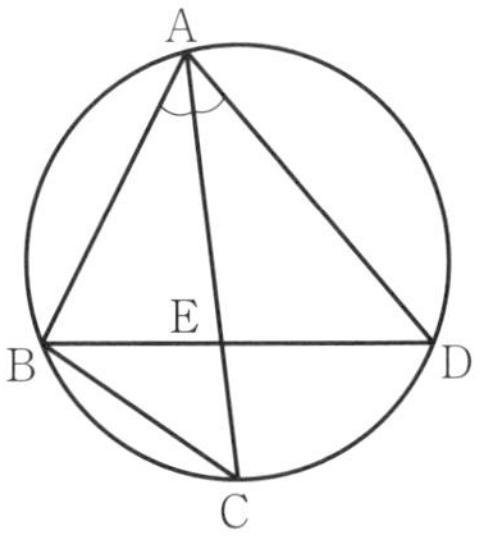

▶解答 **△ABCと△AEDにおいて**

仮定から　∠BAC＝∠EAD……①

$\overset{\frown}{AB}$に対する円周角は等しいから　∠ACB＝∠ADE……②

①，②より，2組の角がそれぞれ等しいから　△ABC∽△AED

とりくんでみよう

1 次の図で，$\angle x$の大きさを求めなさい。

(1)

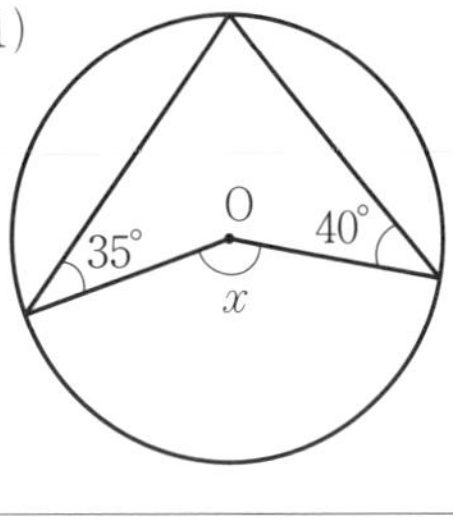

(2)

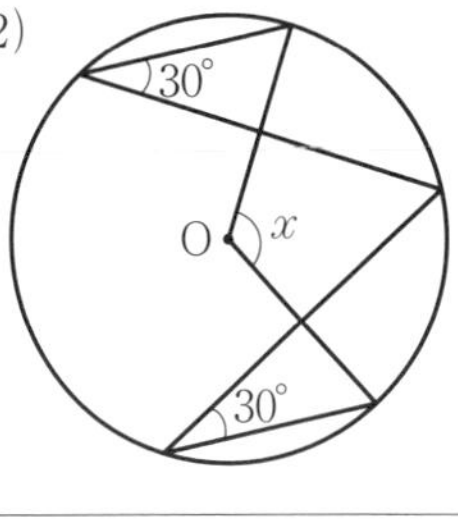

(3)

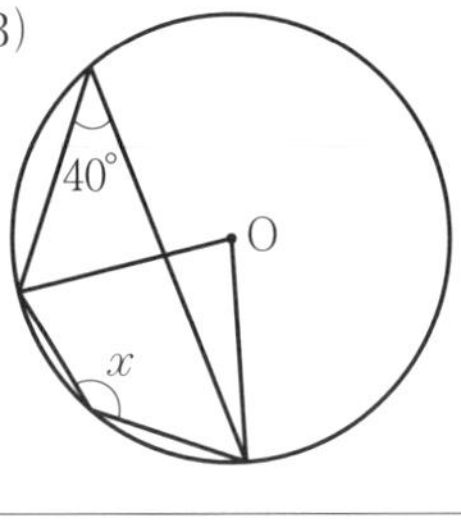

考え方

(1)

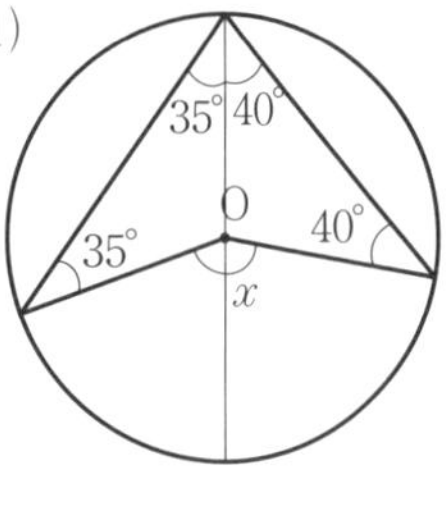

(2)

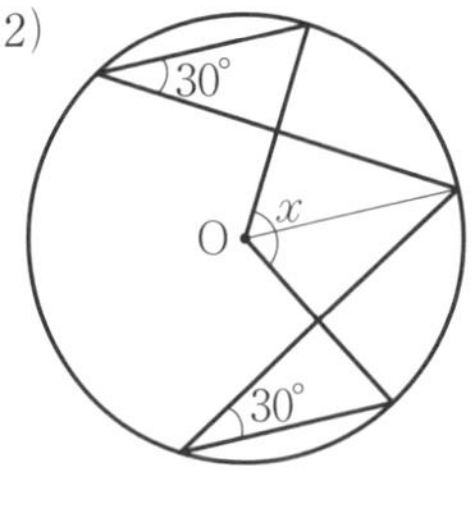

(3)

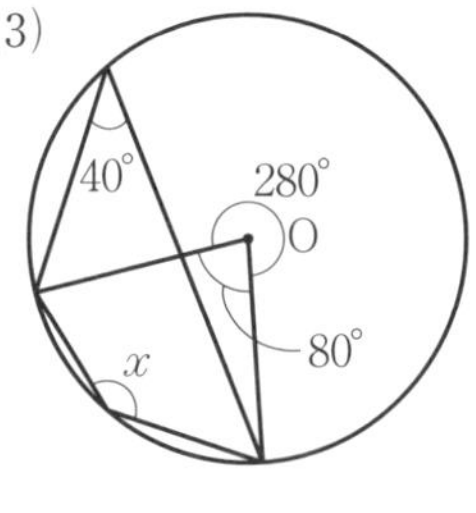

▶解答　(1)　$\angle x=2\times(35^\circ+40^\circ)=$**150°**

(2)　$\angle x=2\times30^\circ+2\times30^\circ=$**120°**

(3)　$360^\circ-2\times40^\circ=280^\circ$　$\angle x=\frac{1}{2}\times280^\circ=$**140°**

2　右の図のように，1つの円周上の4点を順にA，B，C，Dとします。ACが∠BADの二等分線であるとき，△BCDは二等辺三角形であることを証明しなさい。

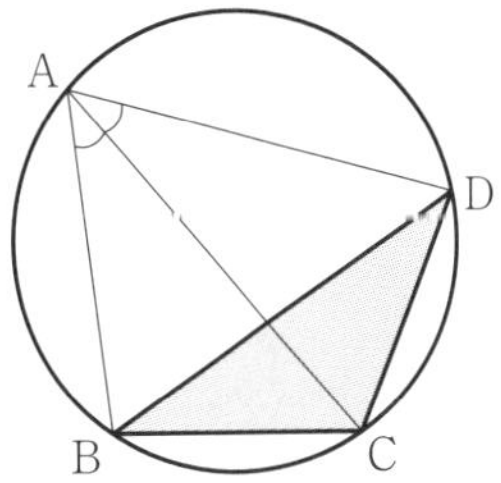

▶解答
ACは∠BADの二等分線だから　∠BAC＝∠CAD
$\overset{\frown}{BC}$に対する円周角は等しいから　∠BAC＝∠BDC
$\overset{\frown}{CD}$に対する円周角は等しいから　∠CAD＝∠DBC
したがって　∠BDC＝∠DBC
2つの角が等しいから，△BCDは二等辺三角形である。

3　右の図のように，円周を5等分する点を順にA，B，C，D，Eとし，AC，BEの交点をPとするとき，次の問いに答えなさい。

(1)　△ABPが二等辺三角形であることを証明しなさい。

(2)　∠APEの大きさを求めなさい。

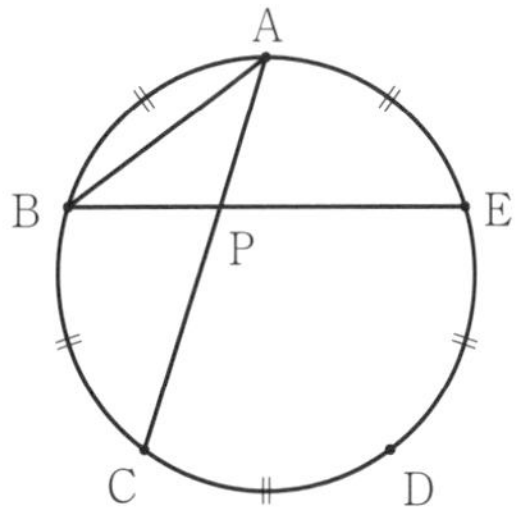

▶解答　(1)　**1つの円で，等しい弧に対する円周角は等しいから**
∠PAB＝∠PBA
2つの角が等しいから，△ABPは二等辺三角形である。

(2)　$\overset{\frown}{BC}$は円周を5等分した1つだから，
$\overset{\frown}{BC}$に対する中心角は　$360^\circ\div5=72^\circ$
∠BACは，$\overset{\frown}{BC}$に対する円周角だから　$\angle BAC=\frac{1}{2}\times72^\circ=36^\circ$
同じようにして　$\angle ABE=36^\circ$
三角形の内角と外角の性質より
$\angle APE=\angle BAP+\angle ABP=36^\circ+36^\circ=72^\circ$　　答　**72°**

4　右の図のように，1つの円周上に5点A，B，C，D，Eを順にとり，1つおきに線分で結んだとき，$\angle a$，$\angle b$，$\angle c$，$\angle d$，$\angle e$の和が180°になる理由を，円周角の定理を使って説明しなさい。

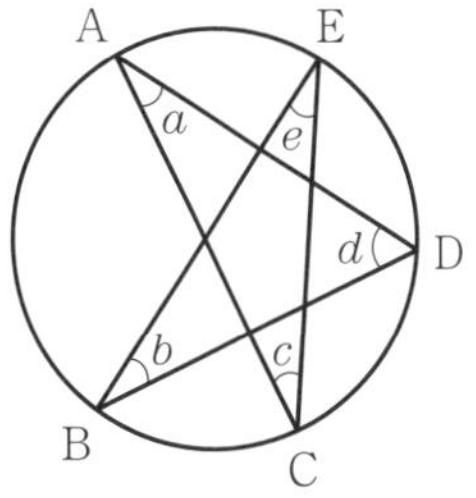

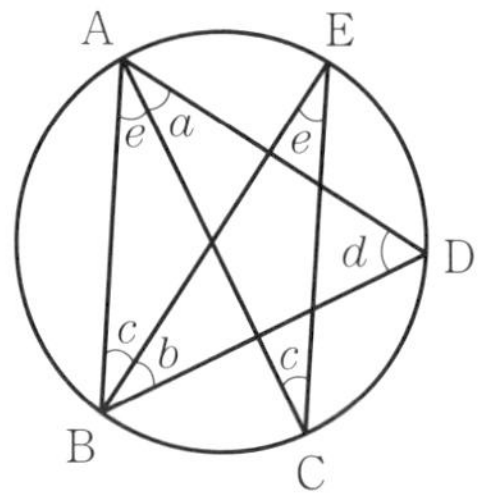

▶解答　**弦ABをひく。**
$\overset{\frown}{BC}$に対する円周角は等しいから
$\angle BAC = \angle BEC = \angle e$
$\overset{\frown}{AE}$に対する円周角は等しいから
$\angle ABE = \angle ACE = \angle c$
△ABDの内角の和は

$$\angle BAD + \angle ABD + \angle ADB = (\angle a + \angle e) + (\angle b + \angle c) + \angle d$$
$$= \angle a + \angle b + \angle c + \angle d + \angle e$$
$$= 180^\circ$$

したがって，$\angle a$，$\angle b$，$\angle c$，$\angle d$，$\angle e$の和は180°になる。

▶別解　$\overset{\frown}{AB}$，$\overset{\frown}{BC}$，$\overset{\frown}{CD}$，$\overset{\frown}{DE}$，$\overset{\frown}{EA}$に対する中心角の合計は360°だから，
それらに対する円周角の合計は，360°の半分の180°である。

次の章を学ぶ前に

1　下の図の△ABC，△DEFは直角三角形です。
斜辺(しゃへん)を答えましょう。

(1)
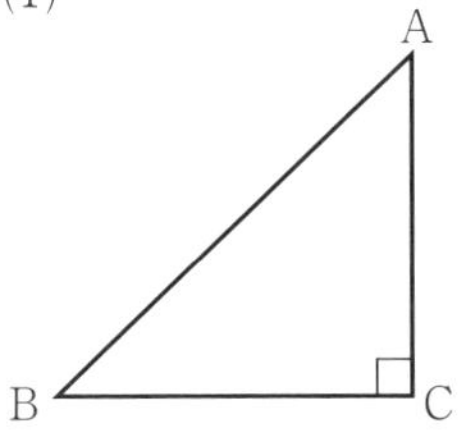

(2)
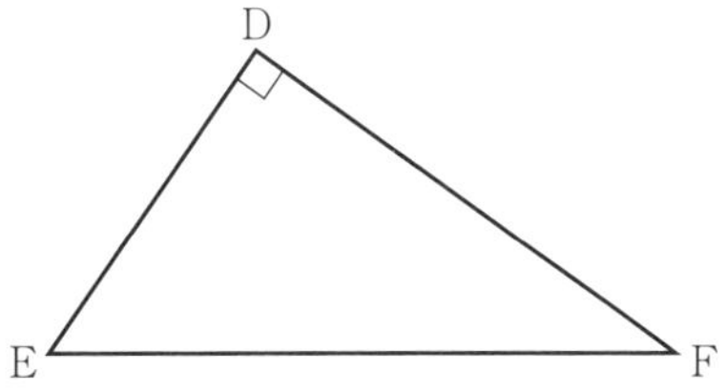

▶解答　(1)　**辺AB**　　(2)　**辺EF**

2　次の数の平方根を求めましょう。
(1)　36　　(2)　7

▶解答　(1)　$\pm\mathbf{6}$　　(2)　$\pm\sqrt{\mathbf{7}}$

3　根号の中ができるだけ小さい自然数となるように，次の数を$a\sqrt{b}$の形にしましょう。
(1)　$\sqrt{8}$　　(2)　$\sqrt{20}$　　(3)　$\sqrt{300}$

▶解答
(1)　$\sqrt{8}$
$=\sqrt{2^2\times2}$
$=\mathbf{2\sqrt{2}}$

(2)　$\sqrt{20}$
$=\sqrt{2^2\times5}$
$=\mathbf{2\sqrt{5}}$

(3)　$\sqrt{300}$
$=\sqrt{10^2\times3}$
$=\mathbf{10\sqrt{3}}$

4　次の方程式を解きましょう。
$x^2+2^2=5^2$

▶解答
$x^2+2^2=5^2$
$x^2=5^2-2^2$
$x^2=21$
$\boldsymbol{x=\pm\sqrt{21}}$

7章 三平方の定理

この章について

ここでは，これまで学習した図形の基本知識をもとに，「ピタゴラスの定理」として知られている三平方の定理について学習します。三平方の定理を理解し，平面図形や空間図形に活用できるようになることがここでのポイントです。中学校での図形学習の最後の重要な単元です。しっかりと学習しましょう。

1節 三平方の定理

1 三平方の定理

基本事項ノート

➔三平方の定理

直角三角形の直角をはさむ2辺の長さをa，bとし，斜辺の長さをcとすると，次の関係が成り立つ。

$a^2+b^2=c^2$

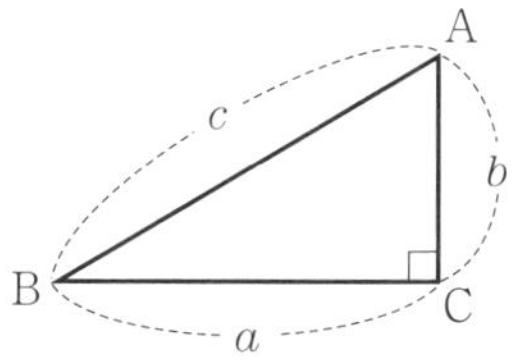

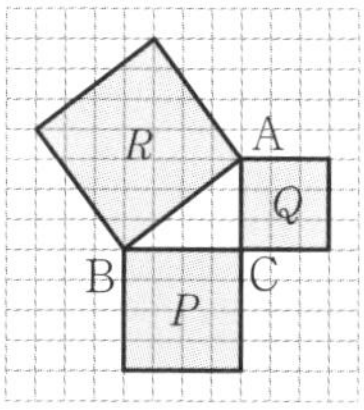

右の図のように，直角三角形の各辺を1辺とする正方形をつくると

$P+Q=R$

やってみよう

合同な4つの直角三角形を，右の図のように並べます。このとき，$a^2+b^2=c^2$が成り立つことを証明しましょう。

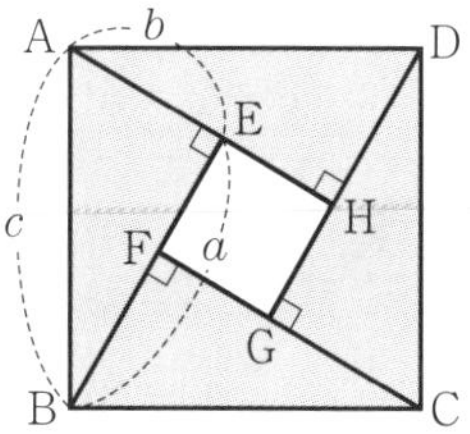

▶解答　**四角形EFGHにおいて**
辺EFの長さは$a-b$
同じように，辺FG，GH，HEの長さも$a-b$
∠HEF＝∠EFG＝∠FGH＝∠GHE＝90°
したがって，4つの角がすべて等しく，4つの辺がすべて等しい四角形だから，四角形EFGHは1辺の長さが$a-b$の正方形である。
また，四角形ABCDにおいて
辺AB，BC，CD，DAの長さはすべてcである。
∠DAB＝∠DAH＋∠EAB＝90°
同じように，∠ABC＝∠BCD＝∠CDA＝90°
したがって，4つの角がすべて等しく，4つの辺がすべて等しい四角形だから，四角形ABCDは1辺の長さがcの正方形である。

ここで，正方形EFGHの面積と4つの直角三角形の面積の和は正方形ABCDの面積に等しいので

$$(\boldsymbol{a}-\boldsymbol{b})^2+\frac{1}{2}\boldsymbol{ab}\times 4=\boldsymbol{c}^2$$

これを整理すると　$\boldsymbol{a}^2+\boldsymbol{b}^2=\boldsymbol{c}^2$

2　直角三角形の辺の長さ

基本事項ノート

➔直角三角形の辺の長さの求め方

三平方の定理を使って，直角三角形の2辺の長さから，残りの辺の長さを求めることができる。

(1)　直角をはさむ2辺a，b⇒斜辺$c=\sqrt{a^2+b^2}$

(2)　斜辺cと他の1辺　b⇒　$a=\sqrt{c^2-b^2}$

(3)　斜辺cと他の1辺　a⇒　$b=\sqrt{c^2-a^2}$

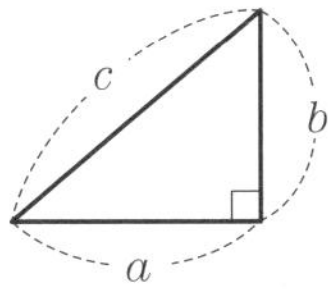

例　斜辺の長さが5であるから

$x^2+4^2=5^2$

$x^2=5^2-4^2$

$x^2=9$

$x>0$だから　$x=3$

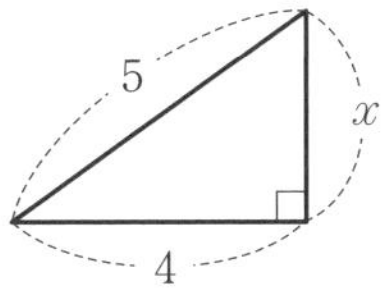

問1　次の図の直角三角形で，xの値を求めなさい。

(1)

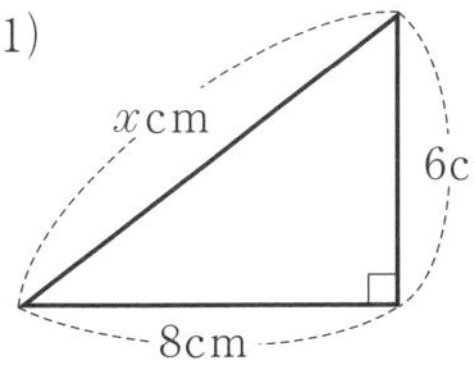

(2)

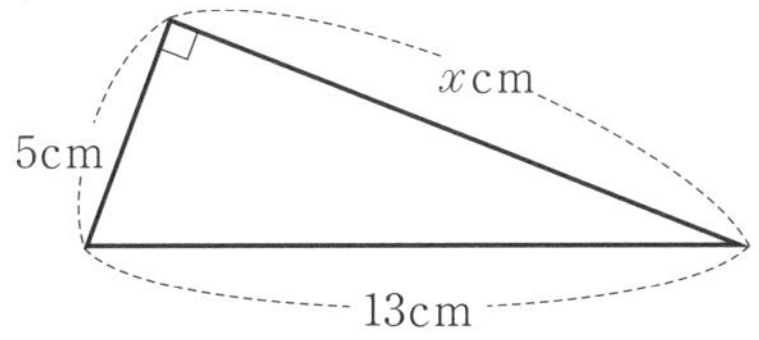

(3)

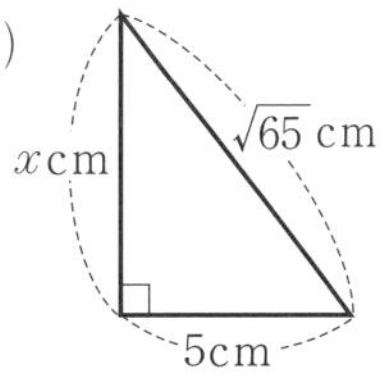

考え方　三平方の定理にそれぞれの辺の値を代入してxの値を求める。

▶解答

(1)　$x$cmの辺が斜辺だから，三平方の定理より

$x^2=6^2+8^2$

$x^2=100$

$x=\pm 10$

$x>0$だから

$\boldsymbol{x=10}$

(2)　13cmの辺が斜辺だから，三平方の定理より

$x^2+5^2=13^2$

$x^2=13^2-5^2$

$x^2=144$

$x=\pm 12$

$x>0$だから

$\boldsymbol{x=12}$

(3)　$\sqrt{65}$cmの辺が斜辺だから，三平方の定理より

$x^2+5^2=(\sqrt{65})^2$

$x^2=(\sqrt{65})^2-5^2$

$x^2=40$

$x=\pm 2\sqrt{10}$

$x>0$だから

$\boldsymbol{x=2\sqrt{10}}$

問2　直角三角形の斜辺の長さをc，他の2辺の長さをa，bとします。右の表で与えられた2辺の長さから，残りの辺の長さを求めなさい。

	a	b	c
(1)	3	3	
(2)	6		7
(3)	$\sqrt{2}$	$\sqrt{3}$	
(4)		$\sqrt{5}$	3

考え方　直角三角形の斜辺の長さがc cmだから$a^2+b^2=c^2$

▶解答

(1)　$c^2=3^2+3^2$
$c^2=18$
$c=\pm 3\sqrt{2}$
$c>0$だから　$\boldsymbol{c=3\sqrt{2}}$

(2)　$6^2+b^2=7^2$
$b^2=13$
$b=\pm\sqrt{13}$
$b>0$だから　$\boldsymbol{b=\sqrt{13}}$

(3)　$c^2=(\sqrt{2})^2+(\sqrt{3})^2$
$c^2=5$
$c=\pm\sqrt{5}$
$c>0$だから　$\boldsymbol{c=\sqrt{5}}$

(4)　$a^2+(\sqrt{5})^2=3^2$
$a^2=4$
$a=\pm 2$
$a>0$だから　$\boldsymbol{a=2}$

参考　(4)　$a^2=c^2-b^2=(c+b)(c-b)$を使って計算すると
$a^2=3^2-(\sqrt{5})^2=(3+\sqrt{5})(3-\sqrt{5})=9-5=4$のように簡単に計算できる。

補充問題31　次の図の直角三角形で，xの値を求めなさい。（教科書P.240）

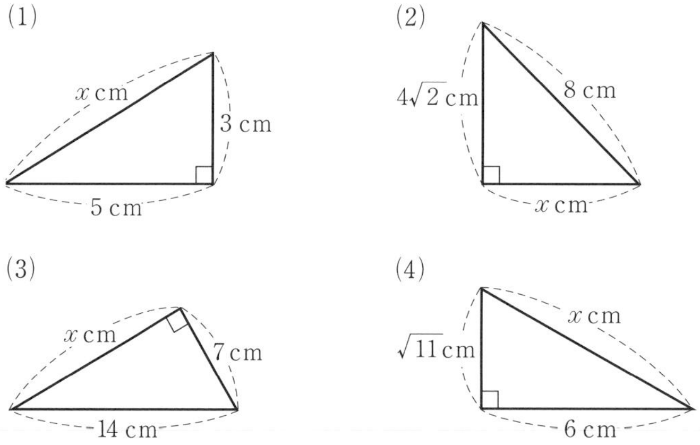

▶解答

(1)　$x^2=5^2+3^2$
$x^2=34$
$x=\pm\sqrt{34}$
$x>0$だから　$\boldsymbol{x=\sqrt{34}}$

(2)　$(4\sqrt{2})^2+x^2=8^2$
$x^2=8^2-(4\sqrt{2})^2$
$x^2=32$
$x=\pm 4\sqrt{2}$
$x>0$だから　$\boldsymbol{x=4\sqrt{2}}$

(3)　$x^2+7^2=14^2$
$x^2=14^2-7^2$
$x^2=147$
$x=\pm 7\sqrt{3}$
$x>0$だから　$\boldsymbol{x=7\sqrt{3}}$

(4)　$x^2=(\sqrt{11})^2+6^2$
$x^2=47$
$x=\pm\sqrt{47}$
$x>0$だから　$\boldsymbol{x=\sqrt{47}}$

3　三平方の定理の逆

基本事項ノート

➔三平方の定理の逆

3辺の長さがa，b，cである三角形で

$$a^2+b^2=c^2$$

の関係が成り立つならば，その三角形は，
長さcの辺を斜辺とする直角三角形である。

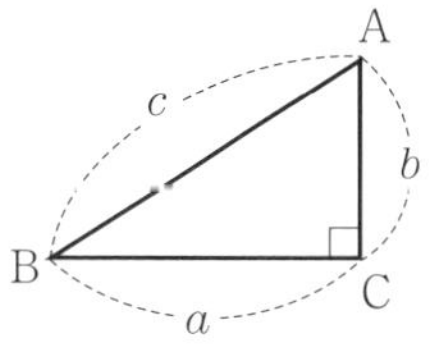

参考　三平方の定理とその逆

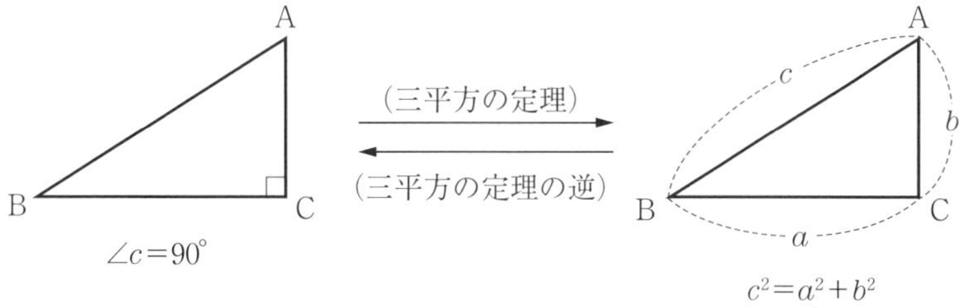

例　3辺の長さが3cm，4cm，5cmの三角形は

$$3^2+4^2=5^2$$

が成り立つから，5cmの辺を斜辺とする直角三角形である。

Q　3辺の長さが3cm，4cm，5cmの三角形は，どんな三角形になるか，図をかいて予想しましょう。

▶解答　（図は省略）
斜辺が5cmの直角三角形

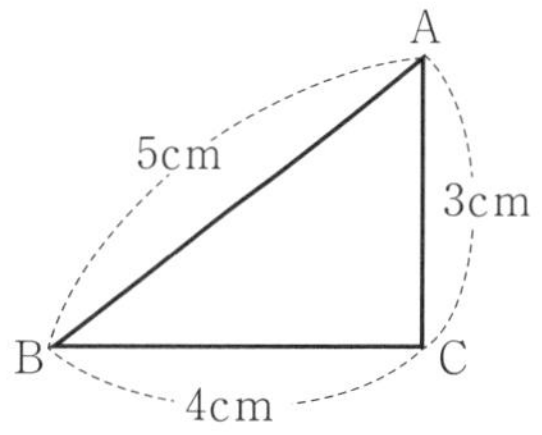

問1　次の長さを3辺とする三角形の中で，直角三角形といえるものをすべて選びなさい。
㋐　4cm，5cm，6cm　　㋑　$\sqrt{10}$ cm，$\sqrt{6}$ cm，4cm
㋒　0.6m，1m，0.8m　　㋓　$\sqrt{2}$ m，$\sqrt{3}$ m，$\sqrt{5}$ m

考え方　斜辺は，3辺のうち最も長い辺である。

▶解答
㋐　$4^2+5^2=16+25=41$　$6^2=36$
したがって　直角三角形ではない。
㋑　$(\sqrt{10})^2+(\sqrt{6})^2=10+6=16$　$4^2=16$　$(\sqrt{10})^2+(\sqrt{6})^2=4^2$が成り立つ。
したがって　長さ4cmの辺を斜辺とする直角三角形である。
㋒　$0.6^2+0.8^2=0.36+0.64=1$　$1^2=1$　$0.6^2+0.8^2=1^2$が成り立つ。
したがって　長さ1mの辺を斜辺とする直角三角形である。
㋓　$(\sqrt{2})^2+(\sqrt{3})^2=(\sqrt{5})^2=5$
したがって　長さ$\sqrt{5}$ mの辺を斜辺とする直角三角形である。

答　㋑，㋒，㋓

補充問題32　次の長さを3辺とする三角形の中で，直角三角形といえるものをすべて選びなさい。(教科書P.241)

㋐　5cm，12cm，12cm　　㋑　7cm，$\sqrt{51}$ cm，10cm

㋒　3cm，$2\sqrt{2}$ cm，4cm　　㋓　$\sqrt{2}$ cm，$\sqrt{2}$ cm，2cm

▶解答　㋐　$5^2+12^2=25+144=169=13^2$　　㋑　$7^2+(\sqrt{51})^2=49+51=100=10^2$

㋒　$3^2+(2\sqrt{2})^2=9+8=17=(\sqrt{17})^2$　　㋓　$(\sqrt{2})^2+(\sqrt{2})^2=2+2=4=2^2$

答　**㋑，㋓**

基本の問題

1　次の図の直角三角形で，xの値(あたい)を求めなさい。

(1)

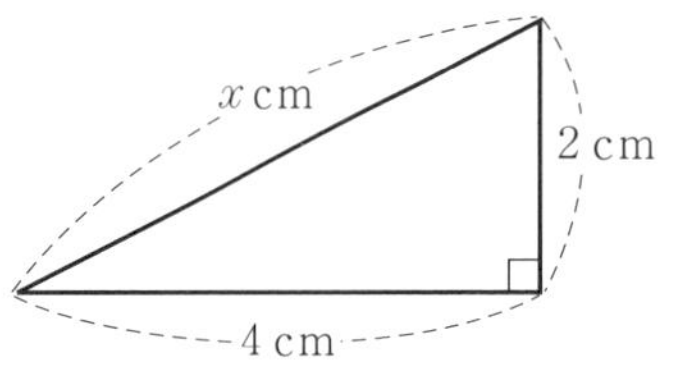

(2)

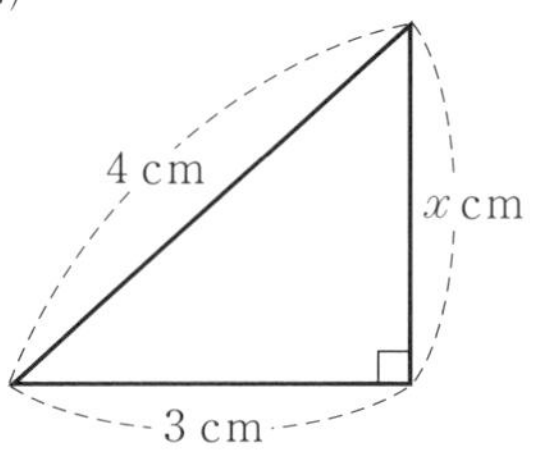

▶解答　(1)　$x^2=4^2+2^2$

$x^2=20$

$x=\pm 2\sqrt{5}$

$x>0$だから　$\boldsymbol{x=2\sqrt{5}}$

(2)　$3^2+x^2=4^2$

$x^2=7$

$x=\pm\sqrt{7}$

$x>0$だから　$\boldsymbol{x=\sqrt{7}}$

2　次の長さを3辺とする三角形の中で，直角三角形といえるものをすべて選びなさい。

㋐　9cm，7cm，5cm　　㋑　6cm，8cm，11cm

㋒　24cm，7cm，25cm　　㋓　$\sqrt{5}$ cm，$\sqrt{6}$ cm，$\sqrt{11}$ cm

▶解答　㋐　$7^2+5^2=49+25=74$　$9^2=81$

したがって，直角三角形ではない。

㋑　$6^2+8^2=36+64=100$　$11^2=121$

したがって，直角三角形ではない。

㋒　$24^2+7^2=576+49=625$　$25^2=625$　$24^2+7^2=25^2$が成り立つ。

したがって，長さ25cmの辺を斜辺とする直角三角形である。

㋓　$(\sqrt{5})^2+(\sqrt{6})^2=11$　$(\sqrt{11})^2=11$　$(\sqrt{5})^2+(\sqrt{6})^2=(\sqrt{11})^2$が成り立つ。

したがって，長さ$\sqrt{11}$ cmの辺を斜辺とする直角三角形である。

答　**㋒，㋓**

2節 三平方の定理の活用

1 特別な直角三角形

基本事項ノート

➔平面図形の線分の長さや面積

図の中に直角三角形を見つけて，線分の長さや面積を求めるとよい。

例　正三角形の高さと面積

1辺の長さが12cmの正三角形ABCの高さを$h$cmとする。

△ABHは，BH＝6cm，∠H＝90°の直角三角形だから

三平方の定理より

$6^2+h^2=12^2$

$h^2=12^2-6^2=108$

$h>0$だから　$h=\sqrt{108}=6\sqrt{3}$

ゆえに，△ABCの面積は　$\frac{1}{2}\times12\times6\sqrt{3}=36\sqrt{3}$ (cm²)

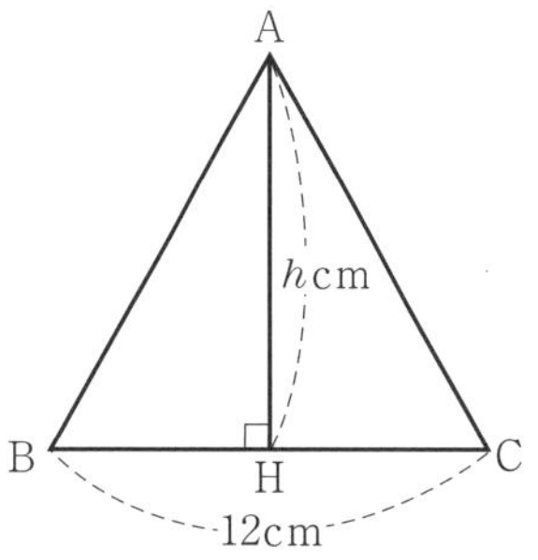

➔特別な直角三角形

直角二等辺三角形の比と，60°の角をもつ直角三角形の辺の比について，次のことがいえる。

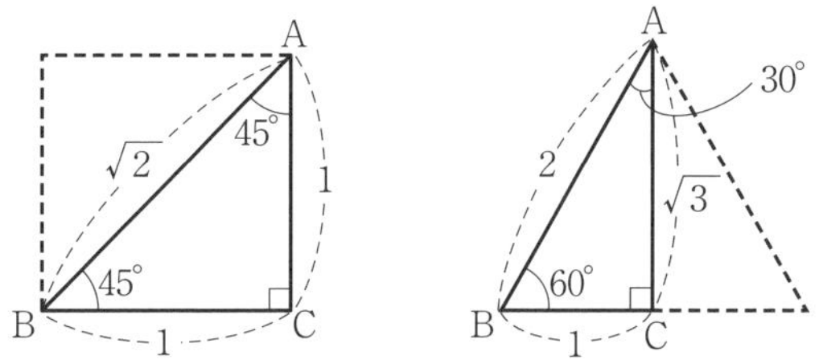

問1　1辺が5cmの正方形の対角線の長さを求めなさい。

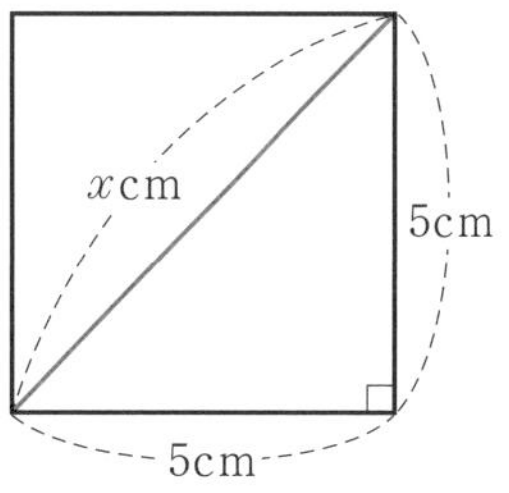

▶解答　正方形の対角線を斜辺とする直角三角形で対角線の長さを$x$cmとすると，三平方の定理より

$x^2=5^2+5^2=50$

$x>0$だから　$x=5\sqrt{2}$

答　**$5\sqrt{2}$ cm**

問2　**例2**の正三角形の面積を求めなさい。

▶解答　$\frac{1}{2}\times2\times\sqrt{3}=\sqrt{3}$ (cm²)　答　**$\sqrt{3}$ cm²**

問3　1辺の長さが6cmの正三角形の高さと面積を求めなさい。

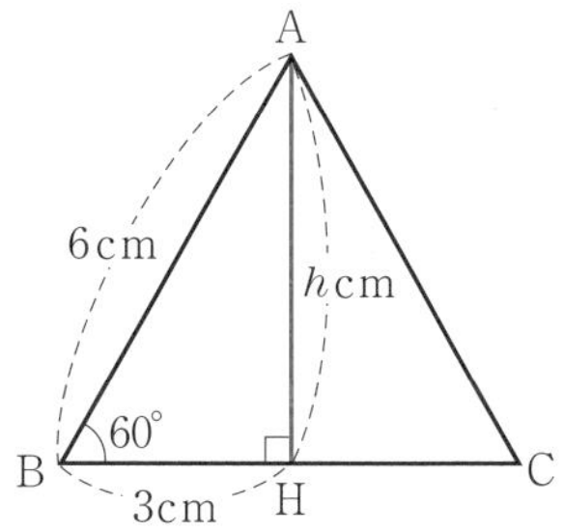

▶解答　右の図のように，頂点Aから辺BCに垂線AHをひき，AH＝$h$cmとする。
△ABHはAB＝6cm，BH＝3cm，∠H＝90°の直角三角形だから，
三平方の定理より

$$3^2+h^2=6^2$$
$$h^2=6^2-3^2=27$$

$h>0$だから　$h=3\sqrt{3}$

ゆえに，面積は　$\frac{1}{2}\times6\times3\sqrt{3}=9\sqrt{3}$(cm^2)

答　**高さは$3\sqrt{3}$ cm，面積は$9\sqrt{3}$ cm^2**

問4　次の図で，x，yの値を求めなさい。

(1)　(2)　(3)

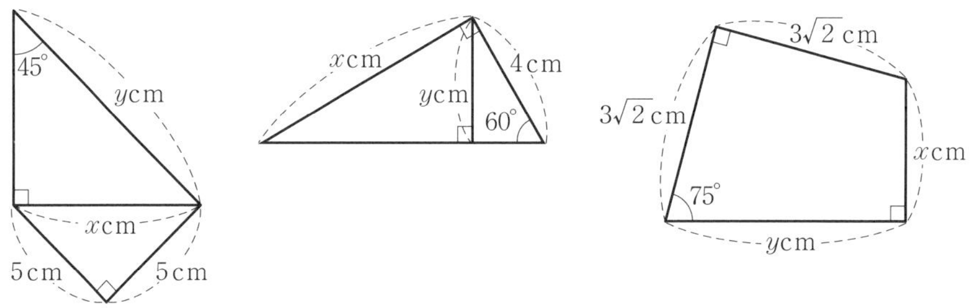

▶解答　(1)　$5:x=1:\sqrt{2}$
$x=5\sqrt{2}$

$5\sqrt{2}:y=1:\sqrt{2}$
$y=5\sqrt{2}\times\sqrt{2}=10$

答　$\boldsymbol{x=5\sqrt{2}}$**，**$\boldsymbol{y=10}$

(2)　$4:x=1:\sqrt{3}$
$x=4\sqrt{3}$

$y:4=\sqrt{3}:2$
$2y=4\times\sqrt{3}$
$y=2\sqrt{3}$

答　$\boldsymbol{x=4\sqrt{3}}$**，**$\boldsymbol{y=2\sqrt{3}}$

(3)　右の図のように，2つの直角三角形に分け，その斜辺を$z$cmとすると

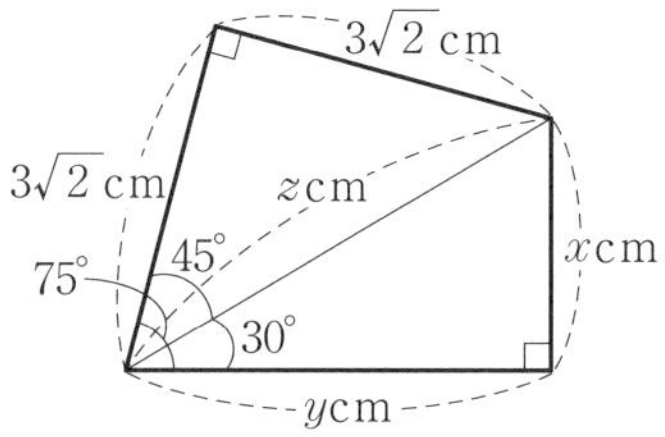

$3\sqrt{2}:z=1:\sqrt{2}$
$z=3\sqrt{2}\times\sqrt{2}=6$

$x:6=1:2$
$2x=6$
$x=3$

$y:6=\sqrt{3}:2$
$2y=6\sqrt{3}$
$y=3\sqrt{3}$

答　$\boldsymbol{x=3}$**，**$\boldsymbol{y=3\sqrt{3}}$

問5　1組の三角定規は，右の図のように，1辺の長さが同じになるようにつくられています。BC＝14cmのとき，AB，AC，DCの長さを求めなさい。

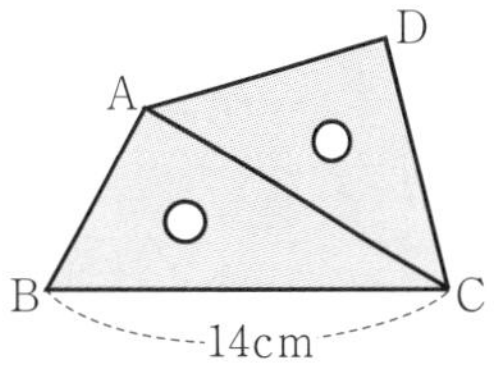

考え方　60°の角をもつ直角三角形の3辺の長さの割合は$1:\sqrt{3}:2$
直角二等辺三角形の3辺の長さの割合は$1:1:\sqrt{2}$

▶解答　△ABCにおいて，∠A＝90°，∠B＝60°だから，
AB：BC＝1：2からAB：14＝1：2
したがって　AB＝7cm
AC：BC＝$\sqrt{3}$：2から　AC：14＝$\sqrt{3}$：2
したがって　AC＝$7\sqrt{3}$ cm
△DACにおいて，∠D＝90°，∠A＝∠C＝45°だから，
DA：AC＝1：$\sqrt{2}$からDA：$7\sqrt{3}$＝1：$\sqrt{2}$
ゆえに　$DA=\frac{7\sqrt{3}}{\sqrt{2}}=\frac{7\sqrt{3}\times\sqrt{2}}{\sqrt{2}\times\sqrt{2}}=\frac{7\sqrt{6}}{2}$
DA＝DCから　$DC=\frac{7\sqrt{6}}{2}$ cm

答　**AB＝7cm，AC＝$7\sqrt{3}$ cm，DA＝DC＝$\frac{7\sqrt{6}}{2}$ cm**

補充問題33　次の図形の面積を求めなさい。(教科書P.241)

(1)

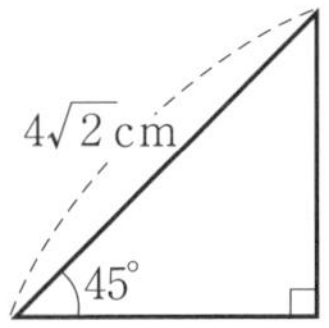

(2)

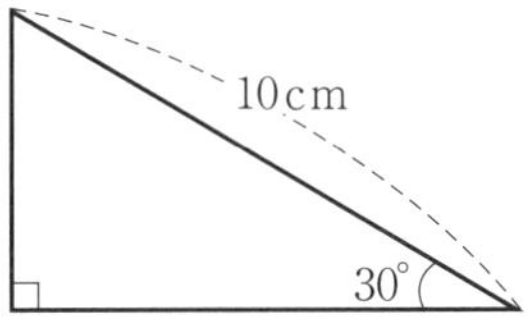

(3)

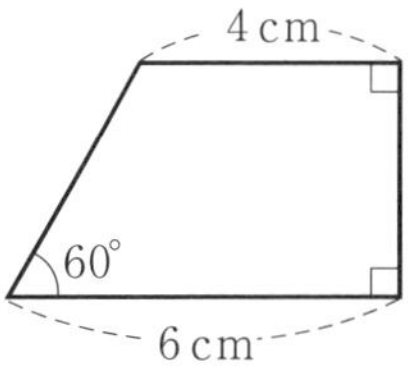

▶解答　(1)　右の図のように，直角三角形の高さを$h$cmとすると

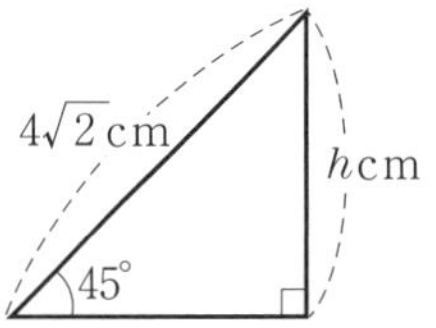

$h:4\sqrt{2}=1:\sqrt{2}$
$\sqrt{2}h=4\sqrt{2}$
$h=4$
直角二等辺三角形だから，底辺も4cmである。
ゆえに，面積は　$\frac{1}{2}\times4\times4=8$

答　**8cm²**

(2)　右の図のように，直角三角形の底辺を$x$cm，高さを$h$cmとすると

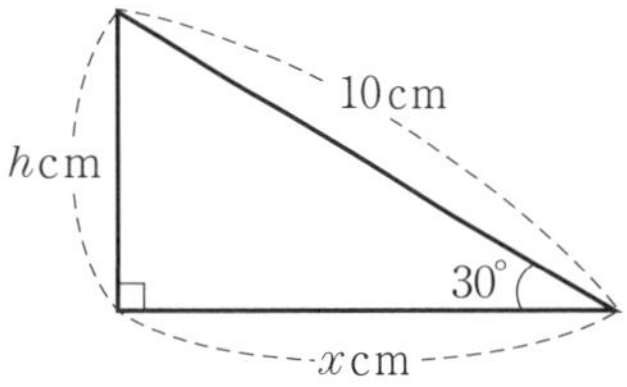

$x:10=\sqrt{3}:2$	$h:10=1:2$
$2x=10\sqrt{3}$	$2h=10$
$x=5\sqrt{3}$	$h=5$

ゆえに，面積は　$\frac{1}{2}\times5\sqrt{3}\times5=\frac{25\sqrt{3}}{2}$

答　**$\frac{25\sqrt{3}}{2}$ cm²**

(3)　右の図のように，台形の高さを$h$cmとすると

$(6-4):h=1:\sqrt{3}$

$h=2\sqrt{3}$

ゆえに，面積は　$\frac{1}{2}\times(6+4)\times2\sqrt{3}=10\sqrt{3}$

答　**$10\sqrt{3}$ cm²**

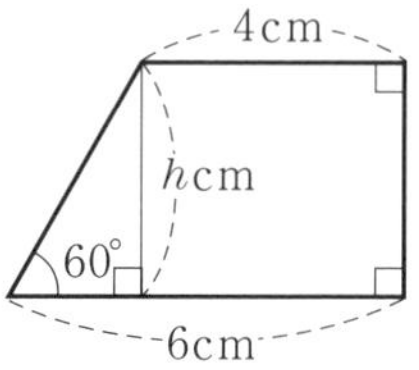

補充問題34　次の数量を求めなさい。(教科書P.241)

(1)　縦3cm，横7cmの長方形の対角線の長さ

(2)　2つの対角線の長さが16cmと12cmのひし形の1辺の長さ

考え方　(1)

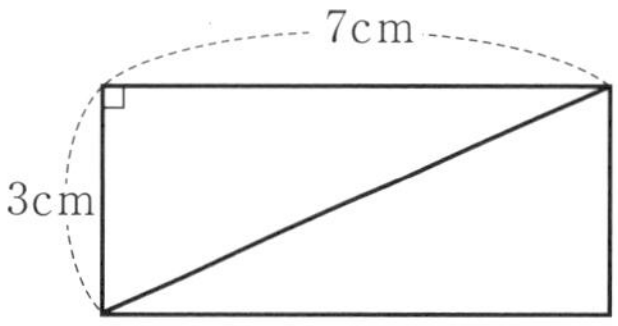

(2)

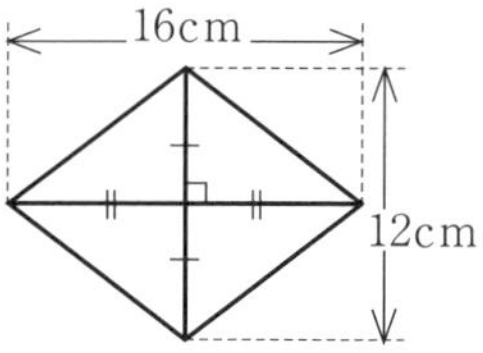

▶解答　(1)　対角線の長さを$x$cmとすると

$x^2=3^2+7^2=58$

$x>0$だから　$x=\sqrt{58}$　　答　**$\sqrt{58}$ cm**

(2)　1辺の長さを$x$cmとすると

$x^2=6^2+8^2=100$

$x>0$だから　$x=10$　　答　**10cm**

2　平面図形への活用

基本事項ノート

➔2点間の距離(きょり)

右の図のように，斜辺がABで，他の2辺がx軸，y軸に平行な直角三角形ABCを考えると

A(x_1,　y_1)，B(x_2,　y_2)の距離ABは

BC$=x_1-x_2$，AC$=y_1-y_2$

したがって，三平方の定理より　$AB^2=(x_1-x_2)^2+(y_1-y_2)^2$

AB>0であるから　$AB=\sqrt{(x_1-x_2)^2+(y_1-y_2)^2}$

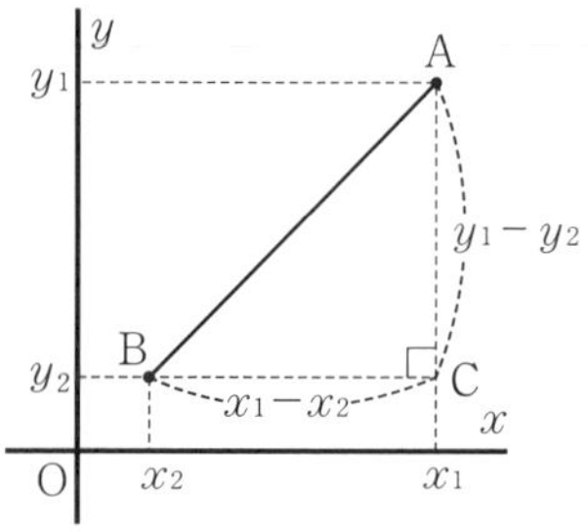

注　AB²は，ABの長さの2乗を表す。

例　座標平面上で，点A(4,　3)と点B(1,　−2)の間の距離

$AB^2=(4-1)^2+\{3-(-2)\}^2=34$

AB>0だから　$AB=\sqrt{34}$

問1　半径が4cmの円Oで，弦ABの長さが6cmであるとき，中心Oから弦ABまでの距離を求めなさい。

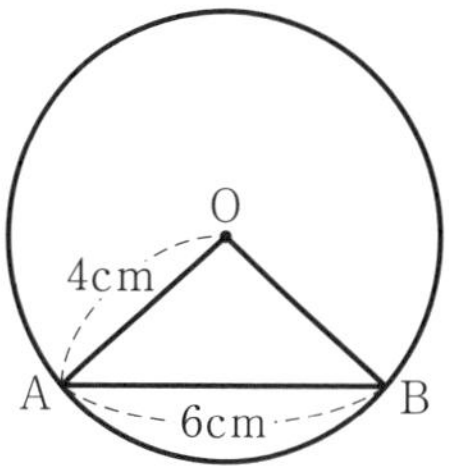

考え方　右下の図で，△OAH≡△OBHとなり，AH＝BHがいえる。

▶解答　円Oの中心から弦ABに垂線OHをひくと，AH＝BHがいえる。
△OAHにおいて，OA＝4cm，AH＝3cm，
∠OHA＝90°だから，OH＝$x$cmとすると，
三平方の定理より

$$x^2+3^2=4^2$$
$$x^2=4^2-3^2$$
$$=7$$

$x>0$だから　$x=\sqrt{7}$

答　$\sqrt{7}$ **cm**

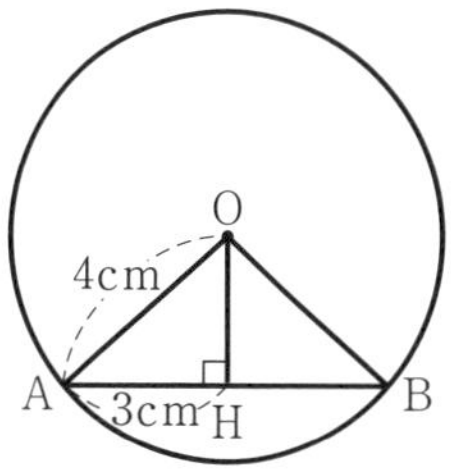

問2　右の図で，直線APは半径がrの円Oの接線で，点Pはその接点です。OA＝$2r$のとき，線分APの長さを求めなさい。

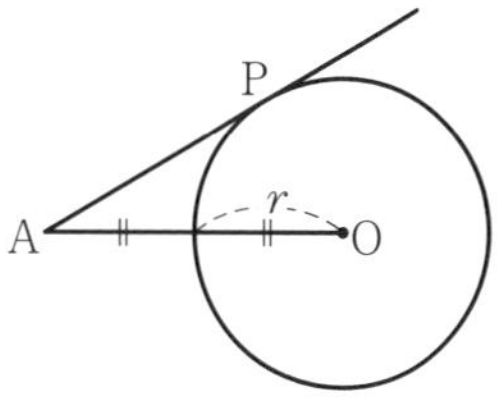

考え方　中心Oと接点Pを結ぶと，円の接線APは，接点Pを通る半径OPに垂直である。

▶解答　OとPを結ぶと，点Pは接点だから，∠OPA＝90°である。
△OPAにおいて，AP＝xとすると，三平方の定理より

$$x^2+r^2=(2r)^2$$
$$x^2=(2r)^2-r^2=3r^2$$

$x>0$，$r>0$だから　$x=\sqrt{3}\,r$

答　$\sqrt{3}\,r$

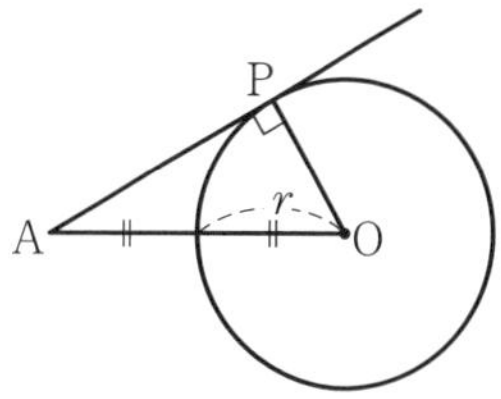

問3　座標平面上で，次の2点間の距離を求めなさい。
(1)　A(2，3)　B(−3，−2)　　(2)　A(−4，2)　B(3，−1)

▶解答　(1)　$AB^2=\{2-(-3)\}^2+\{3-(-2)\}^2=50$
AB>0であるから　AB＝$\sqrt{50}$＝$5\sqrt{2}$
(2)　$AB^2=\{3-(-4)\}^2+\{2-(-1)\}^2=58$
AB>0であるから　AB＝$\sqrt{58}$

◀気をつけよう▶
負の数をひくとき(　)をつけよう。
$AB^2=(2-3)^2+(3-2)^2$ではない。

問4　座標平面上で，原点Oと点A(2，1)，点B(−2，4)を頂点とする△OABの3辺の長さを求めなさい。
また，この三角形が直角三角形であるかどうかを判断し，その理由を説明しなさい。

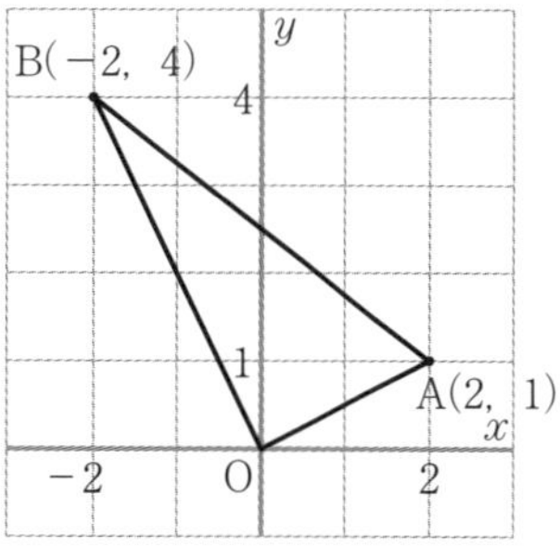

▶解答　$OA=\sqrt{2^2+1^2}=\sqrt{\mathbf{5}}$

$OB=\sqrt{2^2+4^2}=\sqrt{20}=\mathbf{2\sqrt{5}}$

$AB=\sqrt{\{2-(-2)\}^2+(4-1)^2}=\sqrt{25}=\mathbf{5}$

（理由）　$\mathbf{OA^2=(\sqrt{5})^2=5}$

$\mathbf{OB^2=(2\sqrt{5})^2=20}$

$\mathbf{AB^2=5^2=25}$

これより，$OA^2+OB^2=AB^2$が成り立つから，三平方の定理の逆より，△OABは線分ABを斜辺とする直角三角形である。

補充問題35　座標平面上で，次の2点間の距離を求めなさい。（教科書P.241）

(1)　O(0, 0)　A(6, 8)　　(2)　A(1, 0)　B(3, −3)

(3)　A(4, 4)　B(−2, 1)　　(4)　A(3, −2)　B(−1, 2)

▶解答　(1)　$OA^2=(0-6)^2+(0-8)^2=100$

OA>0だから　$OA=\sqrt{100}=\mathbf{10}$

(2)　$AB^2=(1-3)^2+\{0-(-3)\}^2=13$

AB>0だから　$AB=\mathbf{\sqrt{13}}$

(3)　$AB^2=\{4-(-2)\}^2+(4-1)^2=45$

AB>0だから　$AB=\mathbf{3\sqrt{5}}$

(4)　$AB^2=\{3-(-1)\}^2+(-2-2)^2=32$

AB>0だから　$AB=\sqrt{32}=\mathbf{4\sqrt{2}}$

◀気をつけよう▶
負の数をひくとき（　）をつけよう。
$AB^2=(3-1)^2+(-2-2)^2$でない。

3　空間図形への活用

基本事項ノート

➔直方体の対角線の長さ

右の図の直方体で

直角三角形ABCから　$AC^2=a^2+b^2$

直角三角形ACGから　$AG^2=AC^2+c^2=a^2+b^2+c^2$

AG>0であるから　$AG=\sqrt{a^2+b^2+c^2}$

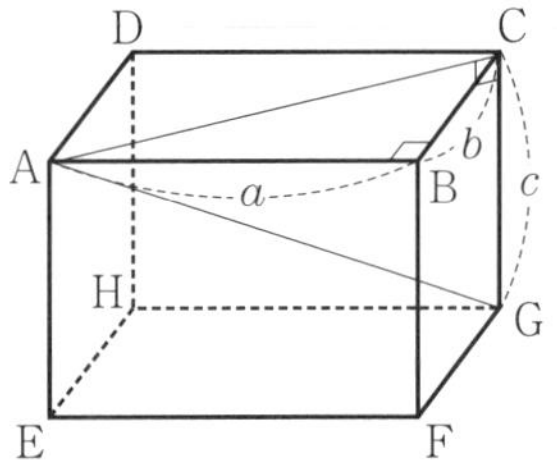

➔空間図形の体積

空間図形の中に直角三角形を見つけ，その直角三角形をふくむ平面をとり出して調べるとよい。

例　右の図の正四角錐（すい）で

底面は正方形だから

$AB:AC=1:\sqrt{2}$

$AC=6\sqrt{2}$ cm

したがって　$AH=\frac{1}{2}AC=3\sqrt{2}$ cm

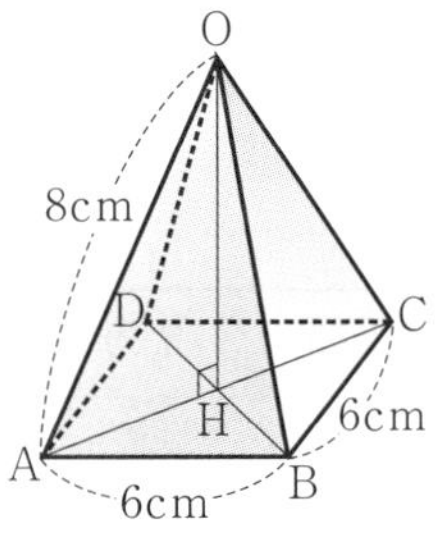

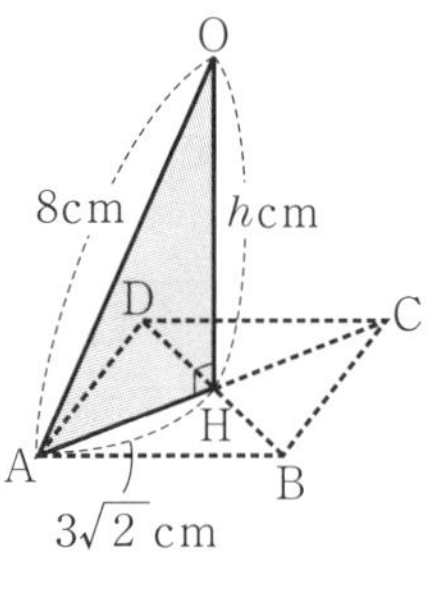

また，△OAHは∠OHA＝90°の直角三角形だから，
高さOH＝$h$cmとすると

$h^2=8^2-(3\sqrt{2})^2=46$

$h>0$だから　$h=\sqrt{46}$

体積は　$\frac{1}{3}\times6\times6\times\sqrt{46}=12\sqrt{46}$(cm³)

問1　次の立体の対角線の長さを求めなさい。

(1)　縦，横，高さが，それぞれ4cm，6cm，12cmである直方体
(2)　1辺の長さが5cmである立方体
(3)　縦，横，高さが，それぞれ$a$cm，$b$cm，$c$cmである直方体
(4)　1辺の長さが$a$cmである立方体

考え方　右の図で，△ABC，△ACGをとり出して考えよう。

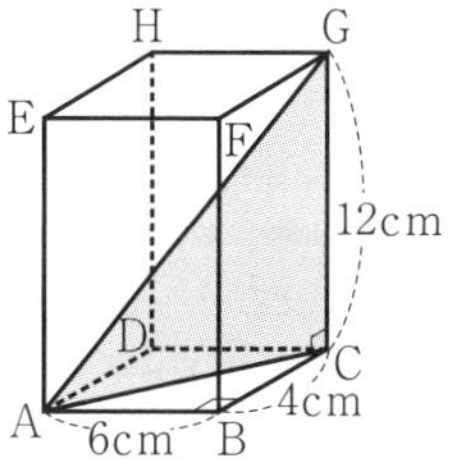

▶解答　(1)　△ABCは，∠ABC＝90°の直角三角形だから

$AC^2=6^2+4^2$……①

△ACGは，∠ACG＝90°の直角三角形だから

$AG^2=AC^2+12^2$……②

①，②から　$AG^2=6^2+4^2+12^2=196$

AG＞0だから　$AG=\sqrt{196}=14$cm

答　**14cm**

(2)　(1)の4cm，6cm，12cmを全部5cmだと考えると，

$5^2+5^2+5^2=75$

$\sqrt{75}=5\sqrt{3}$(cm)　　答　**$5\sqrt{3}$ cm**

(3)　(1)の4cm，6cm，12cmを$a$cm，$b$cm，$c$cmだと考えると，

$\sqrt{a^2+b^2+c^2}$ cm　　答　**$\sqrt{a^2+b^2+c^2}$ cm**

(4)　(1)の4cm，6cm，12cmを全部$a$cmだと考えると，

$\sqrt{a^2+a^2+a^2}=\sqrt{3}\,a$cm　　答　**$\sqrt{3}\,a$cm**

参考　3辺の長さがa，b，cである直方体の対角線の長さが$\sqrt{a^2+b^2+c^2}$
1辺の長さがaである立方体の対角線の長さが$\sqrt{3}\,a$

問2　**例2**の正四角錐の体積を求めなさい。

考え方　**例2**より，この正四角錐の高さOH＝$3\sqrt{7}$ cm

(角錐の体積)＝$\frac{1}{3}$×(底面積)×(高さ)

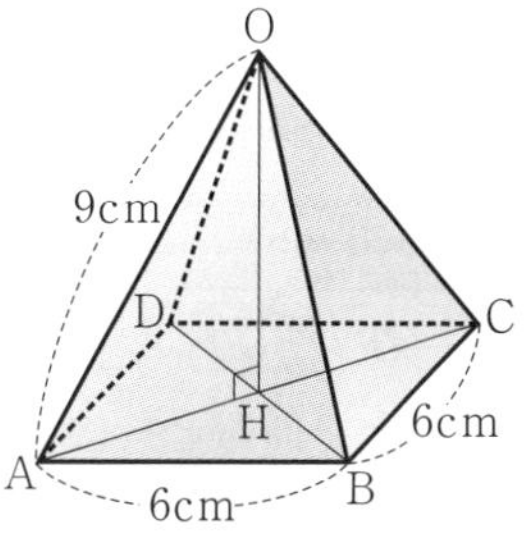

▶解答　この正四角錐の体積は

$\frac{1}{3}\times6\times6\times3\sqrt{7}=36\sqrt{7}$(cm³)　　答　**$36\sqrt{7}$ cm³**

問3　**例2**の正四角錐で，辺ABの中点をMとして，OMの長さを求めなさい。また，この正四角錐の表面積を求めなさい。

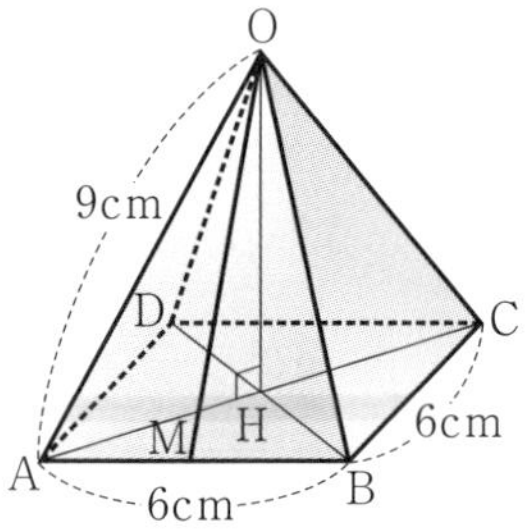

考え方　側面OABは，OA＝OBの二等辺三角形であるから，その底辺ABの中点をMとすると

$OM \perp AB$

▶解答　$OM^2+3^2=9^2$

OM＞0だから　$OM=6\sqrt{2}$ cm

$\triangle OAB=\dfrac{1}{2}\times6\times6\sqrt{2}=18\sqrt{2}$

したがって，正四角錐の表面積は

$18\sqrt{2}\times4+6^2=72\sqrt{2}+36(cm^2)$

答　**OM＝$6\sqrt{2}$ cm，表面積は$(72\sqrt{2}+36)cm^2$**

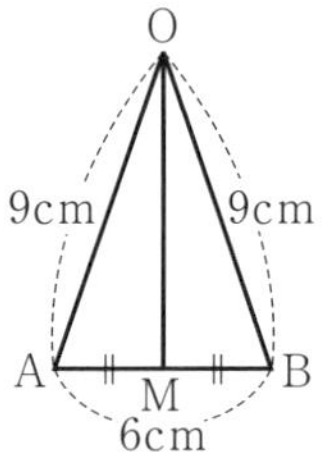

問4　高さが12cm，母線の長さが13cmの円錐の底面積と体積を求めなさい。

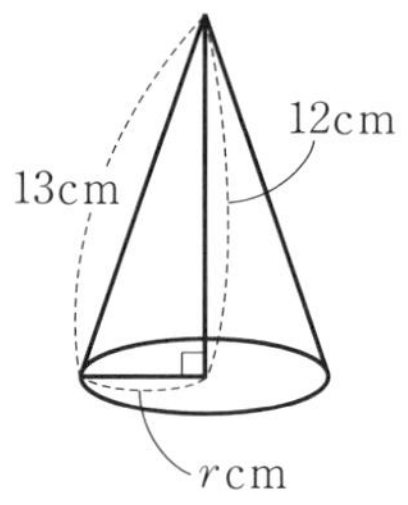

▶解答　底面の半径を$r$cmとすると

$r^2+12^2=13^2$

$r^2=25$

$r>0$だから　$r=5$

底面積は　$\pi\times5^2=25\pi(cm^2)$

体積は　$\dfrac{1}{3}\times25\pi\times12=100\pi(cm^3)$

答　**底面積$25\pi cm^2$，体積$100\pi cm^3$**

補充問題36　次の数量を求めなさい。(教科書P.241)

(1)　縦4cm，横5cm，高さ6cmの直方体の対角線の長さ

(2)　底面の半径が6cmで，母線の長さが12cmである円錐(すい)の体積

▶解答　(1)　$\sqrt{4^2+5^2+6^2}=\sqrt{77}$　　答　**$\sqrt{77}$ cm**

(2)　円錐の高さを$h$cmとすると

$h^2=12^2-6^2=108$

$h>0$だから　$h=\sqrt{108}=6\sqrt{3}$

体積は　$\dfrac{1}{3}\times\pi\times6^2\times6\sqrt{3}=72\sqrt{3}\pi(cm^3)$

答　**$72\sqrt{3}\pi cm^3$**

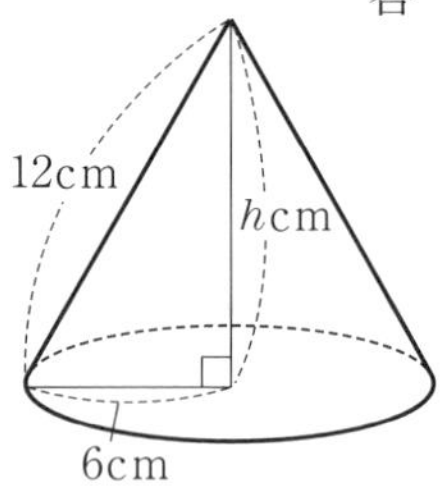

問5　ひもが辺FB上を通る場合，辺HE上を通る場合についてもひもの長さを求め，どの辺上を通るときにひもの長さが最も短くなるか答えなさい。

▶解答　ひもが辺FB上を通る場合で，
ひもの長さが最も短くなるのは，
ひもが，右の図で，長方形EACGの
対角線AGとなるときである。

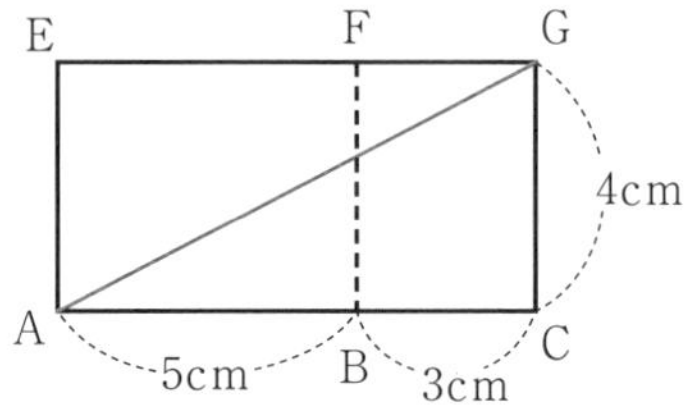

△ACG(またはAEG)は
∠ACG(またはAEG)＝90°の
直角三角形だから，AG＝$x$cmすると，
三平方の定理より
$x^2=(5+3)^2+4^2=80$
$x>0$だから　$x=4\sqrt{5}$
よって，ひもが辺FB上を通る場合のひもの長さは$4\sqrt{5}$ cmである。
ひもが辺HE上を通る場合で，ひもの長さが最も短くなるのは，ひもが，右の図で，長方形DAFGの対角線AGとなるときである。

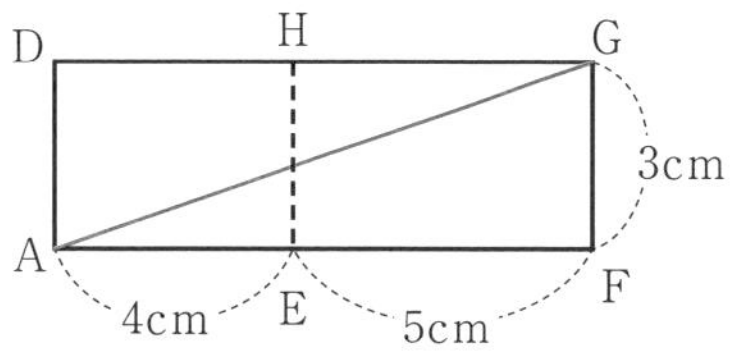

△ADG(またはAFG)は∠ADG(またはAFG)＝90°の直角三角形だから，AG＝$x$cmとすると，
三平方の定理より
$x^2=(5+4)^2+3^2=90$
$x>0$だから　$x=3\sqrt{10}$
よって，ひもが辺HE上を通る場合のひもの長さは$3\sqrt{10}$ cmである。
教科書P.190［彩さんのノート］より，辺EF上を通るとき$\sqrt{74}$ cm
辺FB上を通るとき$\sqrt{80}$ cm
辺HE上を通るとき$\sqrt{90}$ cm
$\sqrt{74}<\sqrt{80}<\sqrt{90}$ だから，ひもの長さが最も短くなるのは**辺EF上を通る場合**である。

4　どこまで見えるか調べよう

1　**Q**のことがらについて，どのように考えれば答えを求められるか見通しをもちましょう。

▶解答　**地球の断面を円Oとみなすと，陸(りく)さんの目の位置Aと見える限界の地点Pを結ぶ直線APは円Oの接線となる。**
したがって，△APOは∠APO＝90°の直角三角形になるから，三平方の定理を利用する。

2　285ページの対話シートの **1** の図を使って，見える限界の地点までの距離(きょり)を求めましょう。

▶解答　△APOは∠APO＝90°の直角三角形だから，AP＝$x$kmとすると三平方の定理より，

$$OA^2=AP^2+PO^2$$
$$(6378+0.0015)^2=AP^2+6378^2$$

AP＞0より　AP＝4.37…(km)　　　答　**約4.4km**

❸ (1)　自分で考えた方法と答えを説明しましょう。

(2)　説明のわからないところやよいと思ったところなどを話し合い，説明のしかたを改善しましょう。

▶解答　(1)　（例）**斜辺OAは，地球の半径6378kmに陸さんの目の高さ0.0015kmを加えるとよい。**

(2)　（例）**図を使って円と接線の関係を根拠に△APOが直角三角形であることが説明できてよい。**

❹　身近なことがらを数学の問題 **Ｑ** にするとき，どんな考えが役に立ちましたか。
また，次にどんなことを調べてみたいですか。

▶解答　（例）・**条件を図にすることで直角三角形を見いだしたことが役に立った。**
　　　　　　・**実際に測ることができない長さを，三平方の定理を用いて求めてみたい。**

❺　陸さんが富士山の山頂から水平線を見ているとき，見える限界の地点は陸さんからどれくらい離れているでしょうか。

(1)　**Ｑ** のことがらと何がちがいますか。

(2)　地球の半径を$r$km，標高0mから陸さんの目までの高さを$h$kmとして，**Ｑ** と同じ方法で見える限界の地点までの距離を求めましょう。

(3)　陸さんの目の高さを3.776kmとして，見える限界の地点までの距離を求めましょう。

▶解答　(1)　**AOが地球の半径と富士山の高さと陸さんの目の高さの和になること。**

(2)　$AP^2=(r+h)^2-r^2=2hr+h^2$

　　$AP>0$，$r>0$，$a>0$だから　$AP^2=2hr+h^2$

　　したがって，$AP=\sqrt{2hr+h^2}$　　　　　　　　　　答　$\sqrt{2hr+h^2}$ **(km)**

(3)　$r=6378$(km)，$h=3.776$(km)を(2)で求めた式に代入すると，

　　$AP=\sqrt{2\times3.776\times6378+3.776^2}$

　　$AP=219.5\cdots$(km)　　　　　　　　　　　　　　　　答　**約220km**

❻　次の建物は，最も遠い場所からだと，どれくらい離れた場所から見えると考えられますか。

高さ　634m	高さ　300m	高さ　234m
（写真）	（写真）	（写真）
東京スカイツリー（東京都墨田区）2020年現在，電波塔の中では世界一の高さ。	あべのハルカス（大阪府大阪市）2020年現在，ビルの中では日本一の高さ。	福岡タワー（福岡県福岡市）外観は8000枚のハーフミラーで覆われている。

▶解答　建物の高さを **5** (2)で求めた式のrに代入して求める。

東京スカイツリー

高さr=0.634(km)より，$\sqrt{2\times0.634\times6378+0.634^2}=89.9\cdots$(km)　答　**約90km**

あべのハルカス

高さr=0.3(km)より，$\sqrt{2\times0.3\times6378+0.3^2}=61.8\cdots$(km)　答　**約62km**

福岡タワー

高さr=0.234(km)より，$\sqrt{2\times0.234\times6378+0.234^2}=54.6\cdots$(km)　答　**約55km**

やってみよう

右の地図から，ふもと駅と山頂駅を結ぶロープウェーの全長を求めましょう。

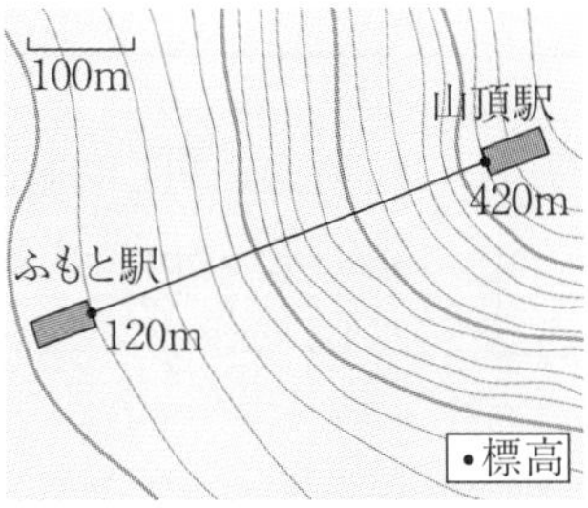

1　右下の図は，ふもと駅と山頂駅の位置関係を真横から見て表したもので，直角三角形の㋑の辺の長さが2つの駅の標高差を表しています。
地図上で2つの駅を結ぶ線分の長さが表しているのは，この図の㋐と㋒の，どちらの辺の長さですか。

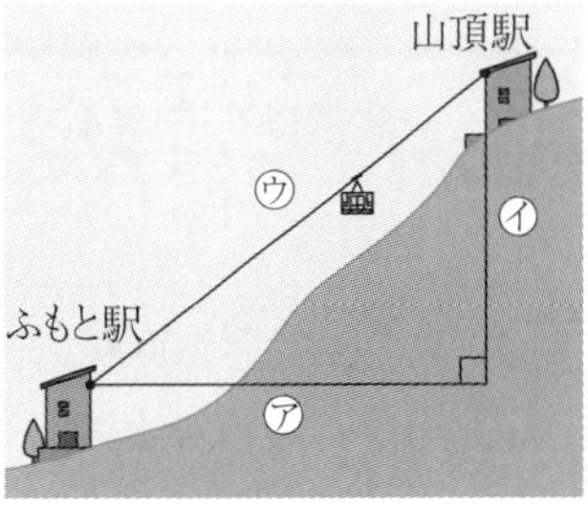

2　ロープウェーの全長を求めましょう。

▶解答　**1**　㋐

2　㋐は，地図から長さを測り，左上の縮尺と関連付けることで400mとわかる。

㋑は，地図から

420−120=300(m)

㋒を，xmとすると

$400^2+300^2=x^2$　$x=250000$

$x>0$だから　$x=500$　答　**500m**

基本の問題

1 次の直角三角形の面積を求めなさい。

(1)

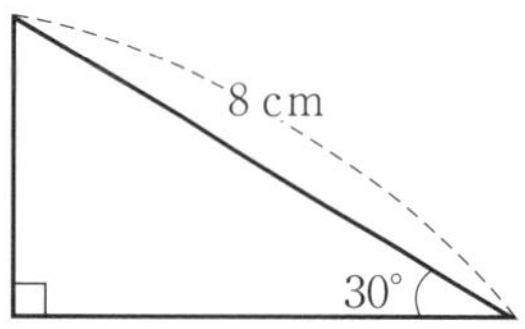

(2)

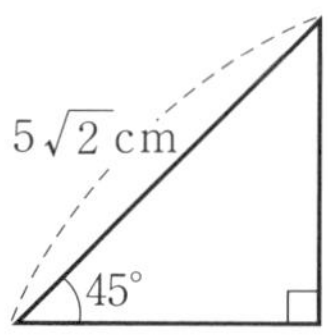

▶解答 (1)　直角三角形の底辺を$x$cm，高さを$y$cmとすると，

$8:x=2:\sqrt{3}$

$x=4\sqrt{3}$

$8:y=2:1$

$y=4$

面積は　$\frac{1}{2}\times4\sqrt{3}\times4=8\sqrt{3}$ (cm²)

答　**$8\sqrt{3}$ cm²**

(2)　直角三角形の斜辺以外の辺の長さを$x$cmとすると，

$5\sqrt{2}:x=\sqrt{2}:1$

$x=5$

面積は　$\frac{1}{2}\times5\times5=\frac{25}{2}$ (cm²)

答　**$\frac{25}{2}$ cm²**

2 次の図で，半直線APは円Oの接線で，点Pはその接点です。円Oの面積を求めなさい。

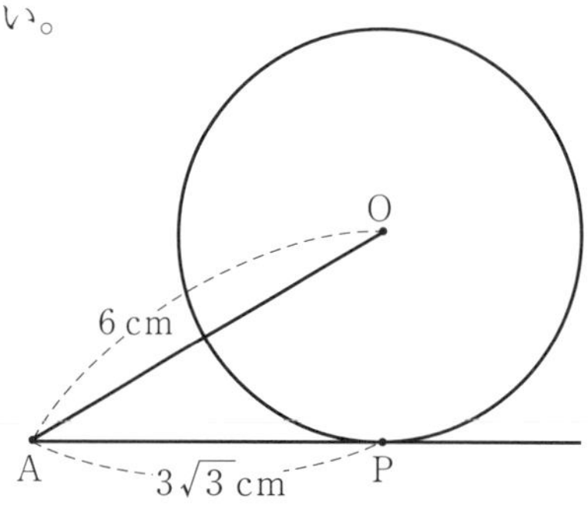

考え方 円の接線APは半径OPと垂直に交わるので，△OAPは∠P＝90°の直角三角形である。

▶解答 円Oの半径OPを$x$cmとすると，△OAPは∠P＝90°の直角三角形だから，

$(3\sqrt{3})^2+x^2=6^2$

$x^2=9$

$x>0$だから$x=3$

円Oの面積は　$\pi\times3^2=9\pi$ cm²

答　**9π cm²**

3　座標平面上で，次の2点間の距離(きょり)を求めなさい。
(1)　O(0，0)，A(−3，4)　　(2)　A(1，3)，B(4，2)
(3)　A(4，4)，B(−1，2)　　(4)　A(3，−2)，B(−1，−8)

▶解答
(1)　$OA^2=\{0-(-3)\}^2+\{0-4\}^2=25$
OA>0だから　$OA=\sqrt{25}=\mathbf{5}$
(2)　$AB^2=(1-4)^2+(3-2)^2=10$
AB>0だから　$AB=\sqrt{\mathbf{10}}$
(3)　$AB^2=\{4-(-1)\}^2+\{4-2\}^2=29$
AB>0だから　$AB=\sqrt{\mathbf{29}}$
(4)　$AB^2=\{3-(-1)\}^2+\{-2-(-8)\}^2=52$
AB>0だから　$AB=\sqrt{52}=\mathbf{2\sqrt{13}}$

4　右の図のような正四角錐があり，底面の正方形ABCDの対角線の交点をH，辺ABの中点をMとします。
この正四角錐の表面積と体積を求めなさい。

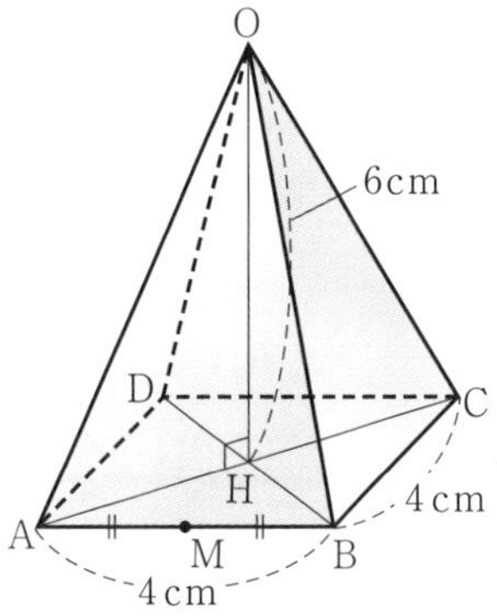

考え方　△OMHについて三平方の定理を使う。

▶解答　△OMHは∠OHM＝90°の直角三角形だから
$OM^2=OH^2+MH^2=6^2+2^2=40$
OM>0だから　$OM=2\sqrt{10}$ cm
△OABの面積は　$\dfrac{1}{2}\times4\times2\sqrt{10}=4\sqrt{10}$ (cm²)
表面積は　$4\sqrt{10}\times4+4^2=16\sqrt{10}+16$ (cm²)
体積は　$\dfrac{1}{3}\times4^2\times6=32$ (cm³)

答　**表面積$(16\sqrt{10}+16)$cm²，体積32cm³**

7章の問題

1　次の長さを3辺とする三角形の中で，直角三角形といえるものをすべて選びなさい。
㋐　5cm，6cm，8cm　　㋑　1cm，$\sqrt{2}$ cm，$\sqrt{3}$ cm
㋒　8m，10m，12m　　㋓　4cm，9cm，8cm

▶解答
㋐　$5^2+6^2=25+36=61$　$8^2=64$
したがって　直角三角形ではない。
㋑　$1^2+(\sqrt{2})^2=1+2=3$，$(\sqrt{3})^2=3$，$1^2+(\sqrt{2})^2=(\sqrt{3})^2$が成り立つ。
したがって，長さ$\sqrt{3}$ cmの辺を斜辺とする直角三角形である。
㋒　$8^2+10^2=164$　$12^2=144$
したがって　直角三角形ではない。
㋓　$4^2+8^2=80$　$9^2=81$
したがって　直角三角形ではない。

答　㋑

2 次の図形の面積を求めなさい。ただし，(3)は台形です。

考え方 次の図のような補助線をひき，直角三角形をつくる。

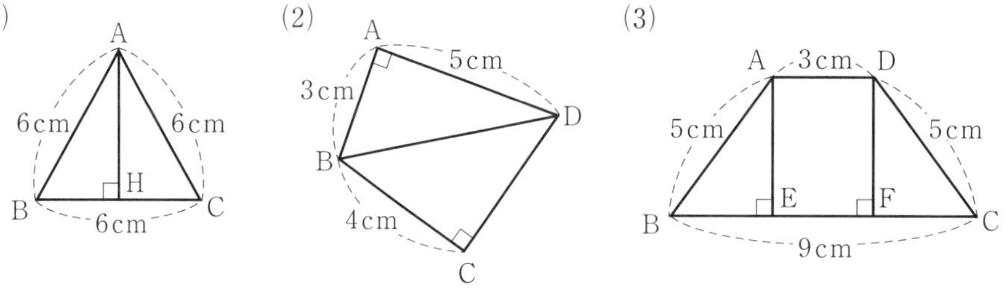

▶解答 (1) △AHBはAB=6cm，BH=3cm，∠AHB=90°の直角三角形だから，三平方の定理より

$AH^2+3^2=6^2$

$AH^2=27$

AH>0だから　$AH=3\sqrt{3}$ cm

面積は　$\frac{1}{2}\times6\times3\sqrt{3}=9\sqrt{3}\,(cm^2)$　　答　**$9\sqrt{3}$ cm²**

(2) $BD^2=AB^2+AD^2=3^2+5^2$

$CD^2+BC^2=BD^2$

したがって　$CD^2+4^2=3^2+5^2$　$CD^2=18$

CD>0だから　$CD=\sqrt{18}=3\sqrt{2}\,(cm)$

四角形ABCD=△ABD+△BCD

$=\frac{1}{2}\times3\times5+\frac{1}{2}\times4\times3\sqrt{2}$

$=\frac{15}{2}+6\sqrt{2}$　　答　**$\left(\frac{15}{2}+6\sqrt{2}\right)$cm²**

(3) AE，DFを垂線とすると，四角形AEFDは長方形であるからAD=EF=3cm

また　△ABE≡△DCF　したがって　BE=CF

$BE=(9-3)\times\frac{1}{2}=3(cm)$

△ABEにおいて　$AE^2+3^2=5^2$

AE>0だから　AE=4cm

したがって，台形の面積は　$\frac{1}{2}\times(3+9)\times4=24(cm^2)$　　答　**24cm²**

3 右の図で，半径が5cmの円Oの$\overset{\frown}{AB}$に対する円周角が60°です。
直径ACをひいてできる△ABCに着目し，弦ABの長さを求めなさい。

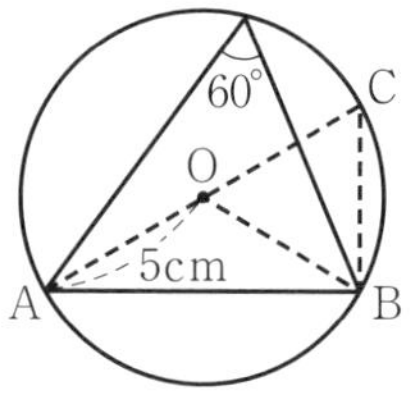

▶解答　△ABCにおいて，
$\overset{\frown}{AB}$に対する円周角の大きさは等しいから　$\angle ACB=60^\circ$
ACは直径だからAC=10cm
半円の弧に対する円周角は直角だから　$\angle ABC=90^\circ$
したがって　$AB:AC=\sqrt{3}:2$
$AB:10=\sqrt{3}:2$
$AB=5\sqrt{3}$(cm)　　答　**$5\sqrt{3}$ cm**

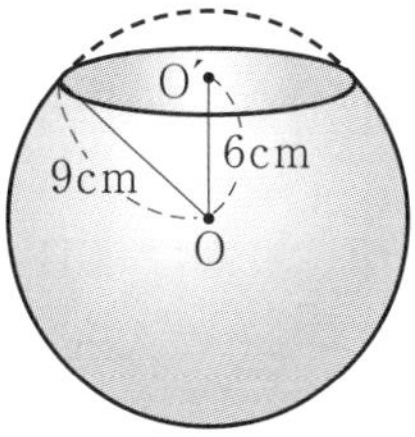

(4) 右の図のように，球を平面で切ると，切り口は円になります。
球の半径が9cm，球の中心Oから切り口の円の中心O′までの距離が6cmのとき，円O′の半径は何cmですか。

▶解答　円O′の半径を$r$cmとすると，三平方の定理より
$r^2+6^2=9^2$
$r^2=45$
$r>0$だから　$r=3\sqrt{5}$　　答　**$3\sqrt{5}$ cm**

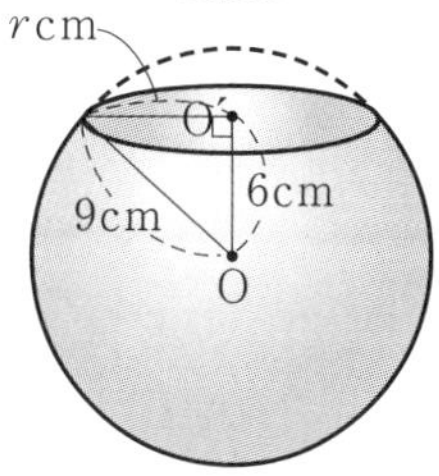

(5) 次の数量を求めなさい。
(1) 1辺が10cmの立方体の対角線の長さ
(2) 底面の1辺が8cmの正四角柱で，対角線の長さが12cmである正四角柱の高さ

▶解答　(1) $10^2+10^2+10^2=300$
$\sqrt{300}=10\sqrt{3}$　　答　**$10\sqrt{3}$ cm**
(2) この正四角柱の高さを$h$cmとすると
$8^2+8^2+h^2=12^2$
$h^2=16$
$h>0$だから　$h=4$　　答　**4cm**

とりくんでみよう

1 右の図のような△ABCにおいて，頂点Aから辺BCに垂線AHをひきます。
BH＝$x$cmとして，次の問いに答えなさい。
(1) xの値を求めなさい。
(2) △ABCの面積を求めなさい。

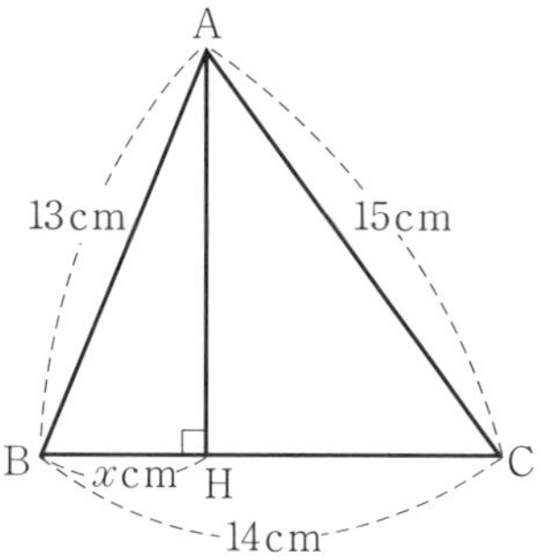

▶解答 (1) △ABHにおいて，三平方の定理より

$x^2+AH^2=13^2$

$AH^2=13^2-x^2$……①

△AHCにおいて，三平方の定理より

$AH^2+(14-x)^2=15^2$

$AH^2=15^2-(14-x)^2$……②

①，②より，$13^2-x^2=15^2-(14-x)^2$

$\boldsymbol{x=5}$

(2) ①より，$AH^2=13^2-x^2=13^2-5^2=144$

$AH>0$だから　$AH=12$cm

△ABCの面積は　$\frac{1}{2}\times14\times12=84$(cm^2)

答　**84cm^2**

2 ∠Aが直角である直角三角形ABCにおいて，辺AB，AC，BCをそれぞれ直径とする3つの半円を，右の図のようにかきます。
色のついた部分の面積は，△ABCの面積に等しいことを証明しなさい。

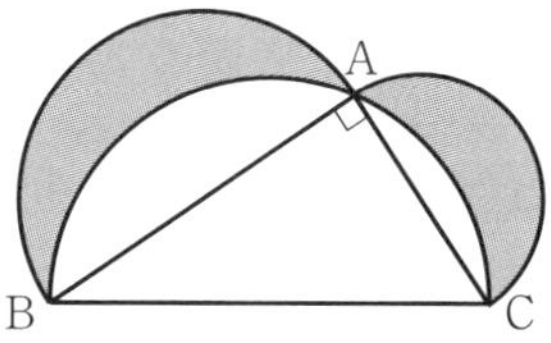

▶解答 **AB＝a，AC＝b，BC＝cとすると**

(ABを直径とする半円の面積)＝$\frac{\pi a^2}{8}$，(ACを直径とする半円の面積)＝$\frac{\pi b^2}{8}$

(BCを直径とする半円の面積)＝$\frac{\pi c^2}{8}$，△ABC＝$\frac{ab}{2}$

(色のついた部分の面積)＝$\frac{\pi a^2}{8}+\frac{\pi b^2}{8}+\frac{ab}{2}-\frac{\pi c^2}{8}$

$=\frac{\pi}{8}(a^2+b^2-c^2)+\frac{ab}{2}$

$a^2+b^2=c^2$だから　$\frac{\pi}{8}(c^2-c^2)+\frac{ab}{2}=\frac{ab}{2}$

ゆえに，色のついた部分の面積は△ABCの面積に等しい。

③ 右の展開図で表される円錐について，次の問いに答えなさい。
(1) この円錐の高さを求めなさい。
(2) この円錐の体積を求めなさい。

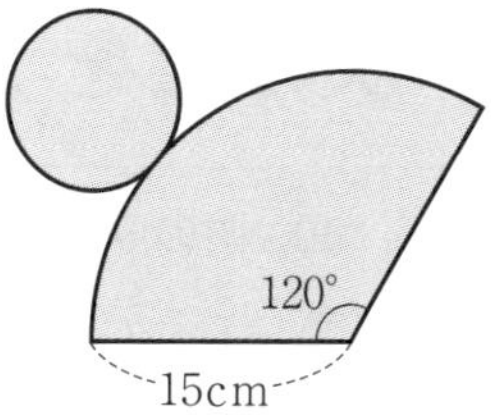

▶解答 (1) 円錐の底面の円の半径を$r$cmとすると

$2\pi r=2\times\pi\times15\times\dfrac{120}{360}$

$r=5$

円錐の高さを$h$cmとすると

$h^2+5^2=15^2$

$h^2=200$

$h>0$だから　$h=\sqrt{200}=10\sqrt{2}$　　答 **$10\sqrt{2}$ cm**

(2) $\dfrac{1}{3}\times\pi\times5^2\times10\sqrt{2}=\dfrac{250\sqrt{2}\pi}{3}$(cm³)　　答 **$\dfrac{250\sqrt{2}\pi}{3}$ cm³**

④ 右の図と下の①，②の文章は，$OC=\sqrt{3}$となる点Cを半直線OA上にとる手順を表しています。
① OA＝1の正方形O′OAA′をかき，OA′＝OBとなる点Bを半直線OA上にとる。
② 長方形O′OBB′をかき，OB′＝OCとなる点Cを半直線OA上にとる。
このとき，$OC=\sqrt{3}$となる理由を説明しなさい。

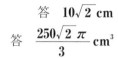

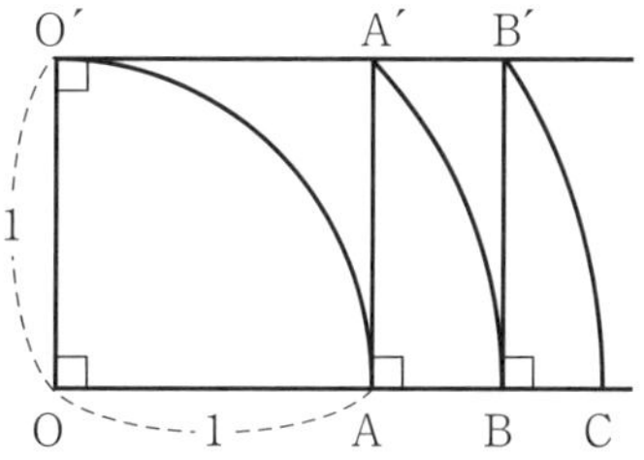

▶解答 **OA′は，1辺の長さが1である正方形O′OAA′の対角線だから**

$OA'=\sqrt{2}$

OA′＝OBだから　$OB=\sqrt{2}$

△B′OBは，OB′を斜辺とする直角三角形だから，三平方の定理より

$OB'^2=(\sqrt{2})^2+1^2=3$

OB′>0だから　$OB'=\sqrt{3}$

OB′＝OCだから，$OC=\sqrt{3}$となる。

次の章を学ぶ前に

1　400個のみかんがあります。そのうちの25%が今日とれたみかんです。
今日とれたみかんは何個ですか。

▶解答　400個×0.25＝100個　　答　**100個**

2　1枚のコインを投げるとき，表が出ることと裏が出ることは同様に確からしいとします。
このコイン1枚を投げるときの表と裏の出方について，次の㋐～㋓の中から正しいものをすべて選びましょう。

㋐　10回続けて投げたとき，表が3回，裏が7回出る場合もある。
㋑　20回続けて投げると，表と裏が必ず10回ずつ出る。
㋒　1000回続けて投げると，表と裏がおよそ500回ずつ出ると予想できる。
㋓　投げる回数が多いほど，表の出る相対度数のばらつきは小さくなり，その値(あたい)は0.5に近づく。

▶解答　**㋐，㋒，㋓**

3　次の図は，ゆうとさんが2週間で読んだ本について，1日に読んだページ数を箱ひげ図で表したものです。
この図から，最小値，最大値，四分位数を読み取りなさい。

1日に読んだページ数

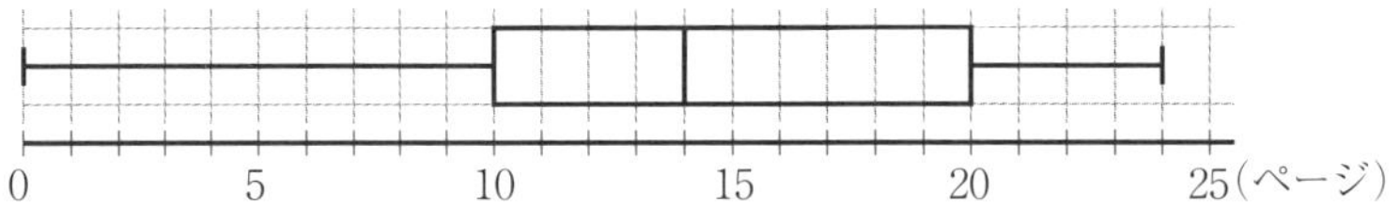

▶解答　最小値　**0ページ**　　**最大値　24ページ**
第1四分位数　**10ページ**
中央値　**14ページ**
第3四分位数　**20ページ**

8章 標本調査

この章について

日常生活や社会においては，様々な理由から，収集できるデータが全体の一部分に過ぎない場合が少なくありません。そこで，一部のデータをもとにして，全体についてどのようなことがどの程度まで分かるのかを考えることが必要になります。このような考え方から生み出されたのが標本調査です。

この章では，標本調査の必要性と意味を学習し，調査対象の全体の傾向や性質を推定したり，実際に簡単な場合について標本調査を行い，その調査結果から調査対象の全体の傾向をとらえ説明したりすることを通して，標本調査についての理解を深めます。

1節 標本調査

1 全数調査と標本調査

基本事項ノート

➡全数調査

調査対象のすべてをもれなく調べることを全数調査という。

➡標本調査

全数調査に対して，調査対象の全体から一部を取り出して調べた結果をもとに，全体の傾向や性質を推定するような調査のことを標本調査という。

適切な方法で行われた標本調査であれば，十分に信頼できる結果が得られる。

標本調査には，調査にかかる時間や労力，費用が少なくてすむというよさがある。調査対象の数が多すぎて全数調査が困難である場合や，全体のようすが推定できれば十分である場合は，標本調査を行う。

また，検査のために商品を傷つけたり壊したりする場合などでは，全数調査はできないので，標本調査が行われる。

➡母集団

標本調査を行うとき，調査する対象となるもとの集団を母集団という。

➡標本

標本調査を行うとき，調査するために母集団から取り出された一部を標本という。

➡標本の大きさ

標本調査を行うとき，標本にふくまれる値の個数を標本の大きさという。

問1　次の□には，全数調査と標本調査のどちらがあてはまるかを答えなさい。

(1)　各中学校で行われる歯科検診(けんしん)は，□で行われる。
(理由)　生徒一人一人の健康状態を知りたいから。

(2)　テレビの視聴率(しちょうりつ)調査は，□で行われる。
(理由)　少ない時間や労力，費用で，目的にあう程度に正確な結果が得られるから。

(3)　米の品質検査は，□で行われる。
(理由)　検査に使った米は，商品として売れなくなるから。

(4)　飛行機に乗る人の手荷物検査は，□で行われる。
(理由)　機内に持ちこまれる危険物は，1つも見逃(みのが)してはいけないから。

▶解答　(1)　**全数調査**　　(2)　**標本調査**　　(3)　**標本調査**　　(4)　**全数調査**

問2　ある県の中学生35047人から500人を選び出して，最近1か月の間に読んだ本の冊数を調べたところ，平均値は3.8冊でした。次の問いに答えなさい。

(1)　この調査の母集団と，標本の大きさを答えなさい。

(2)　この調査の結果から，どんなことが推定できますか。

▶解答　(1)　母集団…**ある県の中学生35047人**，標本の大きさ…**500**

(2)　母集団にも，標本と同じ傾向があると考え，**ある県の中学生35047人が，最近1か月の間に読んだ本の冊数の平均値は3.8冊であることが推定できる。**

2　標本の取り出し方

基本事項ノート

➔無作為に抽出する

標本はくじ引きのように，偶然(ぐうぜん)によって決める方法で，母集団からかたよりなく取り出す必要がある。そのように取り出すことを，無作為(むさくい)に抽出(ちゅうしゅつ)するという。

Q　全国の中学生を母集団とする標本調査で，よく行うスポーツは何かを調べるとき，次の(1)，(2)のように選び出した標本は，それぞれ母集団と同じ傾向や性質をもつと考えてよいでしょうか。

(1)　北海道(ほっかいどう)にあるS中学校の全校生徒620人

(2)　全国で販売(はんばい)しているサッカー雑誌の読者アンケートのはがきを送った男子中学生325人と女子中学生104人

考え方　(1)　北海道にあるS中学校の全校生徒の傾向のみに限定され，標本の取り出し方にかたよりがある。したがって，他の地域の中学生の傾向と同じとは限らない。

(2)　全国で販売している雑誌だが，購入し，読者アンケートはがきを送った人に限定されていて，標本の取り出し方にかたよりがある。

▶解答　(1)　**よくない。**　　(2)　**よくない。**

問1　ある中学校の全校生徒485人を母集団とする標本調査で，毎日の起床(きしょう)時刻を調査することになりました。
標本の大きさを50とするとき，標本の選び方として適切な方法を，次の㋐～㋒の中から1つ選び，そう考えた理由も説明しなさい。
㋐　3年生の中からくじ引きで50人を選ぶ。
㋑　全校生徒の中からくじ引きで50人を選ぶ。
㋒　調査に協力してくれる人を募集(ぼしゅう)して，応募者の中から先着50人を選ぶ。

考え方　㋐　くじ引きで50人選んでいるが，3年生の傾向のみに限定され，標本の取り出し方にかたよりがある。
㋒　調査に興味がある人の傾向のみに限定されるなど，標本の取り出し方にかたよりがある。

▶解答　㋑
（例）　**母集団から標本を無作為に抽出しているから。**　など

問2　ある年の全国の中学3年生の中から，男女それぞれ約1400人ずつを無作為に抽出して，標本調査を行ったところ，50m走の記録の平均値は，男子が7.44秒，女子が8.58秒でした。
この年の中学3年生について述べている次の(1)，(2)の説明文は，それぞれ適切であるといえるでしょうか。母集団と標本に着目して考えましょう。
(1)　全国の中学3年生の50m走の記録について全数調査を行い，その平均値を求めたならば，男子が約7.4秒，女子が約8.6秒になると推定できる。
(2)　ある中学校の3年生の50m走の記録について全数調査を行い，その平均値を求めたならば，男子が約7.4秒，女子が約8.6秒になると推定できる。

考え方　標本を無作為に抽出して行ったこの標本調査では，母集団にも，標本と同じ傾向があると考えられる。

▶解答　(1)　**適切である。**
（理由）　全国の中学3年生が，この標本調査の母集団であるから，標本と同じ結果を推定することができる。　など
(2)　**適切でない。**
（理由）　ある中学校の3年生は，この標本調査の母集団ではなく，結果にかたよりがある場合もあるから，標本と同じ結果を推定することは適切でない。

3　乱数を使った無作為抽出

基本事項ノート

➔乱数

0から9までの10個の数字を，まったく不規則に，しかも，どの数字も同じ$\frac{1}{10}$の確率で現れるように並べたものを乱数(らんすう)といい，標本を無作為抽出するときに使われる。

➔乱数さい

正二十面体の各面に0から9までの数字を2度ずつつけたものである。1つの乱数さいをくり返し投げ，出た目の数を出た順にかいた数字の列は，乱数である。

問1　乱数さいや教科書P.204の乱数表などを使って，教科書P.205の表から10個の資料を無作為に抽出し，その平均値を求めなさい。(表はすべて省略)

考え方　乱数表から乱数を取り出す場合は，乱数表を見ずに鉛筆(えんぴつ)で適当にさすなどして出発点となる数字を決め，そこから順に数字を取っていけばよい。

▶解答　(例)　教科書P.204の「コンピュータでつくった乱数表の例」から次の10個の乱数を選ぶとする。

37，46，13，65，02，57，69，41，64，12

この10個の数に対応する番号の資料を「通学にかかる時間」の表から取り出し，標本とする。

20分，24分，21分，22分，16分，8分，32分，10分，21分，17分

(20＋24＋21＋22＋16＋8＋32＋10＋21＋17)÷10＝19.1（分）　　答　**19.1分**

問2　下の図は，上の㋐，㋑のデータについて，それぞれヒストグラムと箱ひげ図に表したものです。

これらの図から，どんなことがわかりますか。

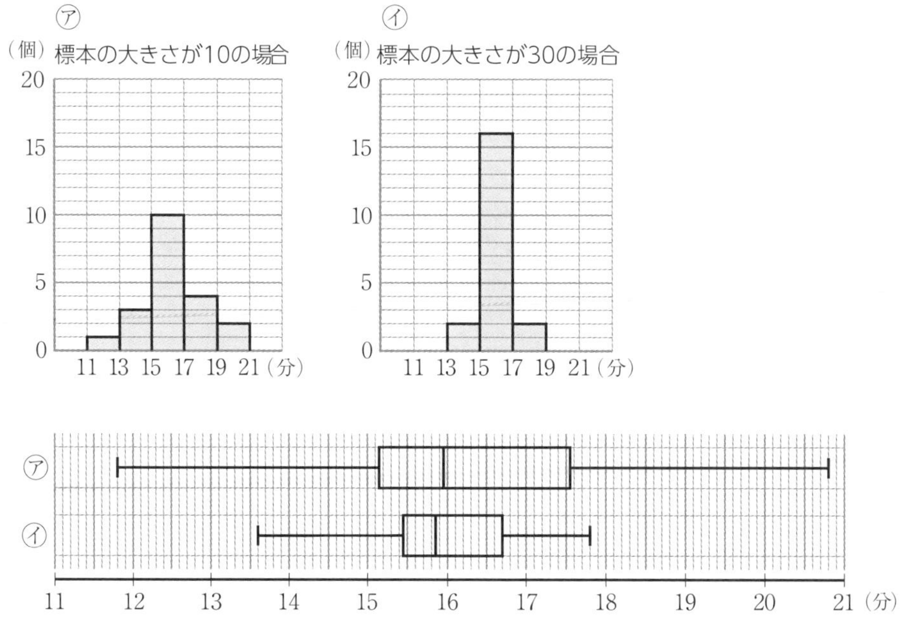

▶解答　**㋐よりも㋑の方が，標本の平均値の範囲や四分位範囲が小さくなっている。**
したがって，標本の大きさを大きくすると，標本の平均値は母集団の平均値に近づく。

4 標本調査の活用

基本事項ノート

➔標本調査の活用

無作為に抽出した標本の傾向(比率)は，母集団の傾向(比率)と等しいと推定することができる。

問1 ある県の中学3年生11169人の中から無作為に抽出した1000人に対してアンケートを行ったところ，「朝食を毎日食べている」と回答した生徒は775人いました。この県の中学3年生11169人のうち，朝食を毎日食べているのは約何人と推定できますか。十の位の数を四捨五入した概数(がいすう)で答えなさい。

考え方 母集団…ある県の中学3年生11169人
標本…無作為に抽出されたある県の中学3年生1000人
「朝食を毎日食べている」と回答した生徒の割合は，母集団と標本では同じであると考える。

▶解答 $\frac{775}{1000}=0.775$ だから，標本での朝食を毎日食べている人の割合は77.5%である。
このことから，この県の中学3年生11169人のうち，朝食を毎日食べている人は

$$11169\times\frac{775}{1000}=8655.975$$

すなわち，約8700人と推定できる。　　答　**約8700人**

▶別解 ある県の中学3年生の中で，朝食を毎日食べている生徒の数を x 人とすると

$11169 : x = 1000 : 775$

$1000x = 11169\times 775$

$x = 8655.975$ (人)　　答　**約8700人**

問2 **例2**において，母集団と標本は，それぞれ何にあたりますか。
次の㋐～㋓の中から1つずつ選びなさい。
㋐　この池の全部のニジマス
㋑　はじめにつかまえた80匹のニジマス
㋒　数日後につかまえた60匹のニジマス
㋓　㋒の中に12匹いた印のついたニジマス

▶解答 母集団…㋐，標本…㋒

問3 袋(ふくろ)に白玉だけがたくさんはいっています。白玉と同じ大きさの赤玉50個をその袋に入れ，よくかき混ぜてから30個の玉を取り出したところ，赤玉は3個ありました。
袋の中の白玉の個数を推定しなさい。

考え方 母集団…袋の中の白玉と赤玉，標本…実験で取り出した玉
袋の中の白玉と赤玉の割合は，標本と母集団では同じであると推定できる。

▶解答　袋の中にはいっている白玉の数をx個とすると,

$$50:(x+50)=3:30$$
$$(x+50)\times 3=50\times 30$$
$$x=450$$

このことから, 袋の中の白玉の数は約450個と推定できる。　　答　**約450個**

注　問題で「よくかき混ぜる」とあるのは, 標本がかたよりなく分布していることを示している。

問4　次の手順で, 国語辞典の見出し語の総数を推定しなさい。

① 見出し語がのっているページの総数を調べる。

② 乱数さいや乱数表を使うなどして, 見出し語がのっているページから10ページを無作為(むさくい)に抽出(ちゅうしゅつ)する。

③ ②で抽出したページにのっている見出し語の数を調べる。

④ ①と③で調べた数値を使って, その国語辞典の見出し語の総数を推定する。

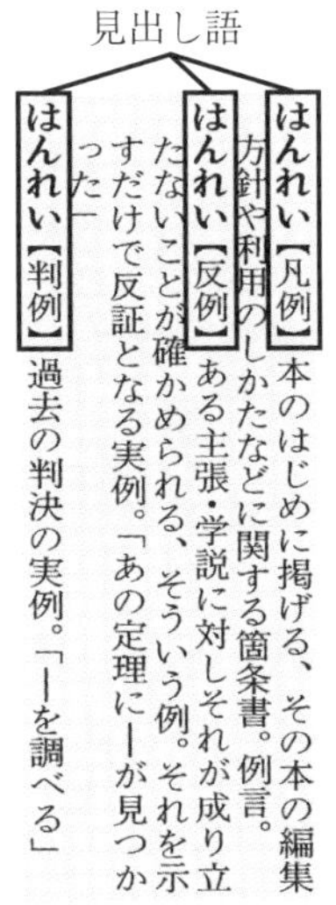
見出し語
はんれい【凡例】本のはじめに掲げる、その本の編集方針や利用のしかたなどに関する箇条書。例言。
はんれい【反例】ある主張・学説に対しそれが成り立たないことが確かめられる、そういう例。それを示すだけで反証となる実例。「あの定理に一が見つかった」
はんれい【判例】過去の判決の実例。「一を調べる」

▶解答　① ある国語辞典の見出し語がのっているページの総数を1090ページとする。

③ 見出し語がのっているページから10ページを無作為に抽出し, そのページにのっている見出し語の数が511個であったとする。

④ この国語辞典の見出し語の総数をx個とすると,

$$x:1090=511:10$$
$$10x=1090\times 511$$
$$x=55699$$

このことから, この国語辞典の見出し語の総数は約56000個と推定できる。

答　**約56000個**

8章の問題

1　次の調査は, 全数調査, 標本調査のどちらで行われますか。

(1) 有権者の何%が内閣を支持しているかを調べる世論調査

(2) 線香(せんこう)花火の燃焼時間の検査

(3) 各学校で行われる進路調査

▶解答　(1) **標本調査**　(2) **標本調査**　(3) **全数調査**

(2) ある施設(しせつ)で，1日に入場した8642人から無作為に抽出した400人に聞き取り調査をしたところ，160人が中学生でした。
このことについて，次の問いに答えなさい。
(1) この調査の母集団と，標本の大きさを答えなさい。
(2) この日の入場者のうち，中学生は約何割いたと推定できますか。

考え方　(2) 中学生の割合は，母集団と標本では同じであると考える。
標本での中学生の割合を求める。

▶解答　(1) 母集団…**1日に入場した8642人**，標本の大きさ…**400**

(2) $\dfrac{160}{400}\times10=4$　　答　**約4割**

(3) ある池の亀(かめ)を20匹つかまえ，その全部に印をつけて池にもどしました。数日後，同じ池の亀を20匹つかまえたところ，その中に印のついた亀が7匹いました。
この池には，亀が約何匹いると推定できますか。一の位の数を四捨五入した概数で答えなさい。

考え方　印つきの亀の割合は，母集団と標本では同じであると考える。

▶解答　池に亀がx匹いるとすると

$20:x=7:20$

$x=57.1\cdots$　　答　**約60匹**

とりくんでみよう

(1) ある県の知事選挙で，どの候補者が当選するかを予想するために，事前調査を行う場合，次のような調査方法はどちらも適切とはいえません。その理由を，それぞれ説明しなさい。
(1) その県の有権者全員から意見を聞く。
(2) その県の県庁所在地に住む有権者から3000人を無作為に抽出して意見を聞く。

▶解答　(1) **調査に時間(労力，費用など)がかかりすぎるから。**

(2) **母集団が県の有権者なのに，県庁所在地に住む有権者だけから意見を聞くのは，標本の選び方にかたよりがあるから。**

数学研究室　便利な計算方法

1　(2), (3)の計算で，上のことを確かめましょう。

▶解答　(2)　**71×79＝5609で，7×(7＋1)＝56と1×9＝9から予想は正しい。**

(3)　**35×35＝1225で，3×(3＋1)＝12と5×5＝25から予想は正しい。**

2　上の計算方法を使って，次の(4)～(6)の計算をしましょう。

(4)　$\begin{array}{r} 17 \\ \times\ 13 \\ \hline \end{array}$　　(5)　$\begin{array}{r} 84 \\ \times\ 86 \\ \hline \end{array}$　　(6)　$\begin{array}{r} 65 \\ \times\ 65 \\ \hline \end{array}$

▶解答　(1)　1×(1＋1)＝2と7×3＝21から **221**

(2)　8×(8＋1)＝72と4×6＝24から **7224**

(3)　6×(6＋1)＝42と5×5＝25から **4225**

数学研究室　黄金比

1　$1:(x-1)=x:1$の比例式からxの2次方程式をつくり，辺ADの長さを求めましょう。

▶解答

$1:(x-1)=x:1$

$x(x-1)=1$

$x^2-x-1=0$

$x=\dfrac{1\pm\sqrt{5}}{2}$

$x>1$だから，$x=\dfrac{1-\sqrt{5}}{2}$は問題にあわない。$x=\dfrac{1+\sqrt{5}}{2}$は問題にあう。

答　$\boldsymbol{\dfrac{1+\sqrt{5}}{2}}$

2　右の図のように，正五角形ABCDEに対角線AC, BEをひき，それらの交点をPとします。
この図について，次の(1)～(5)のことがらを順に示し，正五角形の1辺の長さと対角線の長さの比は黄金比であることを証明しましょう。

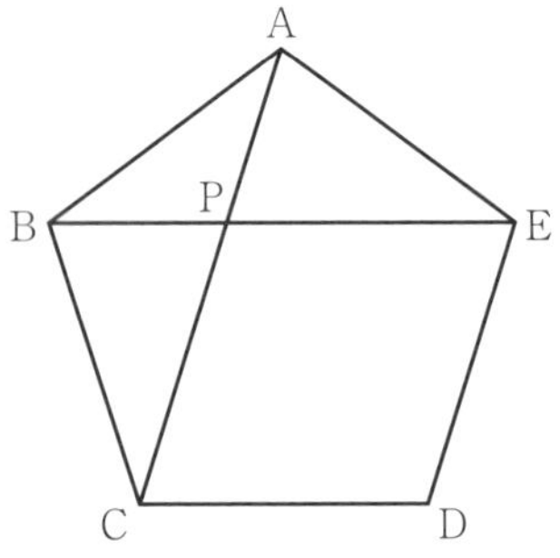

(1)　△ABEは二等辺三角形であること

(2)　△ABE≡△BCAであること

(3)　△BCA∽△PBAであること

(4)　△CBPは二等辺三角形であること

(5)　正五角形の1辺の長さを1とすると，対角線ACの長さは$\dfrac{1+\sqrt{5}}{2}$となること

▶解答　(1)　**正五角形の辺だから　AB＝AE**

2辺が等しいから，△ABEは二等辺三角形である。

(2) △ABEと△BCAにおいて

正五角形の辺と内角より

AB＝BC ……①

AE＝BA ……②

∠BAE＝∠CBA……③

①，②，③より，2組の辺とその間の角がそれぞれ等しいから

△ABE≡△BCA

(3) △BCAと△PBAにおいて

(2)より，合同な図形の対応する角の大きさは等しいから

∠BCA＝∠PBA ……④

共通な角だから　∠BAC＝∠PAB……⑤

④，⑤より，2組の角がそれぞれ等しいから　△BCA∽△PBA

(4) 以上より，∠PAB，∠PBA，∠PCBの大きさは等しい。

これらの角の大きさをa°とする。

△PBAの内角と外角の性質より　∠CPB＝$2a^\circ$

△CBPにおいて　∠PCB＝a°，∠CPB＝$2a^\circ$

三角形の内角の和は180°だから

∠CBP＝$(180-3a)^\circ$……⑥

ところで，正五角形の1つの内角は108°だから

∠CBP＝∠ABC－∠PBA

＝$(108-a)^\circ$……⑦

⑥，⑦より $180-3a=108-a$

$a=36$

ゆえに　∠CPB＝$2a^\circ=72^\circ$，∠CBP＝$(108-36)^\circ=72^\circ$

したがって，2つの角が等しいから，△CBPは二等辺三角形である。

(5) 正五角形の1辺の長さを1，対角線ACの長さをxとする。

PB＝PA＝AC－PC＝AC－BC＝$x-1$

(3)よりBC：PB＝AC：AB

$1:(x-1)=x:1$

$x^2-x-1=0$

$x=\dfrac{1\pm\sqrt{5}}{2}$

$x>1$だから，$x=\dfrac{1-\sqrt{5}}{2}$は問題にあわない。$x=\dfrac{1+\sqrt{5}}{2}$は問題にあう。

したがって，正五角形の1辺の長さを1とすると，対角線ACの長さは

$\dfrac{1+\sqrt{5}}{2}$となる。

3 本やインターネットなどで，黄金比の例をほかにもさがしてみましょう。

▶解答 パルテノン神殿などの歴史的建造物

名刺　など

数学研究室　円周角を動かしていくと…

1　点Pが点Bと重なった図㋒，点Pが点Bをこえて$\overset{\frown}{AB}$上にある場合の図㋓で，∠ACBと等しい大きさの角がどこにあるか予想しましょう。

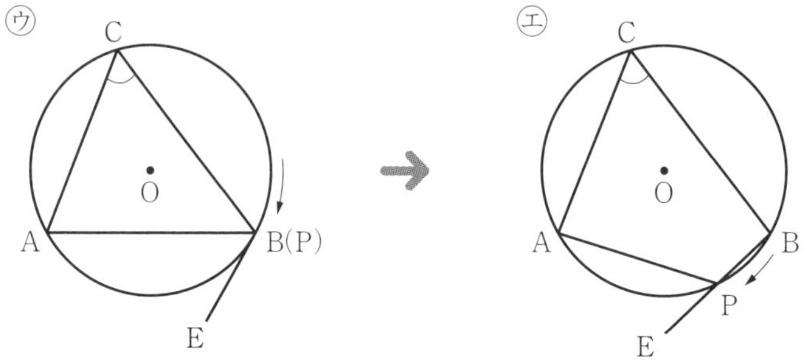

▶解答　㋒　**∠APE（∠ABE）**　　㋓　**∠APE**

2　図㋓で，∠ACB＋∠APB＝180°であることを証明しましょう。

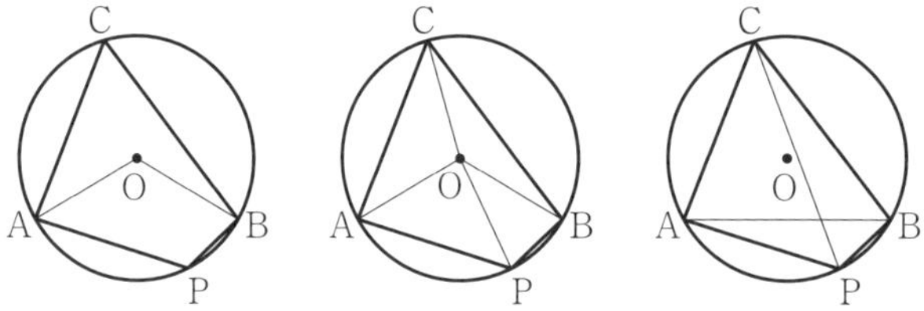

▶解答　（左図の証明）

∠ACB＝∠*x*，∠APB＝∠*y*とすると，円周角の定理より

$\overset{\frown}{APB}$の中心角 ∠AOB＝2∠*x*

$\overset{\frown}{ACB}$の中心角 ∠AOB＝2∠*y*

2∠*x*＋2∠*y*＝360°だから ∠*x*＋∠*y*＝180°

したがって　∠ACB＋∠APB＝180°

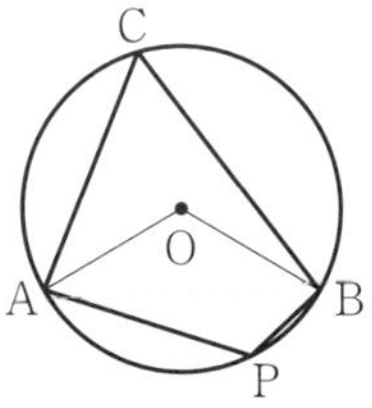

（中央図の証明）

右の図のように，円の中心Oと点A，P，B，Cを結ぶと二等辺三角形が4つできる。

∠OAC＝∠OCA＝∠*x*，∠OCB＝∠OBC＝∠*y*，

∠OBP＝∠OPB＝∠*z*，∠OPA＝∠OAP＝∠*w*

とすると，四角形の内角の和は360°だから

2∠*x*＋2∠*y*＋2∠*z*＋2∠*w*＝360°

∠*x*＋∠*y*＋∠*z*＋∠*w*＝180°

したがって　∠ACB＋∠APB＝180°

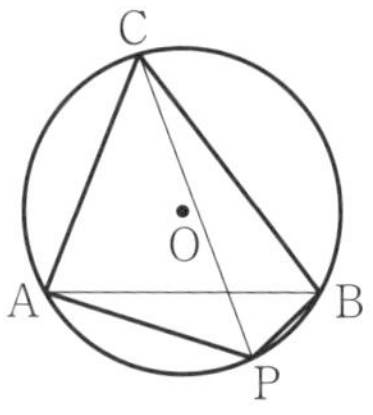

（右図の証明）

$\angle ACP=\angle x$，$\angle PCB=\angle y$，$\angle BPC=\angle z$，$\angle CPA=\angle w$

とすると　$\angle ACB+\angle APB=\angle x+\angle y+\angle z+\angle w$……①

$\overset{\frown}{BC}$に対する円周角は等しいから　$\angle BAC=\angle BPC=\angle z$

$\overset{\frown}{CA}$に対する円周角は等しいから　$\angle CBA=\angle CPA=\angle w$

△ABCの内角の和は180°だから

$\angle x+\angle y+\angle z+\angle w=180°$……②

①，②より，$\angle ACB+\angle APB=180°$

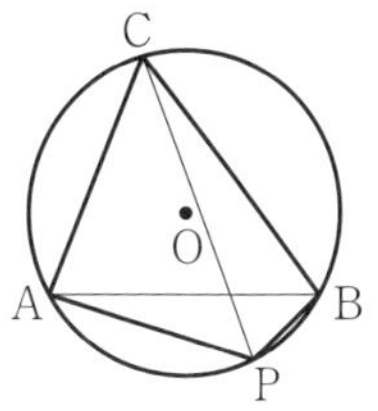

3　上で証明したのは，∠ACBが鋭角（えいかく）の場合です。∠ACBが直角の場合や鈍角（どんかく）の場合でも，同じことが成り立つでしょうか。

▶解答　（∠ACBが直角の場合）

仮定より

$\angle ACB=90°$……①

①より，$\overset{\frown}{AB}$に対する円周角は直角だから，

弦ABは円Oの直径である。

また，BEは円Oの接線だから

$\angle ABE=90°$……②

①，②より　$\angle ABE=\angle ACB$

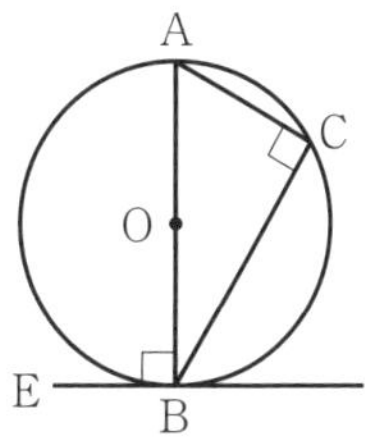

（∠ACBが鈍角の場合）

直径DB，弦DCをかき入れる。

BEは円Oの接線だから

$\angle ABE=90°+\angle DBA$　……①

∠DCBは半円の弧に対する円周角だから

$\angle ACB=90°+\angle DCA$　……②

円周角の定理より

$\angle DBA=\angle DCA$　……③

①，②，③より　$\angle ABE=\angle ACB$

したがって，**成り立つ。**

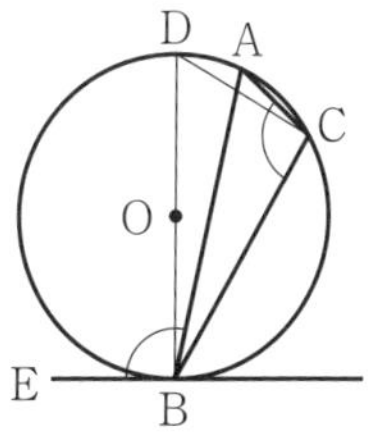

数学研究室　三平方の定理の証明

1　教科書P.226の証明で，

正方形ACHI＝長方形ADKJ，正方形CBFG＝長方形JKEB

であることを説明し，

正方形ACHI＋正方形CBFG＝正方形ADEB

の証明を完成しましょう。

考え方　右の図のように補助線をひき，教科書P.226の証明と同じようにして，△FBC＝△JBEから正方形CBFG＝長方形JKEBを証明する。

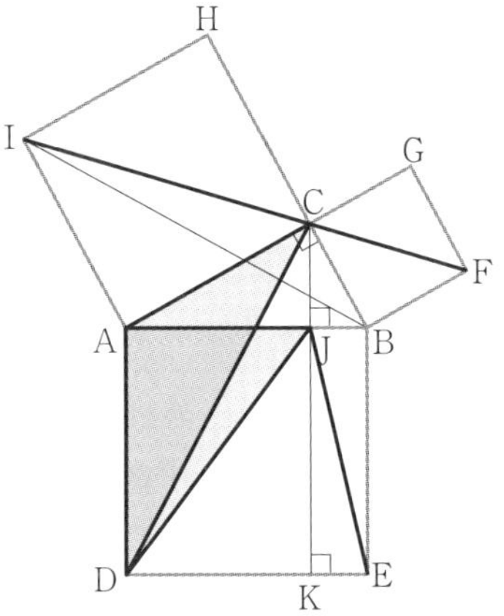

▶解答　**教科書P.226の証明より　△IAC＝△JAD**

また　正方形ACHI＝2△IAC

長方形ADKJ＝2△JAD

よって　正方形ACHI＝長方形ADKJ

同じようにして　正方形CBFG＝長方形JKEB

ゆえに

正方形ACHI＋正方形CBFG

＝長方形ADKJ＋長方形JKEB

＝正方形ADEB

2　右の図のように，∠C＝90°の直角三角形ABCの頂点Cから斜辺ABに垂線CHをひくと

△ABC∽△ACH

△ABC∽△CBH

となります。このことを使って，三平方の定理を証明しましょう。

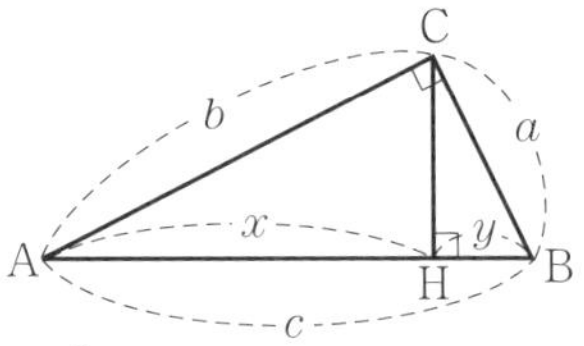

考え方　相似な三角形の辺の比から，a^2やb^2をxやyの式で表す。

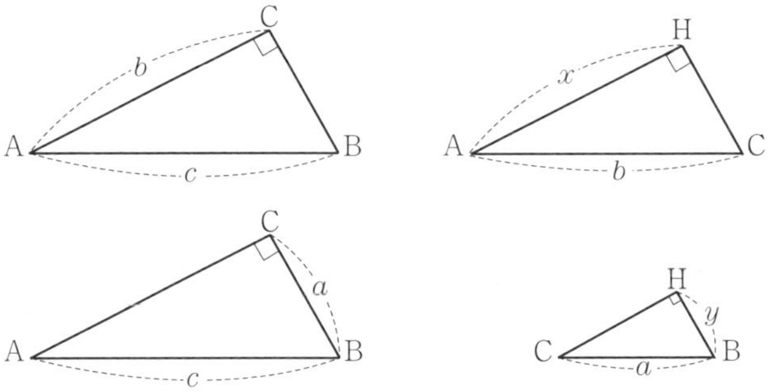

▶解答　**△ABC∽△ACHより，**

AC：AH＝AB：AC

$\boldsymbol{b : x = c : b}$

$\boldsymbol{b^2 = cx}$……①

△ABC∽△CBHより

BC：BH＝AB：CB

$\boldsymbol{a : y = c : a}$

$\boldsymbol{a^2 = cy}$……②

①，②より　$\boldsymbol{a^2 + b^2 = cy + cx}$

$\boldsymbol{= c(x + y)}$

$\boldsymbol{x + y = c}$ **より**　$\boldsymbol{a^2 + b^2 = c^2}$

したがって，三平方の定理は成り立つ。

3　右の図で，3点C，A，C′は一直線上にあり，AB＝B′A，BC＝AC′，CA＝C′B′，∠C＝∠C′＝90°です。この図を使って，三平方の定理を証明しましょう。

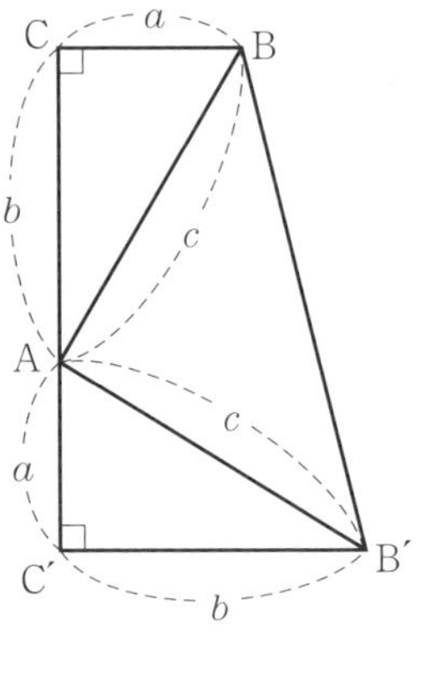

考え方　台形の面積CC′B′B

＝直角三角形ABC＋直角三角形B′AC′＋△AB′B

▶解答 **台形CC′B′Bの面積＝$(a+b)(b+a)\div 2$**

$$=\frac{(a+b)^2}{2}\quad\cdots\cdots①$$

△ABC＝△B′AC′ $=\dfrac{ab}{2}$ ……②

△ABCと△B′AC′において

仮定より，3組の辺がそれぞれ等しいから　△ABC≡△B′AC′

合同な図形の対応する角の大きさは等しいから

∠ABC＝∠B′AC′ ……③

三角形の内角の和は180°だから，∠C＝90°より

∠CAB＋∠ABC＝90° ……④

③，④より　∠CAB＋∠B′AC′＝90° ……⑤

∠CAC′＝180°だから，⑤より ∠BAB′＝90°

ゆえに　△BAB′$=\dfrac{c^2}{2}$ ……⑥

①，②，⑥より $\dfrac{(a+b)^2}{2}=\dfrac{ab}{2}\times 2+\dfrac{c^2}{2}$

この式を整理すると $a^2+b^2=c^2$

したがって，三平方の定理は成り立つ。

4　本やインターネットなどで，三平方の定理のいろいろな証明を調べてみましょう。

▶解答 （例）**教科書P.227の図を紙にかいて，その線に沿って切り，図形を移動させて確かめる。**

総合問題

[数と式]

1　次の計算をしなさい。

(1) $-2-(-10)$　　(2) $\left(\dfrac{1}{4}-\dfrac{2}{3}\right)\div\dfrac{5}{6}$

(3) $10+3\times(3-5)$　　(4) $\{3+(-2)^2\}\times 2-4^2\div 8$

(5) $6\sqrt{5}-\sqrt{45}-\sqrt{20}$　　(6) $(\sqrt{3}+1)(\sqrt{6}-\sqrt{2})$

(7) $(\sqrt{5})^2-(-\sqrt{3})^2$　　(8) $(\sqrt{7}+2\sqrt{3})(-\sqrt{7}+2\sqrt{3})$

▶解答 (1) $-2-(-10)$

$=-2+10$

$=\mathbf{8}$

(2) $\left(\dfrac{1}{4}-\dfrac{2}{3}\right)\div\dfrac{5}{6}$

$=\left(-\dfrac{5}{12}\right)\times\dfrac{6}{5}$

$=\mathbf{-\dfrac{1}{2}}$

(3) $10+3\times(3-5)$
$=10+3\times(-2)$
$=10+(-6)$
$=\mathbf{4}$

(4) $\{3+(-2)^2\}\times2-4^2\div8$
$=(3+4)\times2-16\div8$
$=7\times2-2$
$=\mathbf{12}$

(5) $6\sqrt{5}-\sqrt{45}-\sqrt{20}$
$=6\sqrt{5}-3\sqrt{5}-2\sqrt{5}$
$=\boldsymbol{\sqrt{5}}$

(6) $(\sqrt{3}+1)(\sqrt{6}-\sqrt{2})$
$=\sqrt{3}\times\sqrt{6}-\sqrt{3}\times\sqrt{2}+\sqrt{6}-\sqrt{2}$
$=3\sqrt{2}-\sqrt{6}+\sqrt{6}-\sqrt{2}$
$=\boldsymbol{2\sqrt{2}}$

(7) $(\sqrt{5})^2-(-\sqrt{3})^2$
$=5-3$
$=\mathbf{2}$

(8) $(\sqrt{7}+2\sqrt{3})(-\sqrt{7}+2\sqrt{3})$
$=(2\sqrt{3}+\sqrt{7})(2\sqrt{3}-\sqrt{7})$
$=(2\sqrt{3})^2-(\sqrt{7})^2$
$=12-7$
$=\mathbf{5}$

2 次の計算をしなさい。

(1) $2a-5a+7a$
(2) $4(a-1)-(a+3)$
(3) $(6a^2+ab)\div\frac{1}{2}a$
(4) $9a^2\times(-2ab)^2\div6ab$
(5) $\left(\frac{3x-1}{2}-\frac{x-4}{3}\right)\times6$
(6) $\frac{x+3y}{3}-\frac{x-3y}{4}$
(7) $(a+6)(a-7)$
(8) $3(a-b)^2-(3a-b)(a-b)$

▶解答

(1) $2a-5a+7a$
$=(2-5+7)a$
$=\boldsymbol{4a}$

(2) $4(a-1)-(a+3)$
$=4a-4-a-3$
$=\boldsymbol{3a-7}$

(3) $(6a^2+ab)\div\frac{1}{2}a$
$=(6a^2+ab)\times\frac{2}{a}$
$=\boldsymbol{12a+2b}$

(4) $9a^2\times(-2ab)^2\div6ab$
$=\frac{9a^2\times4a^2b^2}{6ab}$
$=\boldsymbol{6a^3b}$

(5) $\left(\frac{3x-1}{2}-\frac{x-4}{3}\right)\times6$
$=3(3x-1)-2(x-4)$
$=9x-3-2x+8$
$=\boldsymbol{7x+5}$

(6) $\frac{x+3y}{3}-\frac{x-3y}{4}$
$=\frac{4(x+3y)}{12}-\frac{3(x-3y)}{12}$
$=\frac{4x+12y-3x+9y}{12}$
$=\boldsymbol{\frac{x+21y}{12}}$

(7) $(a+6)(a-7)$
$=\boldsymbol{a^2-a-42}$

(8) $3(a-b)^2-(3a-b)(a-b)$
$=3(a^2-2ab+b^2)-(3a^2-3ab-ab+b^2)$
$=3a^2-6ab+3b^2-3a^2+3ab+ab-b^2$
$=\boldsymbol{-2ab+2b^2}$

3 次の式を因数分解しなさい。

(1) $x^2-2x-48$　(2) $x^2+14x+49$

(3) $x^2-18x+81$　(4) $x^2+7xy-8y^2$

(5) $12x^2-27y^2$　(6) $20a^2+20a+5$

(7) $(a+b)^2-16$　(8) a^2-b^2+a+b

▶解答

(1) $x^2-2x-48$
$=\boldsymbol{(x+6)(x-8)}$

(2) $x^2+14x+49$
$=\boldsymbol{(x+7)^2}$

(3) $x^2-18x+81$
$=\boldsymbol{(x-9)^2}$

(4) $x^2+7xy-8y^2$
$=\boldsymbol{(x+8y)(x-y)}$

(5) $12x^2-27y^2$
$=3(4x^2-9y^2)$
$=\boldsymbol{3(2x+3y)(2x-3y)}$

(6) $20a^2+20a+5$
$=5(4x^2+4a+1)$
$=\boldsymbol{5(2a+1)^2}$

(7) $(a+b)^2-16$
$=M^2-16$　（$a+b$ を M とする。）
$=(M+4)(M-4)$
$=\boldsymbol{(a+b+4)(a+b-4)}$　（M を $a+b$ にもどす。）

(8) a^2-b^2+a+b
$=(a+b)(a-b)+(a+b)$
$=M(a-b)+M$　（$a+b$ を M とする。）
$=M\{(a-b)+1\}$
$=\boldsymbol{(a+b)(a-b+1)}$　（M を $a+b$ にもどす。）

4 次の方程式を解きなさい。

(1) $5x-3=2x+6$　(2) $4x+9=8x+1$

(3) $2x-\dfrac{6-x}{5}=\dfrac{5x-9}{2}$　(4) $\begin{cases} x+y=5 \\ 2x+y=1 \end{cases}$

(5) $\begin{cases} 3x+y-2=0 \\ 2(x+y)=3(y+1) \end{cases}$　(6) $\begin{cases} 2(x-1)-3y=10 \\ 2y-\dfrac{x-1}{2}=5 \end{cases}$

(7) $(x+5)^2=3$　(8) $x^2-3x-4=0$

(9) $x^2=-4x+11$　(10) $(2x+1)(x+3)=2(x+1)$

▶解答

(1) $5x-3=2x+6$
$5x-2x=6+3$
$3x=9$
$\boldsymbol{x=3}$

(2) $4x+9=8x+1$
$4x-8x=1-9$
$-4x=-8$
$\boldsymbol{x=2}$

(3) $2x-\frac{6-x}{5}=\frac{5x-9}{2}$

両辺に10をかけると

$20x-2(6-x)=5(5x-9)$

$20x-12+2x=25x-45$

$20x+2x-25x=-45+12$

$-3x=-33$

$\boldsymbol{x=11}$

(4) $\begin{cases} x+y=5 & \cdots\cdots① \\ 2x+y=1 & \cdots\cdots② \end{cases}$

②－①　$2x+y=1$

$-)\ x+y=5$

$x\quad=-4$

$x=-4$を①に代入すると

$-4+y=5$

$y=9$

$\begin{cases} \boldsymbol{x=-4} \\ \boldsymbol{y=9} \end{cases}$

(5) $\begin{cases} 3x+y-2=0 & \cdots\cdots① \\ 2(x+y)=3(y+1) & \cdots\cdots② \end{cases}$

①から　$3x+y=2$　……③

②から　$2x+2y=3y+3$

$2x-y=3$　……④

③＋④　$3x+y=2$

$+)\ 2x-y=3$

$5x\quad=5$

$x=1$

$x=1$を③に代入すると

$3+y=2$

$y=-1$

$\begin{cases} \boldsymbol{x=1} \\ \boldsymbol{y=-1} \end{cases}$

(6) $\begin{cases} 2(x-1)-3y=10 & \cdots\cdots① \\ 2y-\frac{x-1}{2}=5 & \cdots\cdots② \end{cases}$

①から　$2x-2-3y=10$

$2x-3y=12$……③

②×2　$4y-(x-1)=10$

$-x+4y=9$　……④

③　$2x-3y=12$

④×2　$+)\ -2x+8y=18$

$5y=30$

$y=6$

$y=6$を④に代入すると

$-x+24=9$

$-x=9-24$

$x=15$

$\begin{cases} \boldsymbol{x=15} \\ \boldsymbol{y=6} \end{cases}$

(7) $(x+5)^2=3$

$x+5=\pm\sqrt{3}$

$\boldsymbol{x=-5\pm\sqrt{3}}$

(8) $x^2-3x-4=0$

$(x+1)(x-4)=0$

$x+1=0$　または　$x-4=0$

$\boldsymbol{x=-1,\ x=4}$

(9) $x^2=-4x+11$

$x^2+4x-11=0$

$x=\frac{-4\pm\sqrt{4^2-4\times1\times(-11)}}{2\times1}$

$=\frac{-4\pm\sqrt{60}}{2}$

$=\frac{-4\pm2\sqrt{15}}{2}$

$\boldsymbol{=-2\pm\sqrt{15}}$

(10) $(2x+1)(x+3)=2(x+1)$

$2x^2+6x+x+3=2x+2$

$2x^2+5x+1=0$

$x=\frac{-5\pm\sqrt{5^2-4\times2\times1}}{2\times2}$

$=\boldsymbol{\frac{-5\pm\sqrt{17}}{4}}$

5　次の問いに答えなさい。

(1)　2つのおもりの重さの合計が29gです。
一方がagならば，他方は何gですか。

(2)　次の比例式が成り立つとき，xの値(あたい)を求めなさい。
$12:(18-x)=20:25$

(3)　次の□にあてはまる自然数を求めなさい。
$2(x-\square)^2=2x^2-\square x+72$

(4)　次の数を小さい順に並べなさい。
$2\sqrt{2}$　　$\dfrac{\sqrt{10}}{2}$　　$\dfrac{7}{3}$　　2.4

(5)　$a=\sqrt{3}+1$のとき，a^2-aの値を求めなさい。

(6)　$\sqrt{60-3a}$が自然数となるような自然数aの値をすべて求めなさい。

▶解答

(1)　一方がagならば，他方は$(29-a)$gと表される。　答　**$(29-a)$g**

(2)　$12:(18-x)=20:25$
$12\times25=20(18-x)$
$20x=60$
$x=3$　答　**$x=3$**

(3)　左辺の□にあてはまる数をm，右辺の□にあてはまる数をnとする。
$2(x-m)^2=2x^2-nx+72$
$2x^2-4mx+2m^2=2x^2-nx+72$
定数項より　$2m^2=72$　$m^2=36$　$m>0$だから　$m=6$
左辺と右辺のxの係数より，$n=4m$　$n=4\times6=24$　答　（順に）**6，24**

(4)　$(2\sqrt{2})^2=8$　$\left(\dfrac{\sqrt{10}}{2}\right)^2=\dfrac{10}{4}=2.5$　$\left(\dfrac{7}{3}\right)^2=\dfrac{49}{9}=5.4\cdots$　$(2.4)^2=5.76$
答　**$\dfrac{\sqrt{10}}{2}$，$\dfrac{7}{3}$，2.4，$2\sqrt{2}$**

(5)　$a^2-a=a(a-1)$
$a=\sqrt{3}+1$より
$a(a-1)=(\sqrt{3}+1)(\sqrt{3}+1-1)=(\sqrt{3}+1)\times\sqrt{3}=3+\sqrt{3}$　答　**$3+\sqrt{3}$**

(6)　$60-3a=n^2$（nは自然数）とおく。
aは自然数だから$a=1$のとき，$n^2=60-3=57$より，n^2は57以下である。
$60-3a=n^2$をaについて解くと，$a=20-\dfrac{n^2}{3}$
したがってn^2は3の倍数でなければならないから，$n^2=9$，36
$60-3a=9$のとき　$a=17$
$60-3a=36$のとき　$a=8$　答　**8，17**

6　次の数量の間の関係を，等式や不等式で表しなさい。

(1)　x本の鉛筆(えんぴつ)を，12人にa本ずつ配ろうとしたところ，7本たりなかった。

(2)　1個a円の品物を5個と1個b円の品物を3個買ったところ，代金は2000円より高かった。

▶解答　(1)　$\boldsymbol{x=12a-7}$　　(2)　$\boldsymbol{5a+3b>2000}$

7　あるプールの利用料は，中学生7人と大人3人で2020円，中学生5人と大人4人で2000円でした。
中学生1人と大人1人の利用料を，それぞれ求めなさい。

▶解答　中学生1人の利用料をx円，大人1人の利用料をy円とすると

$$\begin{cases} 7x+3y=2020 & \cdots\cdots ① \\ 5x+4y=2000 & \cdots\cdots ② \end{cases}$$

$$\begin{array}{lrl} ①\times 4 & 28x+12y & =8080 \\ ②\times 3 & -)\ 15x+12y & =6000 \\ \hline & 13x & =2080 \\ & x & =160 \end{array}$$

$x=160$を①に代入すると

$$\begin{aligned} 7\times 160+3y&=2020 \\ 3y&=900 \\ y&=300 \end{aligned}$$

中学生1人の利用料を160円，大人1人の利用料を300円とすると，問題にあう。

答　**中学生1人160円，大人1人300円**

[図形]

8　次の図で，$\angle x$の大きさを求めなさい。

(1)

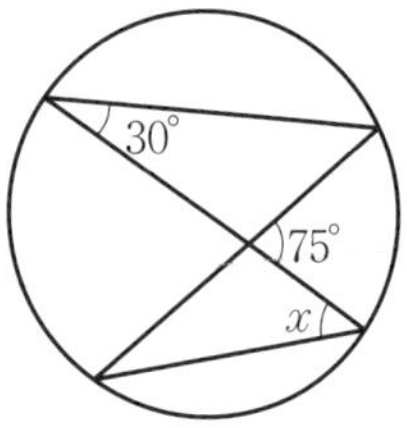

(2)　$\ell /\!/ m$

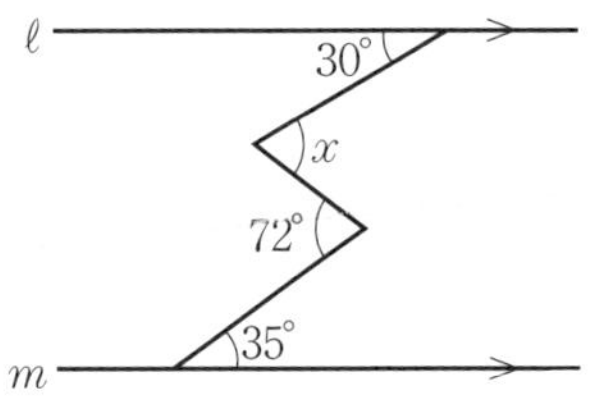

(3)　$\ell /\!/ m$，AB＝AC

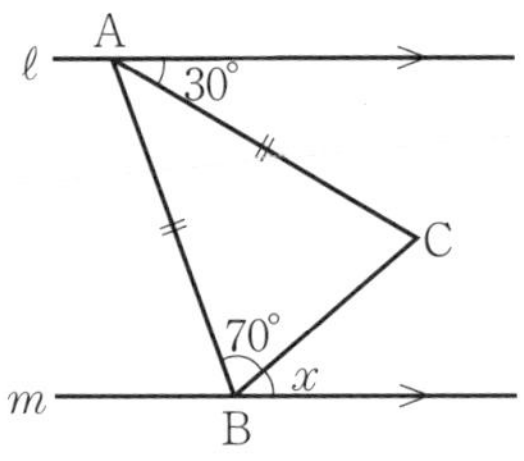

▶解答　(1)　右の図のように，1つの弧に対する円周角は等しいから
三角形の外角と内角の性質から
$\angle x=75^\circ-30^\circ=\boldsymbol{45^\circ}$

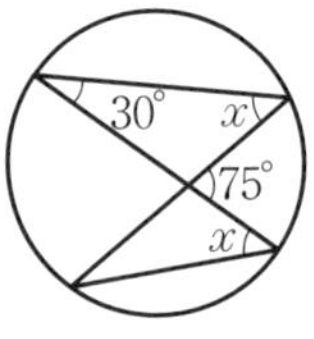

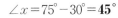

(2)　右の図のように，ℓ，mに平行な線をひくと，
平行線の錯角は等しいから，
$\angle x=30^\circ+(72^\circ-35^\circ)$
$=\boldsymbol{67^\circ}$

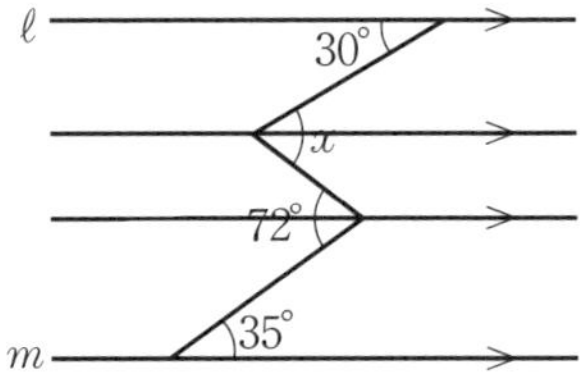

(3)　右の図のように，Cを通りℓ，mに平行な線をひくと，
平行線の錯角は等しいから，
$\angle p=30°$，$\angle q=\angle x$
△ABCは二等辺三角形だから
$\angle p+\angle q=70°$
$\angle q=70°-30°=40°$
したがって　$\angle x=$**40°**

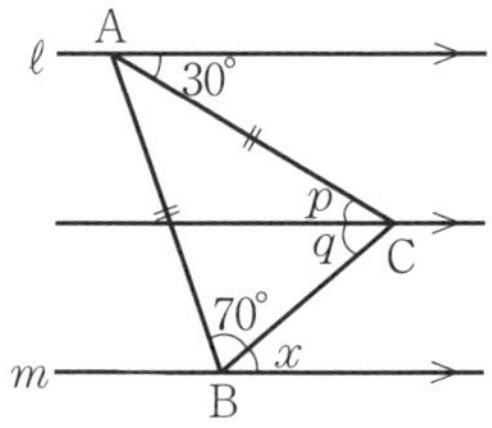

9　右の図のように，長方形ABCDの外部に2辺CD，DAをそれぞれ1辺とする正三角形CPDと正三角形DQAをかき，線分QC，BPをひきます。
このとき，QC＝BPであることを証明しなさい。

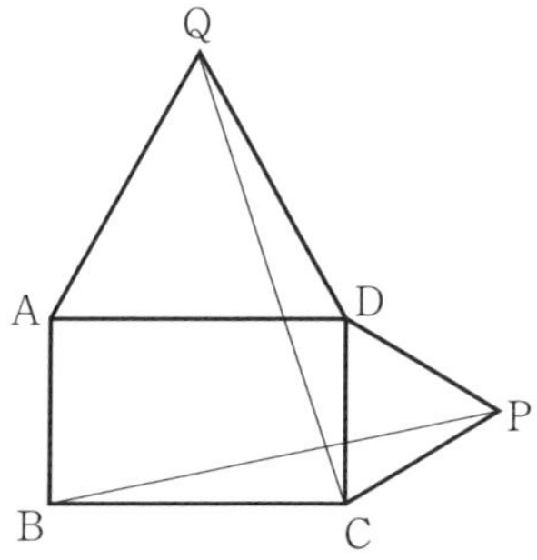

▶解答
△CDQと△PCBにおいて
△CPD，△DQAは正三角形だから
CD＝PC　……①
DQ＝DA　……②
四角形ABCDは長方形だから
DA＝CB　……③
②，③より　DQ＝CB　……④
∠CDQ＝90°＋60°，∠PCB＝90°＋60°
よって　∠CDQ＝∠PCB　……⑤
①，④，⑤より，2組の辺とその間の角がそれぞれ等しいから
△CDQ≡△PCB
合同な図形の対応する辺の長さは等しいから
QC＝BP

10　四角形ABCDの対角線の交点をEとします。
∠ABE＝∠EBC，CD＝CEのとき，次の問いに答えなさい。
(1)　△ABE∽△CBDであることを証明しなさい。
(2)　AB＝5cm，BC＝13cm，∠BAC＝90°のとき，AEの長さを求めなさい。

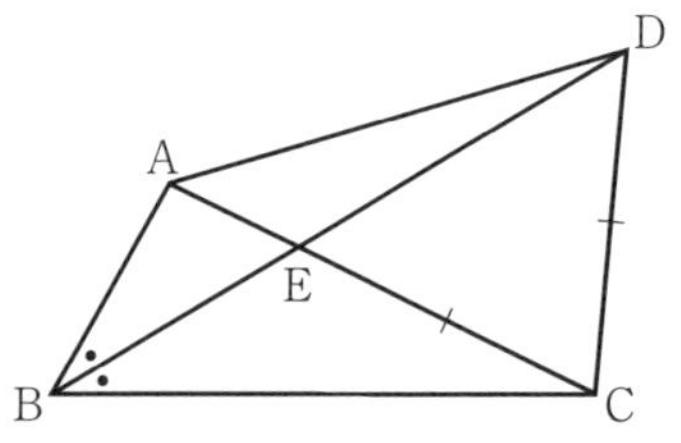

▶解答

(1) **△ABEと△CBDにおいて**

仮定より　∠ABE＝∠CBD　……①

CD＝CEより　∠CED＝∠BDC　……②

対頂角は等しいから　∠BEA＝∠CED　……③

②，③より　∠BEA＝∠BDC　……④

①，④より，2組の角がそれぞれ等しいから

△ABE∽△CBD

(2) △ABCで，三平方の定理より

$13^2=5^2+AC^2$

$AC^2=144$

AC＞0だから　AC＝12

AE＝$x$cmとすると，CE＝CD＝$(12-x)$cmとなる。

△ABE∽△CBDより　$x:(12-x)=5:13$

$13x=5(12-x)$

$x=\frac{10}{3}$　　答　$\frac{10}{3}$ **cm**

［関数］

11　右の図の㋐～㋓の直線は，次の①～④の１次関数のグラフです。

① $y=\frac{3}{2}x-2$

② $y=-2x+3$

③ $y=\frac{1}{2}x+2$

④ $y=\frac{3}{2}x+3$

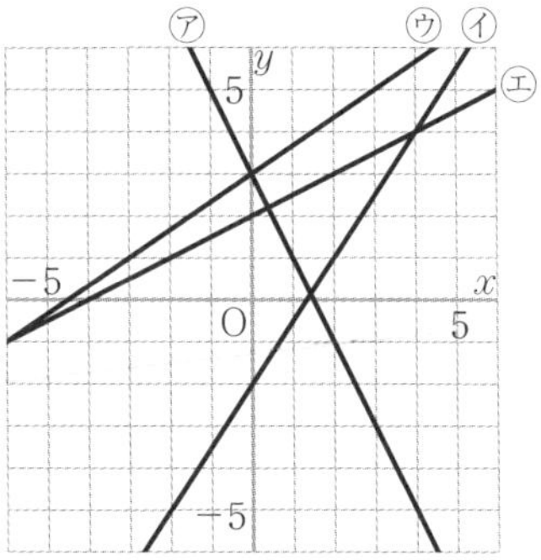

次の(1)～(3)にあてはまる関数を①～④の中から，また，そのグラフを㋐～㋓の中からそれぞれ選びなさい。

(1) 傾き（かたむ）が負の数である。

(2) xの変域が$-6 \leqq x \leqq 6$のとき，yの変域は$-1 \leqq y \leqq 5$である。

(3) 1次関数$y=3x+4$のグラフとの交点のx座標とy座標が，ともに負の数である。

▶解答

(1) **②，㋐**

(2) xの変域が$-6 \leqq x \leqq 6$のとき，yの変域は$-1 \leqq y \leqq 5$であるグラフは㋓

直線㋓は傾き$\frac{1}{2}$，切片2である。　答　**③，㋓**

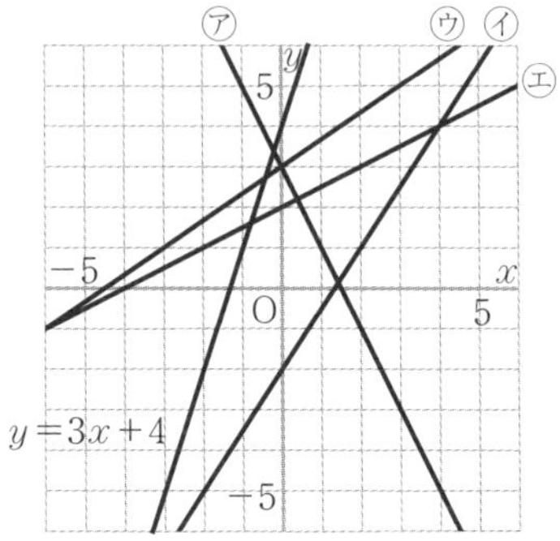

(3) 1次関数$y=3x+4$のグラフをかき加えると右の図のようになる。これより，直線㋑との交点がx座標とy座標が，ともに負の数になる。

直線㋑は傾き$\frac{3}{2}$，切片-2である。答　**①，㋑**

12 右の図で，点A(2, 3)，点B(−6, −1)は，関数$y=\frac{a}{x}$のグラフ上の点です。
次の問いに答えなさい。
(1) aの値を求めなさい。
(2) 2点A，Bを通る直線の式を求めなさい。

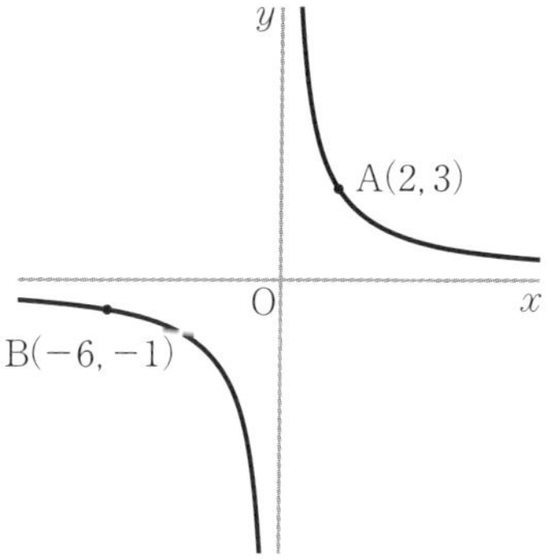

▶解答 (1) 点A(2, 3)を通ることから $3=\frac{a}{2}$

$\boldsymbol{a=6}$

(2) 2点A，Bを通る直線の傾きは $\frac{3-(-1)}{2-(-6)}=\frac{4}{8}=\frac{1}{2}$

したがって　$y=\frac{1}{2}x+b$とすると，点A(2, 3)を通るから　$3=\frac{1}{2}\times 2+b$

$b=2$

ゆえに，求める直線の式は　$\boldsymbol{y=\frac{1}{2}x+2}$

13 Aさんの家からBさんの家までの道のりは4kmで，そのちょうど中間に公園があります。2人は公園で待ち合わせをし，合流してから2人でBさんの家へ行きました。
右の図は，Aさんが自分の家を出発してからの時間をx分，Aさんの家からの道のりを$y$kmとして，xとyの関係を表したグラフです。下の問いに答えなさい。

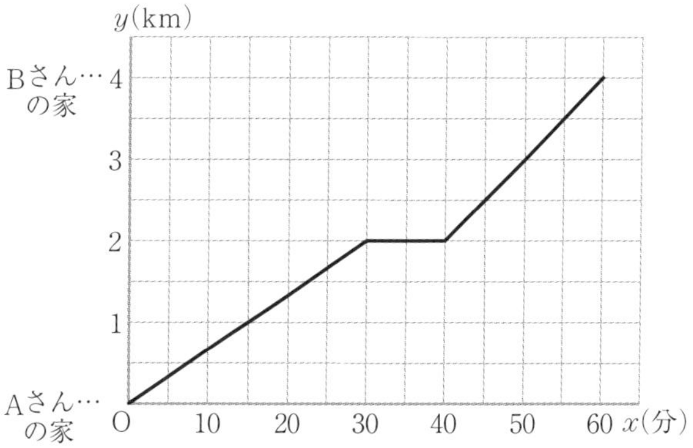

(1) $40\leqq x\leqq 60$のとき，右のグラフで表されているxとyの関係について，yをxの式で表しなさい。
(2) Aさんが家を出発したのは10時，Bさんが家を出発したのは10時30分です。また，Bさんは一定の速さで進み，2人は10時40分に公園で会えたとします。
Bさんが家を出発してからAさんに会うまでの進んだようすを，上のグラフ(図は解答欄)にかき入れなさい。

▶解答 (1) グラフより，傾きは$\frac{1}{10}$

求める直線の式を$y=\frac{1}{10}x+b$とすると

点(40, 2)通るから　$2=\frac{1}{10}\times 40+b$

$b=-2$

答　$\boldsymbol{y=\frac{1}{10}x-2\ (40\leqq x\leqq 60)}$

(2) 右の図
Bさんは10時30分に家を出て，10時40分にAさんのいる場所にいる。
これをグラフに表すと右の図のようになる。

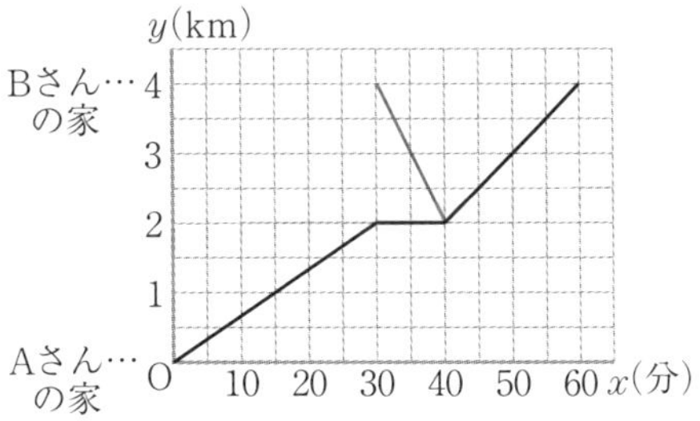

[データの活用]

14 M市の中学校に通う生徒の通学にかかる時間について，次の2つの調査㋐，㋑が行われました。

㋐ M市にあるA中学校の全校生徒を対象とした調査
㋑ M市にあるすべての中学校の全生徒9480人のうち，20%を無作為に抽出して対象とした調査

右の図は，㋐と㋑の調査結果を度数分布多角形に表したもので，縦軸は相対度数を表しています。次の問いに答えなさい。

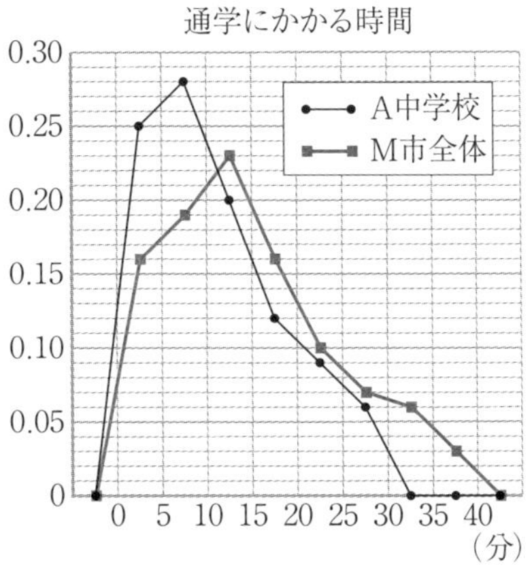

(1) A中学校の調査結果で，中央値をふくむのは，通学にかかる時間が何分以上何分未満の階級ですか。
(2) M市全体で，通学にかかる時間が10分未満の生徒は何人いると推定できますか。十の位の数を四捨五入した概数で答えなさい。
(3) 上の図から，A中学校の生徒の通学にかかる時間は，M市全体に比べ，どのような傾向があるといえますか。

▶解答 (1) $0.25+0.28=0.53$ 答 **5分以上10分未満の階級**

(2) $0.16+0.19=0.35$

$9480\times0.35=3318$ 答 **約3300人**

(3) **A中学校の生徒の通学にかかる時間は，M市全体に比べて短い。**

15 赤，白，黄色のチューリップの球根を1つずつ分けてもらいました。ところが，色の区別がわからなくなってしまいました。
1列に植えたとき，中央に赤いチューリップが咲く確率を求めなさい。

▶解答 樹形図は右のようになる。
全部で6通りあり，中央に赤がくるのは2通り。
よって $\dfrac{2}{6}=\mathbf{\dfrac{1}{3}}$

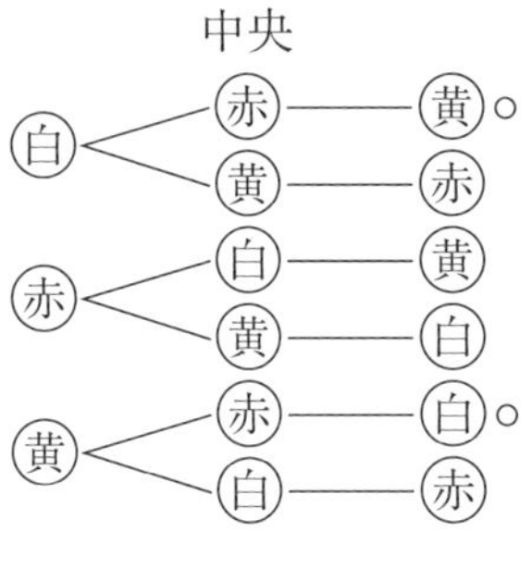

16　袋（ふくろ）の中に，赤，青，緑，白の玉が1個ずつはいっています。この袋から玉を同時に2個取り出したとき，取り出した玉に赤玉がふくまれている確率を求めなさい。

▶解答　樹形図は右のようになる。
全部で6通りあり，赤がふくまれるのは3通り。
よって　$\frac{3}{6}=\mathbf{\frac{1}{2}}$

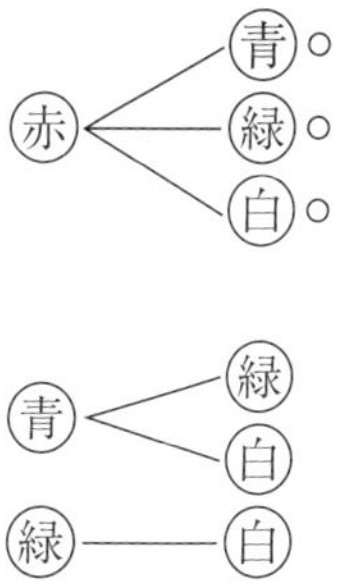

17　次の図は，ある月の30日間にA駅から乗車した人の数を，1日ごとに集計し，ヒストグラムに表したものです。

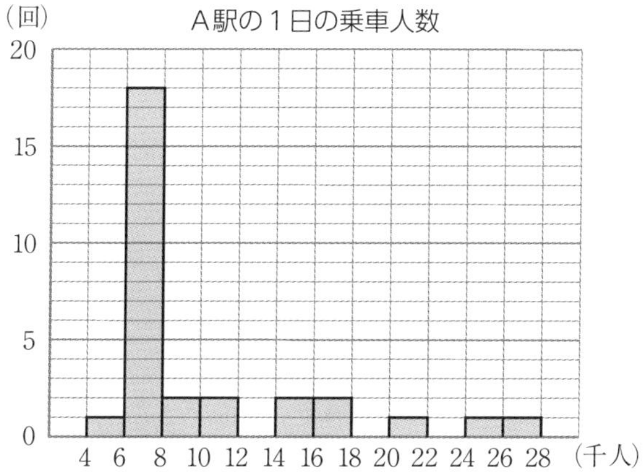

上のヒストグラムから，例えば，1日の乗車人数が14000人以上16000人未満だった日が，この月は2回あったことがわかります。上のヒストグラムからわかることについて，次の問いに答えなさい。

(1)　上のヒストグラムから最頻値（さいひんち）を求めなさい。
(2)　6000人以上8000人未満の階級までの累積（るいせき）度数を求めなさい。
(3)　8000人以上10000人未満の階級までの累積相対度数を求め，有効数字2けたの小数で表しなさい。
(4)　下の㋐〜㋓の中に，上のヒストグラムと同じデータからかいた箱ひげ図が，1つだけあります。その箱ひげ図を選びなさい。

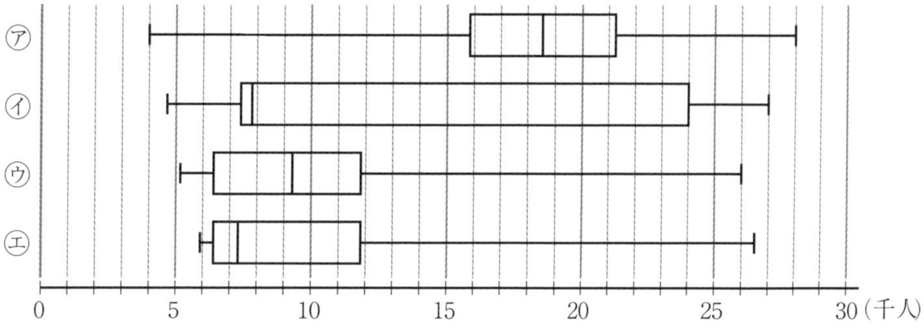

▶解答 (1) 6000人以上8000人未満だった日が18回で最も多い。6000人以上8000人未満の階級の階級値は7000人なので，最頻値は7000人。 答 **7000人**

(2) 4000人以上6000人未満だった日は1回，6000人以上8000人未満だった日は18回なので，$1+18=19$（回） 答 **19回**

(3) 8000人以上10000人未満の階級までの累積度数は，$1+18+2=21$（回）
したがって，累積相対度数は，$21\div30=0.70$ 答 **0.70**

(4) ヒストグラムから，中央値が7000人付近，第1四分位数と第3四分位数が左に寄っている箱ひげ図を選ぶ。 答 ㋓

活用の問題

1 次の図のように，1番目，2番目，3番目，…と，同じ大きさの白と黒の正方形のタイルを規則正しく正方形に並べました。
下の問いに答えなさい。

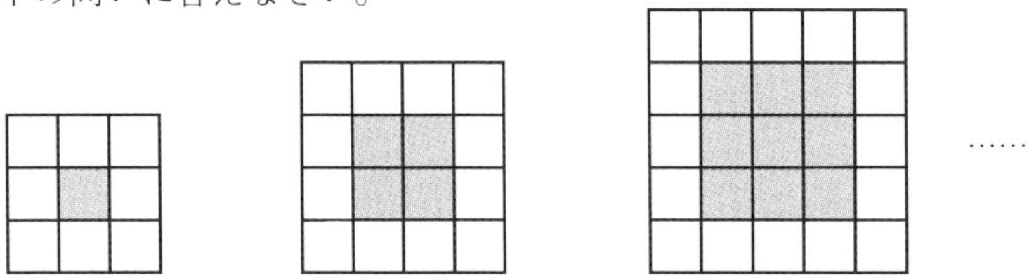

1番目　2番目　3番目　……

(1) 5番目の白と黒のタイルの枚数をそれぞれ求めなさい。

(2) 美奈子（みなこ）さんは，x番目の図の白のタイルの枚数を，xの式で表そうとしています。次に示したのは，美奈子さんのノートです。

[美奈子さんのノート]

> x番目の図全体では，1辺に$(x+2)$枚ずつの正方形となるから，タイル全部の枚数は，次の式で表される。
> $(x+2)^2$
> この式から，黒のタイルの枚数をひいた差が，x番目の図の白のタイルの枚数である。

美奈子さんの考えをもとにして，x番目の白のタイルの枚数を，xの式で表しなさい。ただし，その式は計算をせずに，どのように考えたかがわかるように表すこと。また，単位はつけなくてよい。

(3) 白のタイルが100枚並ぶのは，何番目ですか。

(4) x番目の図の白のタイルの枚数をy枚とすると，yはxの関数です。xとyの間にある関係は，どのような関数ですか。次の㋐～㋔の中から正しいものを1つ選びなさい。

㋐ 比例　　㋑ 反比例
㋒ 比例でない1次関数　　㋓ 2乗に比例する関数
㋔ ㋐～㋓以外の関数

考え方　全体の枚数はそれぞれ　3×3(枚)，4×4(枚)，5×5(枚)，…になる。
黒の枚数はそれぞれ　1×1(枚)，2×2(枚)，3×3(枚)，…になる。

▶解答　(1)　全部の枚数は　7×7＝49(枚)，黒の枚数は　5×5＝25(枚)
白の枚数は49－25＝24(枚)　　答　**白…24枚，黒…25枚**

(2)　黒のタイルの枚数はx^2枚
　　答　$(x+2)^2-x^2$

(3)　$(x+2)^2-x^2=100$
$4x+4=100$
$x=24$
　　答　**24番目**

(4)　(3)より，$y=4x+4$　　答　㋒

2　次の問いに答えなさい。

(1)　右の図で，DE∥BCのとき，
xの値を求めなさい。

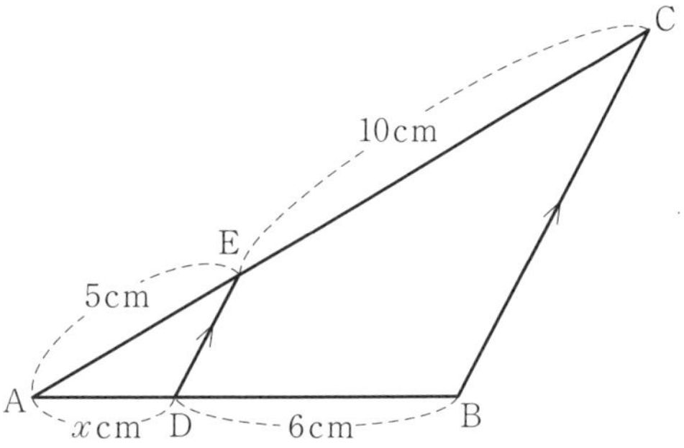

(2)　次の手順で，線分ABを1：2に分ける点Pをとることができます。

① 点Aから半直線AXをひき，AX上にAから等間隔（とうかんかく）の点を3つとり，Aに近い方から順に点C，D，Eとする。

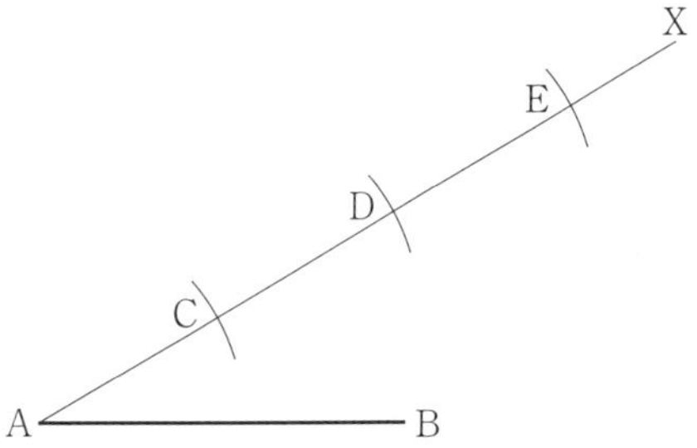

② Cを通り，BEに平行な直線をひき，ABとの交点をPとする。

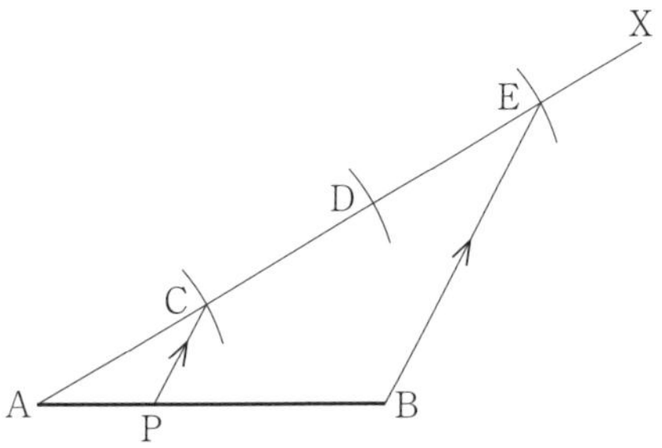

上の手順で点Pをとると，AP：PB＝1：2となる理由を説明しなさい。

(3)　上の手順を参考にして，線分ABを2:3に分ける点Qをとる手順を説明しなさい。

▶解答　(1)　△ABCにおいて，DE∥BCだから

AD：DB＝AE：EC

x：6＝5：10

10x＝6×5

x＝3　　答　$\boldsymbol{x=3}$

(2)　**△ABEにおいて，PC∥BEだから，AP：PB＝AC：CE**
手順①より，AC：CE＝1：2だから，AP：PB＝1：2となる。

(3)①　**点Aから半直線AXをひき，AX上にAから等間隔の点を5つとり，Aに近い方から順に点C，D，E，F，Gとする。**

②　**Dを通り，BGに平行な直線をひき，ABとの交点をQとする。**

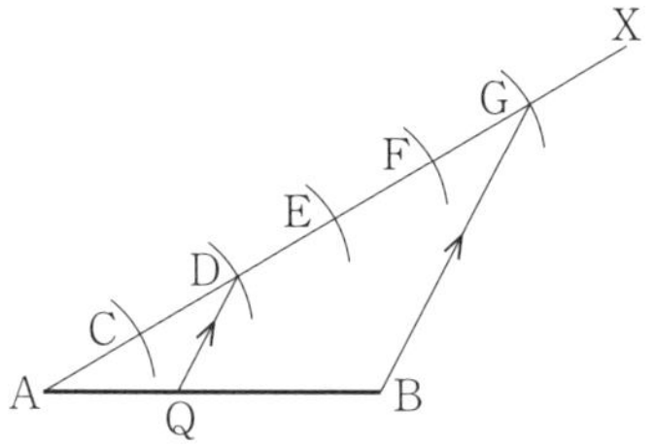

ステップアップ

［放物線と三角形］

問1　右の図のように，関数$y=-x^2$のグラフと直線ℓが，2点A，Bで交わっています。
交点A，Bのx座標がそれぞれ－3，1であるとき，次の問いに答えなさい。

(1)　直線ℓの式を求めなさい。

(2)　△OABの面積を求めなさい。

(3)　原点Oを通り△OABの面積を2等分する直線の式を求めなさい。

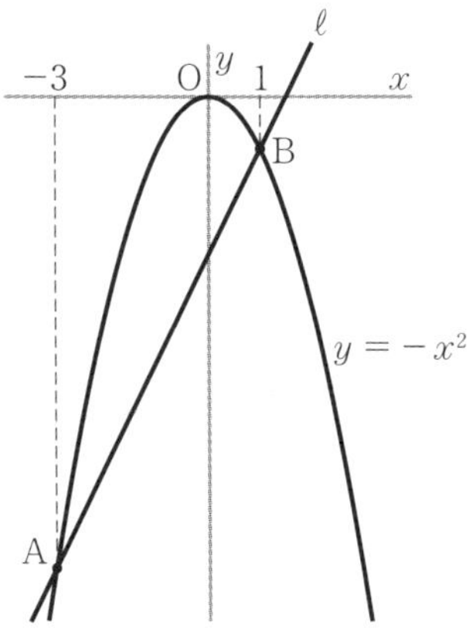

▶解答　(1)　2点A，Bは関数$y=-x^2$のグラフ上の点だから，

$x=-3$のとき　$y=-(-3)^2=-9$

$x=1$のとき　$y=-1^2=-1$

したがって，点Aの座標は(－3，－9)，Bの座標は(1，－1)

2点A，Bを通る直線ℓの傾きは　$\dfrac{-1-(-9)}{1-(-3)}=2$

直線ℓの式を$y=2x+b$とすると，これが点B(1，－1)を通るから

$-1=2+b$

$b=-3$

よって，求める直線の式は　$y=2x-3$　　答　$y=\boldsymbol{2x-3}$

(2)　直線ℓとy軸との交点をPとする。
点Pのy座標は-3
△OAB＝△OAP＋△OBPだから
求める△OABの面積は
$\frac{1}{2}\times3\times3+\frac{1}{2}\times3\times1=6$　　答　**6**

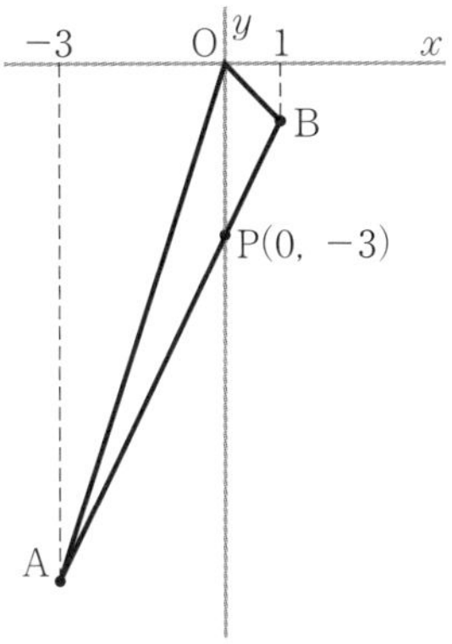

(3)　求める直線は辺ABの中点を通る。
ABの中点をMとすると，点Mの
x座標は-3と1の真ん中だから-1
y座標は-9と-1の真ん中だから-5
よって，点Mの座標は$(-1,\ -5)$
求める直線は，原点Oと点Mを通る直線である。
求める直線の式を$y=mx$とし，$x=-1$，$y=-5$を代入すると
$-5=-m$
$m=5$
ゆえに，求める直線の式は　$y=5x$　　答　$\boldsymbol{y=5x}$

[放物線と正方形]

問1　右の図で，①は関数$y=\frac{1}{4}x^2$のグラフ，②は関数$y=-\frac{1}{2}x^2$のグラフです。また，点Aのx座標は正の数です。
点Aを通りx軸に平行な直線と，放物線①との交点をBとします。また，点A，Bを通りy軸に平行な直線と，放物線②との交点を，それぞれD，Cとします。
四角形ABCDが正方形になるとき，点Aの座標を求めなさい。

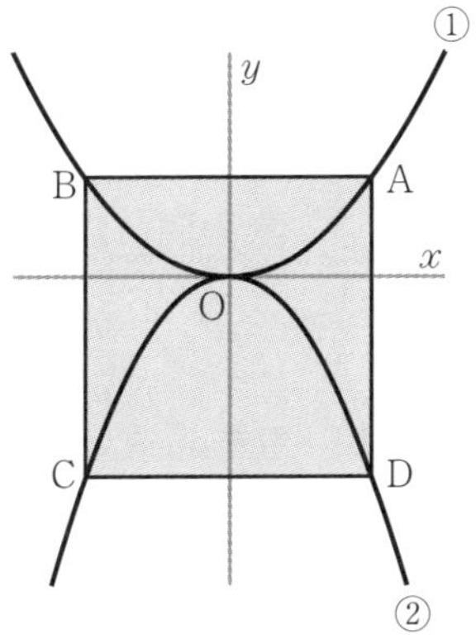

▶解答　点Aは関数$y=\frac{1}{4}x^2$のグラフ上の点だから，求める点Aのx座標をpとすると，
そのy座標は$\frac{1}{4}p^2$だから，点Aの座標は　$\left(p,\ \frac{1}{4}p^2\right)$
点Bは点Aとy軸について対称(たいしょう)な点だから，点Bの座標は　$\left(-p,\ \frac{1}{4}p^2\right)$
点Dは関数$y=-\frac{1}{2}x^2$のグラフ上の点で，そのx座標は点Aのx座標と同じだから，
点Dの座標は　$\left(p,\ -\frac{1}{2}p^2\right)$
$AB=p-(-p)=2p$
$AD=\frac{1}{4}p^2-\left(-\frac{1}{2}p^2\right)=\frac{3}{4}p^2$

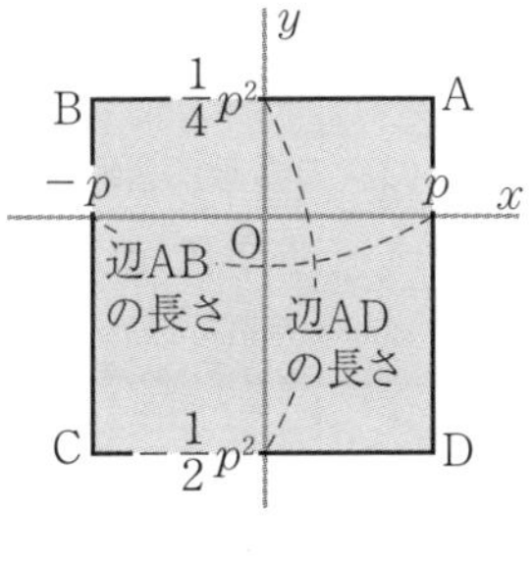

四角形ABCDが正方形になるとき，AB＝ADだから

$$2p=\frac{3}{4}p^2$$

$3p^2-8p=0$

$p(3p-8)=0$

$p=0,\ p=\frac{8}{3}$

$p>0$だから，$p=0$は問題にあわない。$p=\frac{8}{3}$は問題にあう。

したがって，点Aのy座標は　$\frac{1}{4}p^2=\frac{1}{4}\times\left(\frac{8}{3}\right)^2$

$=\frac{16}{9}$　　　　答　$\left(\frac{8}{3},\ \frac{16}{9}\right)$

[面積の変化]

問1　右の図1のように，AB＝10cm，AD＝6cmの長方形ABCDの頂点B，Cと，EH＝10cm，HG＝6cm，FG＝16cm，∠H＝∠G＝90°の台形EFGHの頂点F，Gが直線ℓ上にあり，CとFは重なっています。図2のように，長方形ABCDは矢印の方向に秒速2cmで，CがGに重なるまで平行移動します。長方形ABCDが動き始めてからx秒後の，長方形ABCDと台形EFGHが重なる部分の面積を$y$cm²とするとき，次の問いに答えなさい。

(1)　$x=2$のときのyの値を求めなさい。

(2)　$0\leqq x\leqq 3$のとき，yをxの式で表しなさい。

(3)　$y=36$となるときのxの変域を求めなさい。

（図1）

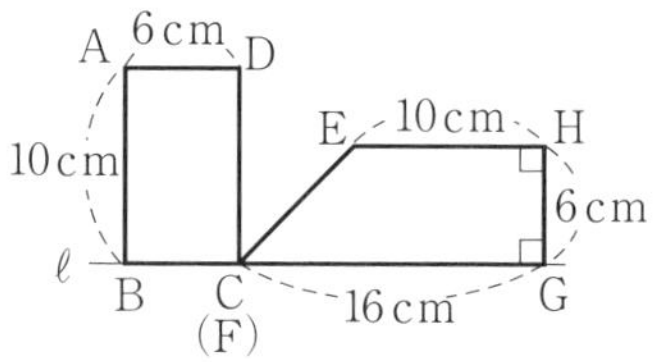

（図2）

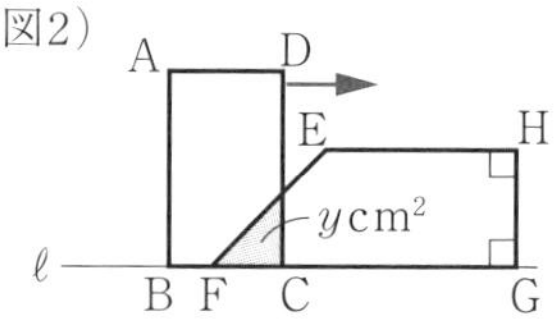

考え方　台形EFGHは右の図のように，直角二等辺三角形と長方形を合わせた図形である。

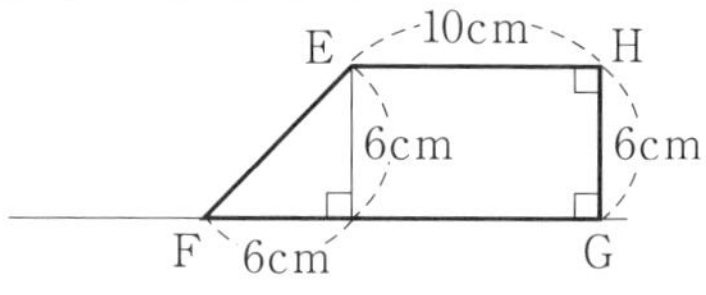

(2)　長方形ABCDは秒速2cmで移動するから，$0\leqq x\leqq 3$のとき，x秒後にFC＝$2x$cm

▶解答　(1)　長方形ABCDは秒速2cmで移動するから，$x=2$のとき，右の図のように，重なる部分は，等しい辺の長さが4cmの直角二等辺三角形になる。

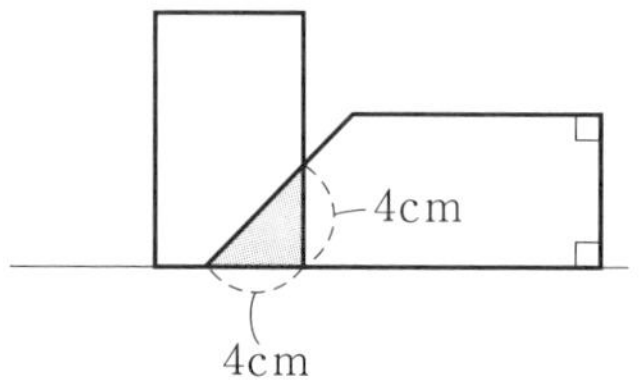

$$y=\frac{1}{2}\times4\times4$$

$=8$　　　　答　$\boldsymbol{y=8}$

(2)　$0\leqq x\leqq 3$のとき，重なる部分は，等しい辺の長さが$2x$cmの直角二等辺三角形だから

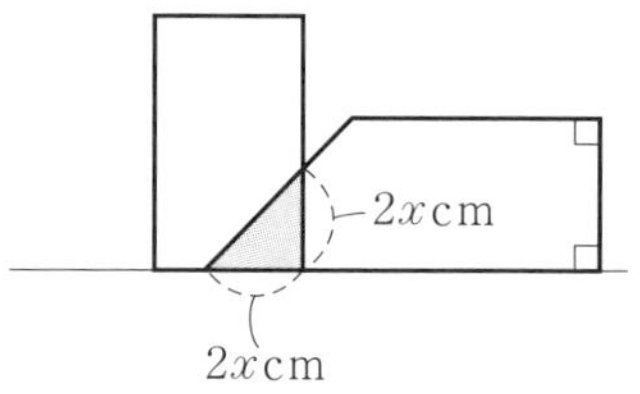

$$y=\frac{1}{2}\times2x\times2x$$

$=2x^2$　　　　答　$\boldsymbol{y=2x^2}$

(3)　$3 \leqq x \leqq 6$のとき，重なる部分は右の図のようになり，1辺が6cmの正方形の一部が欠けた図形だから，$y=36$になるxの値はない。
$6 \leqq x \leqq 8$のとき，右下の図のように，重なる部分は，1辺が6cmの正方形になる。
すなわち，$y=36$となる。

答　$\mathbf{6 \leqq x \leqq 8}$

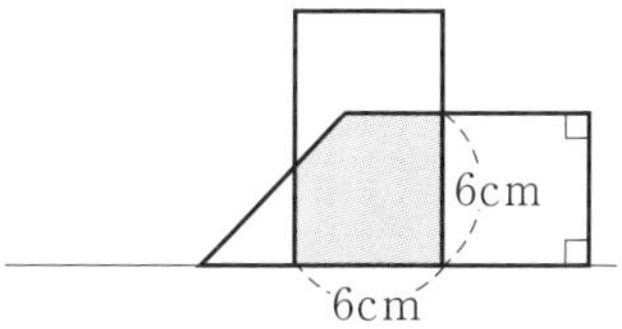

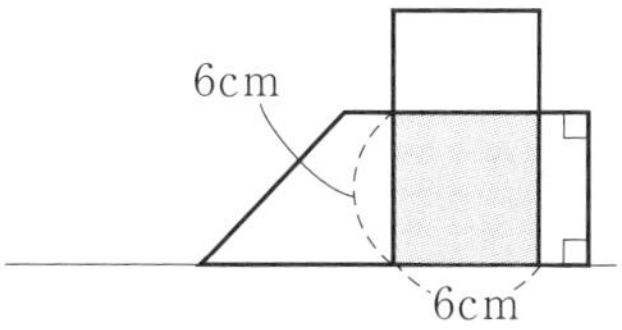

[角柱の切り分け]

問1　右の図は，AB＝AC＝5cm，BC＝6cmの二等辺三角形を底面とする三角柱で，点Mは辺ADの中点です。この三角柱を3点M，B，Cを通る平面で2つの立体に切り分けます。
切り口の△MBCの面積が18cm²のとき，次の問いに答えなさい。

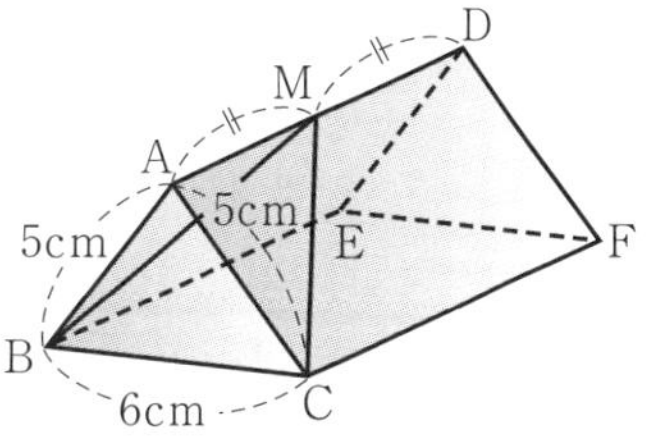

(1)　MCの長さを求めなさい。
(2)　ADの長さを求めなさい。
(3)　切り分けてできた2つの立体の体積の差を求めなさい。

考え方　(1)　AB＝ACだから，MB＝MCとなり，切り口△MBCはMB＝MCの二等辺三角形である。二等辺三角形の頂点Mから底辺BCへひいた垂線は底辺を2等分する。
(2)　直角三角形AMCのAC，MCの長さがわかっているから，三平方の定理を使ってAMの長さを求める。

▶解答　(1)　切り口の△MBCは，MB＝MCの二等辺三角形となる。
点MからBCに垂線MHをひく。
△MBCの面積は18cm²だから

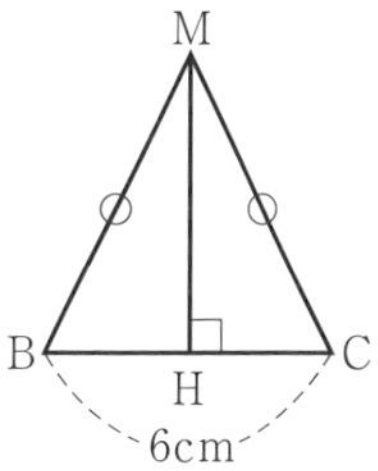

$\frac{1}{2} \times BC \times MH = 18$

$\frac{1}{2} \times 6 \times MH = 18$

$MH = 6$

△MHCは∠MHC＝90°の直角三角形で，
点HはBCの中点だから　$HC = \frac{1}{2}BC = 3$
三平方の定理より　$MC^2 = 6^2 + 3^2$
$= 45$
$MC > 0$だから　$MC = 3\sqrt{5}$

答　$\mathbf{3\sqrt{5}}$ **cm**

(2)　△AMCは∠MAC＝90°の直角三角形である。

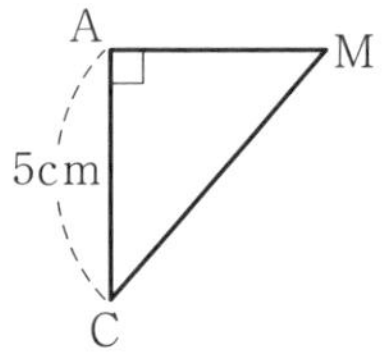

AC＝5cm

(1)より　$MC^2=45$

三平方の定理より

$MC^2=AC^2+AM^2$

$45=5^2+AM^2$

$AM^2=45-25$

$=20$

AM＞0だから　$AM=2\sqrt{5}$

したがって　$AD=2\sqrt{5}\times2$

$=4\sqrt{5}$

◀気をつけよう▶
(1)で求めた$MC=3\sqrt{5}$ cmを使わず，(1)より$MC^2=45$を使うとよい。

答　$\mathbf{4\sqrt{5}}$ **cm**

(3)　△ABCで，AからBCに垂線AHをひく。

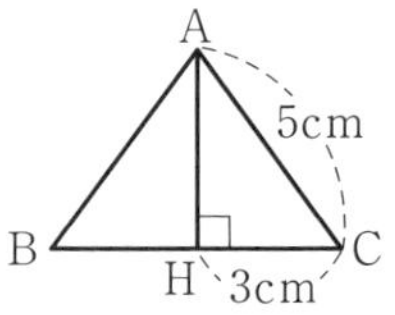

△AHCで，三平方の定理より

$5^2=AH^2+3^2$

AH＞0だから　AH＝4cm

したがって，三角錐（すい）MABCの体積は

$\frac{1}{3}\times\left(\frac{1}{2}\times6\times4\right)\times2\sqrt{5}=8\sqrt{5}\,(cm^3)$

もう1つの立体は，もとの三角柱の体積から三角錐MABCの体積をひいた体積だから

$\frac{1}{2}\times6\times4\times4\sqrt{5}-8\sqrt{5}=40\sqrt{5}\,(cm^3)$

したがって，2つの立体の体積の差は

$40\sqrt{5}-8\sqrt{5}=32\sqrt{5}\,(cm^3)$

答　$\mathbf{32\sqrt{5}}$ $\mathbf{cm^3}$

注　(1)でMからBCに垂線をひいたときのHと，(3)でMからBCに垂線をひいたときのHは同じ点である。

［円と三角形］

問1　右の図のように，点Oを中心とし，線分ABを直径とする円があります。点C，Dは円周上の点で，ABとCDの交点をEとします。また，Aから線分CDにひいた垂線とCDの交点をFとします。AB＝6cm，CB＝3cm，AD＝4cmのとき，次の問いに答えなさい。

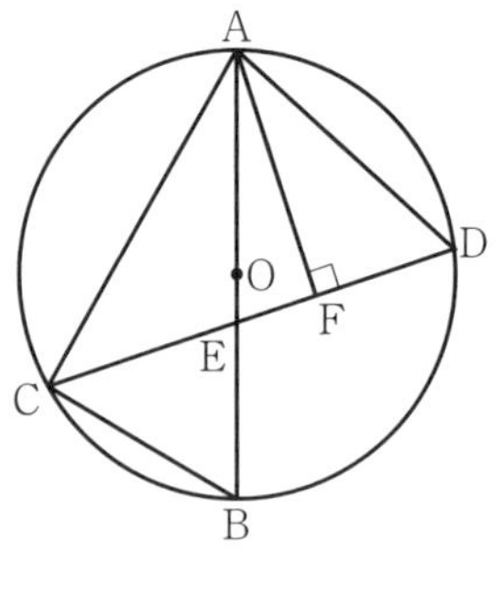

(1)　△ACB∽△AFDであることを証明しなさい。

(2)　FDの長さを求めなさい。

(3)　△ACFの面積を求めなさい。

▶解答　(1)　**△ACBと△AFDにおいて**

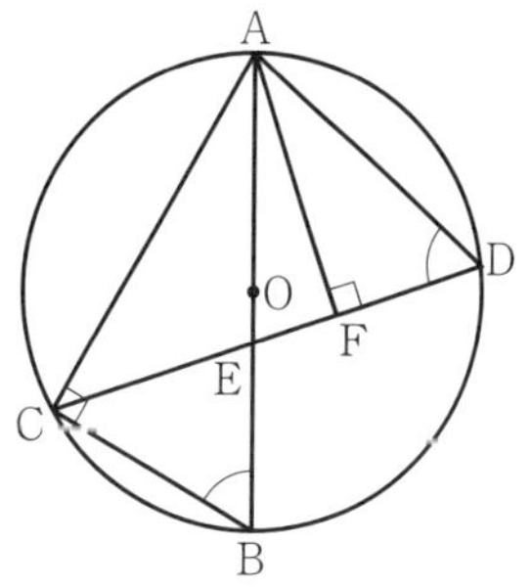

半円の弧に対する円周角は直角だから

∠ACB＝90°

AF⊥CDだから　∠AFD＝90°

よって　∠ACB＝∠AFD　……①

$\overset{\frown}{AC}$に対する円周角は等しいから

∠ABC＝∠ADF　……②

①，②より，2組の角がそれぞれ等しいから

△ACB∽△AFD

(2)　(1)より，△ACB∽△AFDだから

AB：AD＝CB：FD

6：4＝3：FD

FD＝2　　答　**2cm**

(3)　△ACBにおいて，三平方の定理より

$AC^2+CB^2=AB^2$

$AC^2+3^2=6^2$

$AC^2=27$

同じように，△AFDにおいて，三平方の定理より

$AF^2=12$

AF＞0だから　$AF=2\sqrt{3}$ cm

△ACFにおいて，三平方の定理より

$AF^2+CF^2=AC^2$

$12+CF^2=27$

$CF^2=15$

CF＞0だから　$CF=\sqrt{15}$ cm

よって，△ACFの面積は　$\frac{1}{2}\times\sqrt{15}\times2\sqrt{3}=3\sqrt{5}$ (cm^2)

答　**$3\sqrt{5}$ cm²**

問2　右の図のように，点Oを中心とし，線分ABを直径とする半円があります。点C，Dは円周上の点で，ODとCBは垂直に交わっており，その交点をEとします。AB＝10cm，AC＝8cmのとき，次の問いに答えなさい。

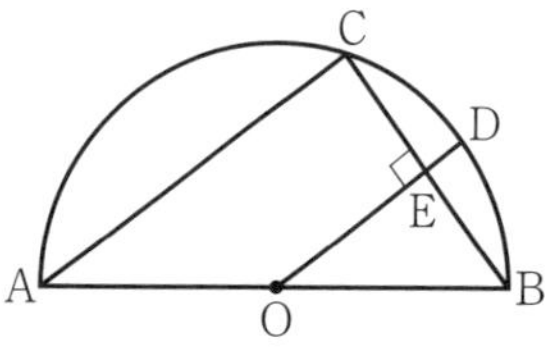

(1)　△EOB∽△CABであることを証明しなさい。

(2)　DEの長さを求めなさい。

(3)　△DCBの面積を求めなさい。

考え方 (2) BOは円Oの半径，BAは円Oの直径だから　BO：BA＝1：2
また，DE＝DO－EO
(3) △DCBでBCを底辺とみると，DEが高さである。

▶解答 (1) **△EOBと△CABにおいて**
OD⊥CBだから　∠OEB＝90°
半円の弧に対する円周角は直角だから
∠ACB＝90°
よって　∠OEB＝∠ACB ……①
∠Bは共通 ……②
①，②より，2組の角がそれぞれ等しいから
△EOB∽△CAB

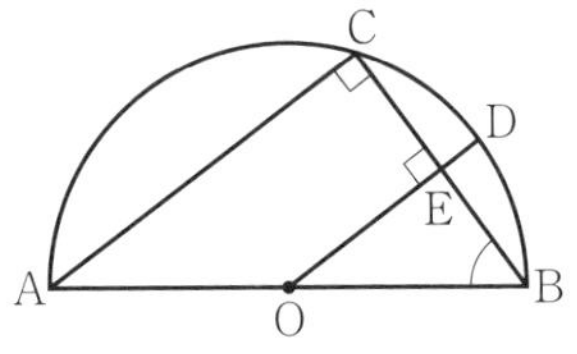

(2) (1)①より，EO∥CAだから
BO：BA＝EO：CA
1：2＝EO：8
EO＝4cm
DO＝BO＝5cm
DE＝DO－EO
＝5－4
＝1
答　**1cm**

(3) △DCBでBCを底辺とみると，DEが高さである。
△CABにおいて，三平方の定理より
$BC^2+CA^2=AB^2$
$BC^2+8^2=10^2$
$BC^2=36$
BC＞0だから　BC＝6cm
(2)より，DE＝1cm
△DCBの面積は　$\frac{1}{2}\times6\times1=3(\text{cm}^2)$
答　**3cm²**

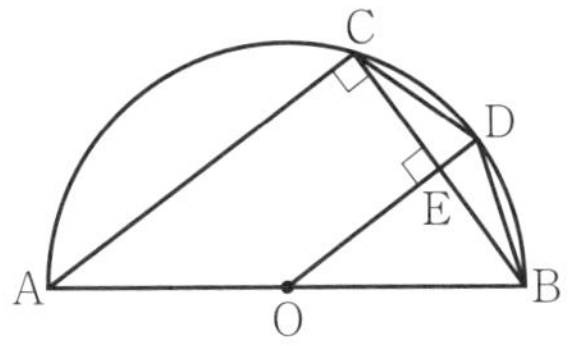

[線分の長さ]

問1 右の図のような長方形ABCDで，
AE：ED＝2：3となる点Eをとります。また，
直線CEと辺BAの延長線との交点をFとし，
対角線BDとCEの交点をGとします。
BC＝$5\sqrt{7}$cm，BG＝10cmのとき，次の問いに答えなさい。
(1) ABの長さを求めなさい。
(2) FEの長さを求めなさい。
(3) FE：EGの比を最も小さい自然数の比で表しなさい。

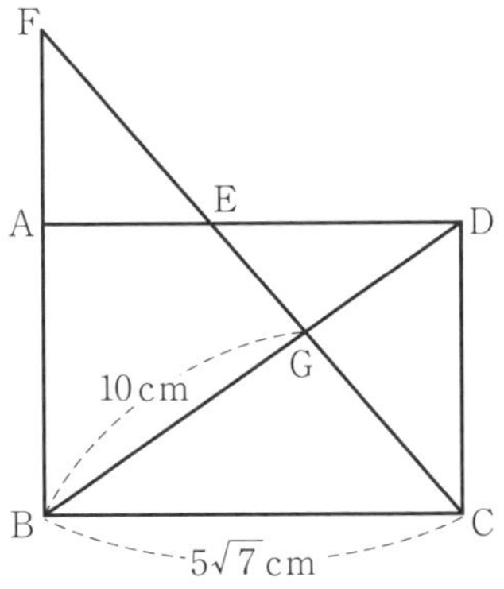

考え方 三角形と線分の比を使って線分の長さを求めるとき，線分の長さがわからない場合でも，線分の比を使って求めることができる。

▶解答 (1) AE：ED＝2：3だから　AD：ED＝5：3

また，AD＝BCだから　DE：BC＝3：5

ED∥BCだから　DE：BC＝DG：BG

3：5＝DG：10

DG＝6

BD＝BG＋DG＝16cm

△BCDにおいて，三平方の定理より

$BD^2=BC^2+DC^2$

$16^2=(5\sqrt{7})^2+DC^2$

$DC^2=81$

DC＞0だから　DC＝9cm

AB＝DCだから　AB＝9cm

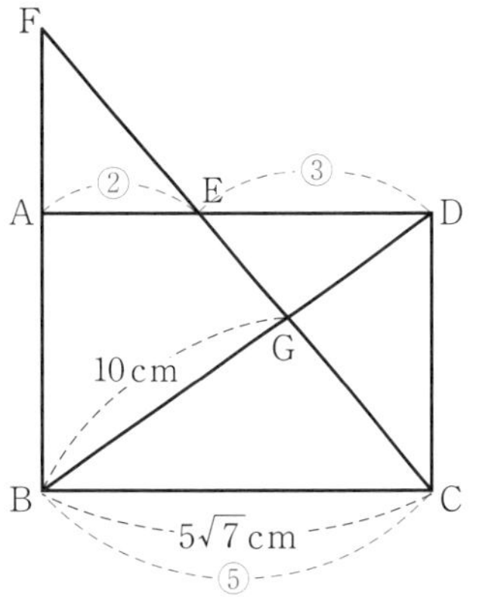

答　**9cm**

(2) (1)より，DE：BC＝3：5

$DE:5\sqrt{7}=3:5$

$DE=3\sqrt{7}$

△CDEにおいて，三平方の定理より

$CE^2=DE^2+DC^2$

$=(3\sqrt{7})^2+9^2$

$=144$

CE＞0だから　CE＝12cm

FA∥DCだから

FE：CE＝AE：DE

FE：12＝2：3

FE＝8

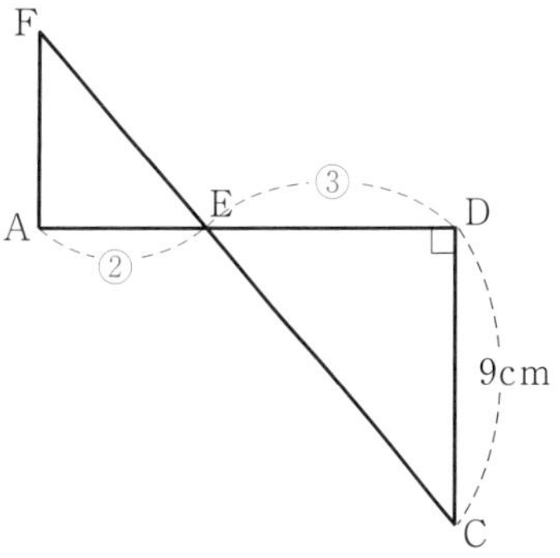

答　**8cm**

(3) (1)より，DE：BC＝3：5

EG＝$x$cmとすると，CG＝$(12-x)$cmと表される。

ED∥BCだから

EG：CG＝DE：BC

$x:(12-x)=3:5$

$5x=3(12-x)$

$x=\dfrac{9}{2}$

したがって，$FE:EG=8:\dfrac{9}{2}$

$=16:9$

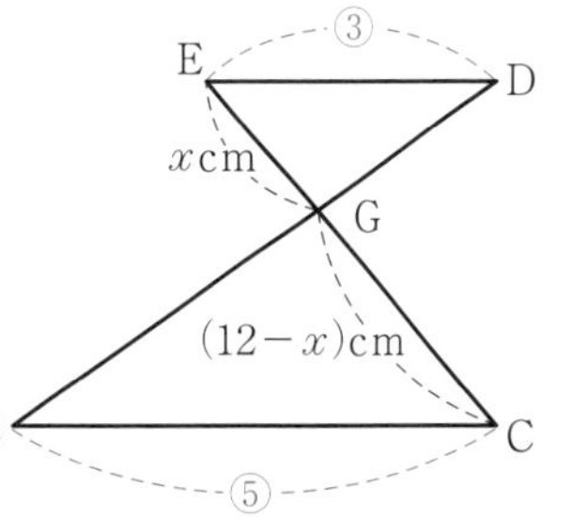

答　FE：EG＝**16：9**

[図形と確率]

問1　1つのさいころを投げるとき，どの目が出ることも同様に確からしいとします。また，大小2つのさいころを同時に投げ，出た目の数をそれぞれx，yとします。次の問いに答えなさい。

(1)　$x-y$が3以下となる確率を求めなさい。

(2)　$\sqrt{\dfrac{xy}{2}}$の値が自然数となる確率を求めなさい。

(3)　右の図のように，正五角形ABCDEがあります。点Pは点Aから左まわりにxだけ，点Qは点Aから右まわりにyだけ各頂点を動きます。
このとき，点Pと点Qが重なる確率を求めなさい。

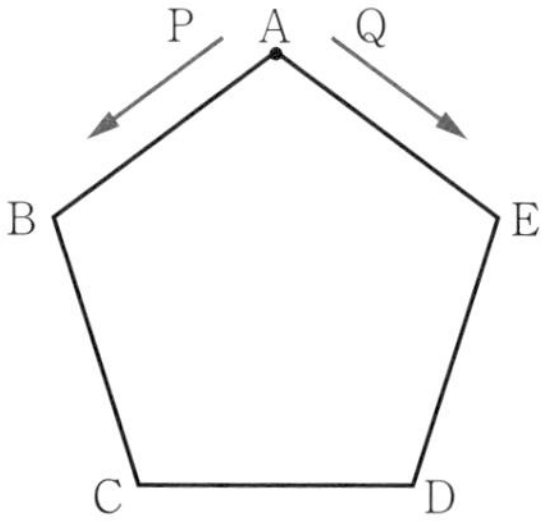

考え方　(2)　さいころの目は1から6だから，2つのさいころの目の数の積は，最小で1，最大で36となる。
$\sqrt{\dfrac{xy}{2}}$の値が自然数になるのは，$\sqrt{1}=1$のとき，$\sqrt{4}=2$のとき，$\sqrt{9}=3$のとき，すなわち，xyの値が2のとき，8のとき，18のときである。

▶解答　(1)　大小2つのさいころを投げるとき，起こりうるすべての場合の数は36通りであり，どれが起こることも同様に確からしい。
そのうち，$x-y>3$となるのは，$(x,\ y)$が$(6,\ 1)$，$(6,\ 2)$，$(5,\ 1)$の3通りである。
したがって，求める確率は　$1-\dfrac{3}{36}=\dfrac{33}{36}=\dfrac{11}{12}$　　答　$\boldsymbol{\dfrac{11}{12}}$

(2)　$\sqrt{\dfrac{xy}{2}}$の値が自然数になるには，$\dfrac{xy}{2}$の値が自然数を2乗した数であればよい。
この条件にあうのは，
$\dfrac{xy}{2}=1^2=1$のとき，すなわち$xy=2$のとき
$\dfrac{xy}{2}=2^2=4$のとき，すなわち$xy=8$のとき
$\dfrac{xy}{2}=3^2=9$のとき，すなわち$xy=18$のとき
である。
$xy=2$になるのは　$(1,\ 2)$，$(2,\ 1)$
$xy=8$になるのは　$(2,\ 4)$，$(4,\ 2)$
$xy=18$になるのは　$(3,\ 6)$，$(6,\ 3)$
で，合わせて6通りである。
したがって，求める確率は　$\dfrac{6}{36}=\dfrac{1}{6}$　　答　$\boldsymbol{\dfrac{1}{6}}$

(3) 点Pと点Qが

頂点Aで重なるのは(5, 5)

頂点Bで重なるのは(1, 4), (6, 4)

頂点Cで重なるのは(2, 3)

頂点Dで重なるのは(3, 2)

頂点Eで重なるのは(4, 1), (4, 6)

で，合わせて7通りである。

したがって，求める確率は $\frac{7}{36}$　　答 $\boldsymbol{\frac{7}{36}}$